高等学校工科硕士研究生教材

数学物理方程

第二版

许兰喜 编

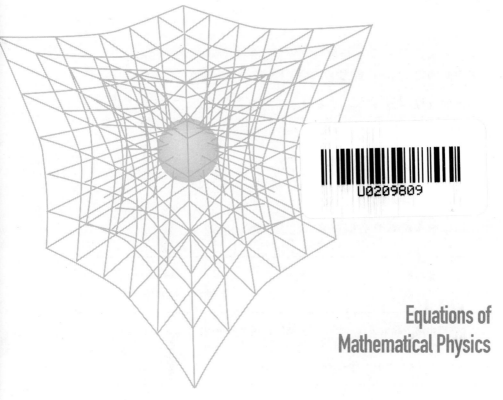

Equations of
Mathematical Physics

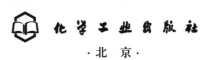
·北京·

内 容 简 介

本书是根据工科硕士生的专业需求和数学基础而编写的数学物理方程教材。内容包括偏微分方程的基本概念，数学物理方程相关的背景，数学模型的建立与定解问题，定解问题的典型求解方法（求通解方法、行波法、分离变量法、积分变换法、格林函数法以及数值求解法）。另外还介绍了勒让德多项式、球函数和贝塞尔函数在求解定解问题时的应用。

本书模型导出过程详细，与基础数学课程联系紧密，突出应用。本书可作为工科各专业高年级本科生、研究生的教材，也可作为工程技术人员的参考用书。

图书在版编目（CIP）数据

数学物理方程/许兰喜编．—2版．—北京：化学工业出版社，2023.8
高等学校工科硕士研究生教材
ISBN 978-7-122-43428-9

Ⅰ．①数…　Ⅱ．①许…　Ⅲ．①数学物理方程-研究生-教材　Ⅳ．①O175.24

中国国家版本馆 CIP 数据核字（2023）第 080272 号

责任编辑：郝英华
责任校对：刘曦阳　　　　　　　　　　　　装帧设计：史利平

出版发行：化学工业出版社（北京市东城区青年湖南街 13 号　邮政编码 100011）
印　　装：河北鑫兆源印刷有限公司
710mm×1000mm　1/16　印张 16¼　字数 313 千字　2023 年 9 月北京第 2 版第 1 次印刷

购书咨询：010-64518888　　　　　　　　售后服务：010-64518899
网　　址：http://www.cip.com.cn
凡购买本书，如有缺损质量问题，本社销售中心负责调换。

定　　价：68.00 元

第二版前言

本书于 2016 年出版以来，经过 7 年的教学实践，在听取读者反馈的基础上，本次修订编者进行了以下几方面的修改。

（1）修正了第一版中的一些打印错误。

（2）在第 1 章引入了受力"方向角"的定义，并把该处理方法应用到全书，该方法便于学生理解数学建模过程，更好掌握课程内容。

（3）第 1 章补充了多个自变量二阶线性偏微分方程的分类。

（4）第 5 章在第一版中只介绍了具有轴对称性的球函数，新版增补了一般球函数的内容和应用举例，供有兴趣的同学参阅。

（5）第 6 章增补了圆柱形区域内如何利用分离变量法求解三维拉普拉斯方程、三维波动方程以及三维热传导方程的定解问题，讨论了 Helmholtz 方程在球形区域内的求解。

（6）第 7 章把求解有理函数的拉普拉斯逆变换与高等数学中的有理函数的不定积分求法对比，以此提高求有理函数拉普拉斯逆变换的速度。

另外，第二版在原有叙述的基础上引入线性映射来定义线性微分方程；对偏微分方程的通解做了进一步补充；完善了达朗贝尔公式的物理意义。

在此感谢北京化工大学研究生院对本教材的支持，正是在研究生院教改项目的资助下本书修订版才得以完成和出版。本书的修订也得到了国家自然科学基金的资助，借此表示感谢。门曰阳老师在内容修改方面给我提出了许多建议，在此向他表示感谢。化学工业出版社的编辑向我提供了许多支持、建议和鼓励，在此表示感谢。

因水平有限，书中难免出现疏漏，继续欢迎广大读者给予批评指正。

编　者
2023 年 5 月

前言

　　数学物理方程课程涉及的专业有：材料科学与工程、化学工程与技术、动力工程及工程热物理、机械工程等近十个专业。 目前数学物理方程的教材有很多，且各有特色。 但是，随着专业学位招生规模的不断扩大，迫切需要一本适合工科专业学位研究生的"数学物理方程"教材或参考书，以适应新的教学需求。

　　工科数学物理方程的教学最直接的目标是使学生能够应用数学知识解决工程中的实际问题，并由此提升他们学习数学的兴趣。 鉴于此，我们应该在实际教学中，结合学生所学专业，多举一些有实际背景的例子。 为此，本书在以下五个方面做了一些尝试，希望能以此提升学生的学习兴趣，提高学习效率，增强解决问题的能力。 另外，本书的推导过程紧扣高等数学的内容，这样学生更易理解。

　　本书特点如下。

　　（1）适当减少数学的推导证明。 过多的数学推导会导致学生对该课程有恐惧感。 大部分工科硕士生的数学基础局限于高等数学，对于大篇幅的推导很不习惯，很排斥。 过多的数学推导会使学生降低甚至丧失学习兴趣，因此，本书针对工科学生的数学基础删除了不必要的证明。

　　（2）数学模型的导出更详细。 大部分的学生感兴趣的是怎样把具体问题转化成数学问题。 如果对导出过程讲解不详细，学生在应用中遇到实际问题时，不会建立数学模型，这样很难提出科学问题，因此，本书在应用隔离物体法导出模型时，导出过程非常详细。

　　（3）例题的求解过程更详细。 例题求解过程不详细会直接导致多数同学觉得解题无从下手，没有思路，不知如何计算，一算就错。 本书中所有例题的求解过程非常详细，便于同学解题时参照。

　　（4）内容排版重点醒目突出。 数学物理方程的内容多，同学课后看书抓不住重点，或找不到关键知识点，因此有必要在内容排版时突出主要知识点，做到一目了然。 本书把关键知识点，主要定理和主要公式都用边框加阴影加以标注。

　　（5）增加应用举例。 根据选课学生的专业增加了一些应用举例，主要涉及材料工程、化学工程及信息与系统等方面的应用。

　　另外，本书在每一章开头列出了本章的基本要求，例题分析，并且求解运算过程也非常详细。 每节后配有适量的习题，书后附参考答案和提示，便于读者参照对比。 贝塞尔函数比较抽象，为了便于读者了解贝塞尔函数的基本性质，本书给出了一些贝塞尔函数的图形。 卷积在工程方面应用很广，因此，本书对于卷积的介绍比较多，并尽量用卷积表示定解问题的解。 另外，为了同学在学习中查找方便，本书在附录中不仅附有傅里叶变换表和拉普拉斯变换表，而且还附有常用的数学公式（附录Ⅰ）、常微分方程中常用的重要结论（附录Ⅱ）以及傅里叶级数的主要结论（附录Ⅲ）。

特别感谢北京化工大学研究生院对本书的支持，正是在研究生院教改项目的资助下本书才得以完成和出版。 黄晋阳教授在内容组织上提出了许多建议，在此向他表示感谢。 同时感谢我的研究生董利君同学，是他绘制了本书的所有插图，并录入了部分稿件内容。

编　者

2016 年 6 月

目录

第 9 章　数值求解法　　　199

附　录　　　208

数学物理方程及其定解问题

（1）掌握一维波动方程和热传导方程的推导方法；熟悉波动方程、热传导方程和位势方程所描述的物理背景；

（2）理解三类边界条件、衔接条件及自然边界条件的物理意义，能够根据物理描述，熟练写出对应的定解问题；

（3）了解定解问题的适定性概念和方程的分类，了解特征方程及特征线定义。

数学物理方程的研究对象源于各种物理问题和工程问题。本书的第 1 章将从实际的物理现象出发，导出问题满足的偏微分方程和定解条件，给出典型的定解问题。首先我们介绍与偏微分方程相关的基本概念。

① 偏微分方程：联系未知函数、自变量以及未知函数对自变量导数的关系式称为微分方程。微分方程包括：常微分方程和偏微分方程，所谓偏微分方程是指自变量个数多于一个的微分方程，即方程含有偏导数，自变量个数为一个的微分方程称为常微分方程。

偏微分方程举例：

热传导方程： $\dfrac{\partial u}{\partial t}=a^2\left(\dfrac{\partial^2 u}{\partial x^2}+\dfrac{\partial^2 u}{\partial y^2}+\dfrac{\partial^2 u}{\partial z^2}\right)+f(x,y,z,t)$

梁的横振动方程： $\dfrac{\partial^2 u}{\partial t^2}+a^4\dfrac{\partial^4 u}{\partial x^4}=f(x,t)$

② 偏微分方程的阶：偏微分方程中最高阶偏导数的阶数称为偏微分方程的阶。

③ 线性（非线性）偏微分方程：关于未知函数和未知函数的导数均为线性的偏微分方程称为线性偏微分方程。不是线性的偏微分方程称为非线性偏微分方程。

从以往的教学经验来看，读者对线性微分方程描述性的定义理解有困难，容易产生误解。以下尝试利用映射来定义。

设 T 为从函数空间 C 到自身的映射，即 $T: C \rightarrow C$，若对任何 $f_1, f_2 \in C$

和任何实数 α 成立

$$T(f_1+f_2)=T(f_1)+T(f_2), \quad T(\alpha f_1)=\alpha T(f_1)$$

则称 T 为线性映射。用线性映射定义线性微分方程如下。

定义 若微分方程中的每一个含有未知函数的项看成自变量为未知函数的映射时均为线性的，则称微分方程是线性微分方程，否则称为非线性微分方程。

例如 考虑下列微分方程的线性性。

① $x^2\dfrac{\mathrm{d}^2 y}{\mathrm{d}x^2}+\dfrac{\mathrm{d}y}{\mathrm{d}x}+\sin^2 x=0$ ② $\dfrac{\mathrm{d}^2 y}{\mathrm{d}x^2}+y\dfrac{\mathrm{d}y}{\mathrm{d}x}+\sin^2 x=0$

③ $\dfrac{\partial^2 u}{\partial t^2}+a^2\dfrac{\partial^4 u}{\partial x^4}+f(x,t)=0$ ④ $\left(\dfrac{\partial u}{\partial t}\right)^2+\dfrac{\partial^4 u}{\partial x^4}+f(x,t)=0$

解 以下只详细讨论方程①和④的线性性。方程①中只有第一项和第二项含有未知函数 $y=y(x)$，因此只需要考虑这两项。第一项 $x^2\dfrac{\mathrm{d}^2 y}{\mathrm{d}x^2}$ 可看作映射 $T: y\rightarrow x^2\dfrac{\mathrm{d}^2 y}{\mathrm{d}x^2}$，即 $T(y)=x^2\dfrac{\mathrm{d}^2 y}{\mathrm{d}x^2}$。显然有

$$T(y_1+y_2)=x^2\frac{\mathrm{d}^2(y_1+y_2)}{\mathrm{d}x^2}=x^2\frac{\mathrm{d}^2 y_1}{\mathrm{d}x^2}+x^2\frac{\mathrm{d}^2 y_2}{\mathrm{d}x^2}=T(y_1)+T(y_2)$$

$$T(\alpha y)=x^2\frac{\mathrm{d}^2(\alpha y)}{\mathrm{d}x^2}=\alpha x^2\frac{\mathrm{d}^2 y}{\mathrm{d}x^2}=\alpha T(y)$$

所以第一项是线性的。同理，不难判断第二项也是线性的。从而方程①是线性常微分方程。方程④中只有第一项和第二项含有未知函数 $u=u(x,t)$，因此只需要考虑这两项。第一项 $\left(\dfrac{\partial u}{\partial t}\right)^2$ 可看作映射 $T:u\rightarrow\left(\dfrac{\partial u}{\partial t}\right)^2$，即 $T(u)=\left(\dfrac{\partial u}{\partial t}\right)^2$。显然有

$$T(u_1+u_2)=\left(\frac{\partial(u_1+u_2)}{\partial t}\right)^2=\left(\frac{\partial u_1}{\partial t}+\frac{\partial u_2}{\partial t}\right)^2$$

$$T(u_1)+T(u_2)=\left(\frac{\partial u_1}{\partial t}\right)^2+\left(\frac{\partial u_2}{\partial t}\right)^2$$

易见 $T(u_1+u_2)\neq T(u_1)+T(u_2)$，所以第一项是非线性的，从而方程④是非线性偏微分方程。虽然可以判断第二项是线性的，但这已经没必要了。只要方程中含有未知函数的项有一项是非线性的，则微分方程就是非线性微分方程。由此不难判断方程②是非线性常微分方程，方程③是线性偏微分方程。

在线性偏微分方程中，不含未知函数及其偏导数的非零项称为非齐次项，不含非齐次项的线性偏微分方程称为齐次偏微分方程，否则称为非齐次偏微分方程。

例如：

$$\frac{\partial^2 u}{\partial t^2} = a^2 \frac{\partial^2 u}{\partial x^2} \qquad \text{为齐次偏微分方程;}$$

$$\frac{\partial^2 u}{\partial t^2} = a^2 \frac{\partial^2 u}{\partial x^2} + f(x,t), \quad [f(x,t) \neq 0] \text{为非齐次偏微分方程。}$$

④ 拟（半）线性偏微分方程及完全非线性偏微分方程：只关于最高阶导数是线性的非线性偏微分方程称为拟线性偏微分方程，它们的系数只依赖于未知函数的非最高阶导数；若非线性偏微分方程中出现最高阶导数的项是线性的，它的非线性项只出现非最高阶导数，这样的方程称为半线性的微分方程；完全非线性偏微分方程是指关于最高阶导数也是非线性的偏微分微分方程。

⑤ 偏微分方程的古典解：一个偏微分方程的古典解（在某区域内）是指这样的函数，该函数拥有方程所要求的一切偏导数，且该函数和这些偏导数均连续，把该函数代入方程时方程在该区域内变为恒等式，则此函数称为该方程在此区域内的古典解。有些偏微分方程无古典解，此时必须讨论其弱解，弱解不是本书讨论的内容。

⑥ 定解条件、泛定方程及定解问题：我们在高等数学中学过，在常微分方程求得通解后，通常会利用某些条件确定一个特解，这些条件称为定解条件。同样，一个偏微分方程也有许多解，要想确定一个特解，就必须附加条件，这些附加条件就是定解条件。定解条件通常包括：初始（或初值）条件、边界（或边值）条件及衔接条件。泛定方程是指描写一类物理现象的，不含定解条件的微分方程。泛定方程和定解条件一起构成定解问题。

1.1 波动方程及其定解问题

波动现象是日常生活中的普遍现象，如弹簧的振动，吉他弦及鼓面的振动，桥梁、机械车辆底座的振动，水波、声波、地震波等。所有这些振动现象的数学模型均为偏微分方程中的波动方程。本节将以弦的微小振动为例，根据物理定律导出弦振动的一维波动方程和对应的定解条件，包括初始条件、边值条件和衔接条件。

1.1.1 波动方程的导出

1.1.1.1 弦的横振动

考虑一条长度为 l 沿 x 轴绷紧的弦，弦的两端固定在 $x=0$ 和 $x=l$ 的弦，假设弦在外力的作用下离开平衡位置，放开后开始振动。这里波动方程的导出是基于以下假设，这些假设并无远离现实，如吉他弦的振动。

① 弦是完全弹性的。这里的完全弹性是指弦在外力作用下发生变形，外力去掉后，弦可恢复原状。

② 弦作微小横振动。所谓横振动是指弦上各点的位移与弦的平衡位置（x 轴）垂直，弦只在固定的平面内运动。我们用 $u=u(x,t)$ 表示弦在位置 x 和时刻 t 的位移，则弦在 xOu 平面内运动。所谓微小振动是指振幅与弦长相比很小，弦上任意点的斜率的绝对值 $\left|\dfrac{\partial u}{\partial x}\right|$ 很小，此时 $\dfrac{\partial u}{\partial x}$ 的高次方项可略。

方程的导出方法为隔离物体法（又称微元法），即对微元 $[x,x+\mathrm{d}x]\times[t,t+\mathrm{d}t]$ 利用动量原理：

动量原理：	
弦段 $[x,x+\mathrm{d}x]$ 从 t 到 $t+\mathrm{d}t$ 时刻 动量的增量	$=$　弦段 $[x,x+\mathrm{d}x]$ 在 时段 $[t,t+\mathrm{d}t]$ 内 所受合外力的冲量

设弦在横向方向受到线密度为 $F(x,t)$ 的外力的作用，弦的线密度为 $\rho=\rho(x)$。

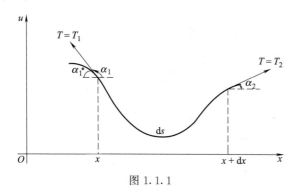

图 1.1.1

如图 1.1.1 所示，T_1，T_2 为张力，沿切线方向，分别用 α_1 和 α_2 表示 T_1 和 T_2 的方向角，即与 x 轴正向的夹角，表示从 x 轴正向起分别旋转到 T_1 和 T_2 所扫过的角。在 x 轴方向无运动，合力分量为 0，即

$$T_1\cos\alpha_1+T_2\cos\alpha_2=0$$

所以 $T_1\cos\alpha_1^*=T_2\cos\alpha_2$

对于微小横振动，弦上任一点斜率的绝对值很小，即 $|\tan\alpha_1|\approx0$，从而 $\alpha_1^*\approx0$，所以 $\cos\alpha_1^*\approx1$。同理可得 $\cos\alpha_2\approx1$，从而 $T_1\approx T_2$，令 $T=T_1=T_2$。

（1）沿 u 轴方向合力及冲量

沿 u 轴方向合力为

$$T\sin\alpha_1+T\sin\alpha_2+F(x,t)\mathrm{d}x$$

因为 $\left|\dfrac{\partial u}{\partial x}\right|$ 很小，所以 $|\tan\alpha_1^*|$ 很小，因而

$$\sin\alpha_1=\sin(\pi-\alpha_1^*)=\sin\alpha_1^*=\frac{\tan\alpha_1^*}{\sqrt{1+\tan^2\alpha_1^*}}\approx\tan\alpha_1^*=-\tan\alpha_1=-\frac{\partial u(x,t)}{\partial x}=-\left.\frac{\partial u}{\partial x}\right|_x$$

同理　　$\sin\alpha_2\approx\dfrac{\partial u(x+\mathrm{d}x,t)}{\partial x}=\left.\dfrac{\partial u}{\partial x}\right|_{x+\mathrm{d}x}$

于是合力沿 u 方向分量的冲量为

$$\left[-T\frac{\partial u}{\partial x}\Big|_x + T\frac{\partial u}{\partial x}\Big|_{x+dx} + F(x,t)dx\right]dt$$

（2）沿 u 方向动量的增量

弦段 $[x, x+dx]$ 的质量近似为 $\rho(x)dx$，该弦段从时刻 t 到 $t+dt$ 动量的增量为

$$\left[\frac{\partial u(x,t+dt)}{\partial t} - \frac{\partial u(x,t)}{\partial t}\right]\rho(x)dx$$

由动量原理得

$$\left[T\frac{\partial u(x+dx,t)}{\partial x} - T\frac{\partial u(x,t)}{\partial x} + F(x,t)dx\right]dt = \left[\frac{\partial u(x,t+dt)}{\partial t} - \frac{\partial u(x,t)}{\partial t}\right]\rho(x)dx$$

$$(1.1.1)$$

两边同除 $dx\,dt$ 得

$$\frac{T\left[\frac{\partial u(x+dx,t)}{\partial x} - \frac{\partial u(x,t)}{\partial x}\right]}{dx} + F(x,t) = \rho(x)\frac{\left[\frac{\partial u(x,t+dt)}{\partial t} - \frac{\partial u(x,t)}{\partial t}\right]}{dt}$$

dx 和 dt 趋于 0，可得

$$T\frac{\partial^2 u(x,t)}{\partial x^2} + F(x,t) = \rho(x)\frac{\partial^2 u(x,t)}{\partial t^2}$$

令 $a^2 = T/\rho$，$f(x,t) = F(x,t)/\rho$，化简得

$$\boxed{\frac{\partial^2 u}{\partial t^2} = a^2\frac{\partial^2 u}{\partial x^2} + f(x,t)}$$

该方程称为一维波动方程。当 $f(x,t)=0$ 时，方程称为齐次方程，表示弦不受外力作用，否则方程称为非齐次方程。隔离物体法也可以用考虑微元$[x_1, x_2] \times [t_1, t_2]$来导出上述方程。通常把质点位移与波的传播方向垂直的波称为横波，弦的振动所产生的波为横波。

1.1.1.2 杆的纵振动

考虑一长度为 l 的位于 x 轴上的均匀细杆，见图 1.1.2。只要杆中一小段有纵向振动，必导致邻段的压缩或伸长，这种伸缩会沿着杆进行传播。设杆在纵向方向受到线密度为 $F(x,t)$ 的外力的作用，杆的线密度为 $\rho=\rho(x)$。我们同样用 $u=u(x,t)$ 表示杆在位置 x 处，时刻 t 的位移。

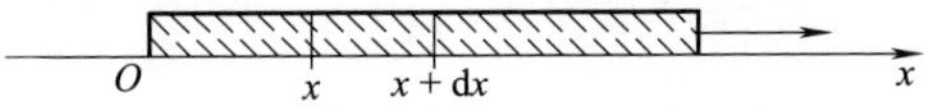

图 1.1.2

由胡克定律知，杆在 x 处所受力的大小为 $F=E(x)\dfrac{\partial u}{\partial x}$，对微元 $[x,x+dx] \times [t,t+dt]$ 利用动量原理得

$$\left[\frac{\partial u(x,t+\mathrm{d}t)}{\partial t}-\frac{\partial u(x,t)}{\partial t}\right]\rho(x)\mathrm{d}x$$

$$=\left[E(x+\mathrm{d}x)\frac{\partial u(x+\mathrm{d}x,t)}{\partial x}-E(x)\frac{\partial u(x,t)}{\partial x}+F(x,t)\mathrm{d}x\right]\mathrm{d}t \qquad (1.1.2)$$

两边同除 $\mathrm{d}x\mathrm{d}t$ 得

$$\frac{\left[\dfrac{\partial u(x,t+\mathrm{d}t)}{\partial t}-\dfrac{\partial u(x,t)}{\partial t}\right]\rho(x)}{\mathrm{d}t}=$$

$$\frac{E(x+\mathrm{d}x)\dfrac{\partial u(x+\mathrm{d}x,t)}{\partial x}-E(x)\dfrac{\partial u(x,t)}{\partial x}}{\mathrm{d}x}+F(x,t)$$

从而

$$\rho(x)\frac{\partial^2 u}{\partial t^2}=\frac{\partial}{\partial x}\left(E(x)\frac{\partial u}{\partial x}\right)+F(x,t)$$

若弹性模量 E 为常数，则上式变为

$$\frac{\partial^2 u}{\partial t^2}=\frac{E}{\rho}\frac{\partial^2 u}{\partial x^2}+\frac{F(x,t)}{\rho}$$

令 $a^2=E/\rho$，$f(x,t)=F(x,t)/\rho$，同样可得一维波动方程

$$\frac{\partial^2 u}{\partial t^2}=a^2\frac{\partial^2 u}{\partial x^2}+f(x,t)$$

对于杆的纵向振动，质点位移与波的传播方向相同，这种波称为纵波，因此，杆的纵向振动为纵波。在电动力学里，电场强度和磁场强度在某些情形下满足波动方程。

如果考虑杆的垂直截面的大小（但同一截面上质点的运动情况相同），不妨设为 S，此时外力 $F(x,t)$ 和杆的线密度 $\rho(x)$ 应理解为体密度。这样式（1.1.2）变为

$$\left[\frac{\partial u(x,t+\mathrm{d}t)}{\partial t}-\frac{\partial u(x,t)}{\partial t}\right]\rho(x)\cdot S\mathrm{d}x$$

$$=\left[SE(x+\mathrm{d}x)\frac{\partial u(x+\mathrm{d}x,t)}{\partial x}-SE(x)\frac{\partial u(x,t)}{\partial x}+F(x,t)\cdot S\mathrm{d}x\right]\mathrm{d}t$$

该式两边同除以 S 仍可得同样的结果。

1.1.2　典型定解条件

上节导出的是泛定方程，是振动满足的共同规律。然而，不同的物理问题可能有不同的限定条件，如初始位移或初始速度不同，弦的振动规律不同，弦（或杆）的两个端点的状态不同，弦（或杆）的内部各点的振动情况也不同。本节将以弦的横振动为例，利用动量原理导出几种常见的定解条件。

1.1.2.1 初始条件

初始条件又称柯西（Cauchy）条件，包括初始位移和初始速度，即

$$u\big|_{t=0}=\varphi(x), \quad \frac{\partial u}{\partial t}\Big|_{t=0}=\psi(x)$$

1.1.2.2 第一类边界条件

第一类边界条件又称第一类边值条件，或狄利克雷（Dirichlet）条件。它表示弦两端的运动规律已知，即

$$u\big|_{x=0}=\mu(t), \quad u\big|_{x=l}=\nu(t), \quad t\geqslant 0$$

若弦两端固定，则 $u\big|_{x=0}=0$，$u\big|_{x=l}=0$，称为第一类齐次边界条件，否则称为第一类非齐次边界条件。

1.1.2.3 第二类边界条件

第二类边界条件又称第二类边值条件，或诺依曼（Neumann）条件，它表示弦两端受到外力作用。以下以 $x=l$ 端为例导出该边值条件的数学表达式。

如图 1.1.3 所示，设 $x=l$ 端受到 u 方向大小为 $\bar{\nu}(t)$ 的横向力的作用，对微元 $[l-\mathrm{d}x, l]\times[t, t+\mathrm{d}t]$ 利用动量定理，由式（1.1.1）得

$$\left[\bar{\nu}(t)-T\frac{\partial u}{\partial x}\Big|_{l-\mathrm{d}x}+F(l-\mathrm{d}x, t)\mathrm{d}x\right]\mathrm{d}t$$

$$=\left[\frac{\partial u(l-\mathrm{d}x, t+\mathrm{d}t)}{\partial t}-\frac{\partial u(l-\mathrm{d}x, t)}{\partial t}\right]\rho(l-\mathrm{d}x)\mathrm{d}x$$

两边同除 $\mathrm{d}t$，并令 $\mathrm{d}x$ 和 $\mathrm{d}t$ 趋于零可得

$$\bar{\nu}(t)-T\frac{\partial u}{\partial x}\Big|_{x=l}=0$$

即 $\dfrac{\partial u}{\partial x}\Big|_{x=l}=\dfrac{\bar{\nu}(t)}{T}$，记 $\nu(t)=\bar{\nu}(t)/T$，则有

$$\frac{\partial u}{\partial x}\Big|_{x=l}=\nu(t) \text{ 或 } u_x(l, t)=\nu(t)$$

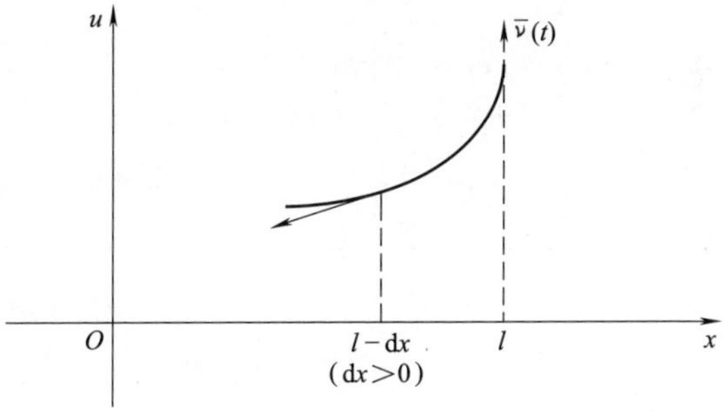

图 1.1.3

同理，对微元 $[0, \mathrm{d}x]\times[t, t+\mathrm{d}t]$ 利用式（1.1.1）可得 $x=0$ 端对应的第二类边界条件。于是可得第二类边界条件

$$u_x(0, t)=\mu(t), \quad u_x(l, t)=\nu(t)$$

特别，当 $\mu(t)=0$ 时，称 $x=0$ 端为自由振动；当 $\nu(t)=0$ 时，称 $x=l$ 端为自由振动。

当 $\mu(t)=\nu(t)=0$ 时，边界条件称为第二类齐次边界条件，否则称为第二类非齐次边界条件。

1.1.2.4 第三类边界条件

第三类边界条件又称第三类边值条件，或罗宾（Robin）条件，它表示弦的端点被某个弹性体所支撑，比如固定在弹簧上，如图 1.1.4 所示。

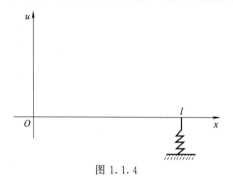

以 $x=l$ 端为例，设该端弹簧的横向振动规律为 $\bar{\nu}(t)$，由胡克定律得 $x=l$ 端所受的弹性力为

$$-K_l[u(l,t)-\bar{\nu}(t)]$$

其中，K_l 为弹簧的倔强系数，负号表示与位移的方向相反。

对微元 $[l-\mathrm{d}x,l]\times[t,t+\mathrm{d}t]$ 利用式（1.1.1）得

图 1.1.4

$$\left\{-K_l[u(l,t)-\bar{\nu}(t)]-T\frac{\partial u}{\partial x}\bigg|_{l-\mathrm{d}x}+F(l-\mathrm{d}x,t)\mathrm{d}x\right\}\mathrm{d}t$$

$$=\left[\frac{\partial u(l-\mathrm{d}x,t+\mathrm{d}t)}{\partial t}-\frac{\partial u(l-\mathrm{d}x,t)}{\partial t}\right]\rho(l-\mathrm{d}x)\mathrm{d}x$$

两边同除 $\mathrm{d}t$，并令 $\mathrm{d}x$ 和 $\mathrm{d}t$ 趋于零可得

$$-T\frac{\partial u}{\partial x}\bigg|_{x=l}=K_l[u(l,t)-\bar{\nu}(t)]$$

记 $\nu(t)=K_l\bar{\nu}(t)$，则有

$$Tu_x(l,t)+K_lu(l,t)=\nu(t)\text{ 或}(Tu_x+Ku)\big|_{x=l}=\nu(t)$$

对微元 $[0,\mathrm{d}x]\times[t,t+\mathrm{d}t]$ 重复以上讨论可得 $x=0$ 端对应的第三边界件，于是可得第三类边界条件

$$(Tu_x+Ku)\big|_{x=0}=\mu(t),\quad (Tu_x+Ku)\big|_{x=l}=\nu(t)$$

当 $\mu(t)=\nu(t)=0$ 时，边界条件称为第三类齐次边界条件，否则称为第三类非齐次边界条件。

在实际问题中，可能两端取不同类型的边值条件。

1.1.2.5 衔接条件

在实际问题中，除上述几类定解条件外，衔接条件也是一类常见的定解条件。例如在研究弦的微小振动时，若在 $x=x_0$ 处施加一横向力 $F_0(t)$，如图 1.1.5 所示，此时 $u_x(x,t)$ 在 $x=x_0$ 处出现间断，弦的振动应分为两段：$[0,x_0]$ 和 $[x_0,l]$。

设两段弦的振动规律分别为 $u_1 = u_1(x, t)$ 和 $u_2 = u_2(x, t)$，由振动的连续性，在 $x = x_0$ 处两段弦的振动应满足衔接条件

$$u_1(x_0 - 0, t) = u_2(x_0 + 0, t)$$

另外，在 $x = x_0$ 处 $F_0(t)$ 应满足张力平衡，即

$$F_0(t) + T \sin\alpha + T \sin\beta = 0$$

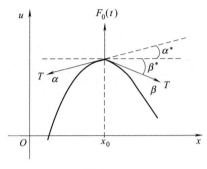

图 1.1.5

这里仍用 α 和 β 表示张力 T 的方向角。由

$$\sin\alpha = \sin(\pi + \alpha^*) = -\sin\alpha^* \approx -\tan\alpha^* = -\frac{\partial u_1(x_0 - 0, t)}{\partial x} \text{和} \sin\beta = \sin(2\pi - \beta^*)$$

$$= -\sin\beta^* \approx -\tan\beta^* = \tan(\pi - \beta^*) = \frac{\partial u_2(x_0 + 0, t)}{\partial x} \text{可得弦振动在} x = x_0 \text{处应满}$$

足的衔接条件

$$u_1(x_0 - 0, t) = u_2(x_0 + 0, t)$$
$$Tu_{1x}(x_0 - 0, t) - Tu_{2x}(x_0 + 0, t) = F_0(t)$$

如果所研究的系统由不同的介质组成，则在两介质交界处的关联条件都属于衔接条件。例如，若弦由两段不同材料的弦组成，这时在两段弦的连接处的条件就属于衔接条件。再如，当研究不同介质中电磁波的传播时，电磁波经过界面从一种介质进入另一种介质时，由于不同介质的介电常数和导磁常数不同，会导致电磁波在两种介质交界面上出现间断，那么电磁波在两介质交界面上的关联条件就是衔接条件。如由两种不同材料连接而成的杆的纵振动问题，在连接点 $x = x_0$ 处，其位移和应力大小应相等，于是衔接条件为

$$u_1(x_0 - 0, t) = u_2(x_0 + 0, t)$$
$$E_1 u_{1x}(x_0 - 0, t) = E_2 u_{2x}(x_0 + 0, t)$$

其中，E_1 和 E_2 分别为两种介质的弹性模量。

1.1.2.6　高维波动方程及其定解条件

以下导出二维波动方程，给出三维波动方程，并列出三维波动方程对应的定解条件，读者不难由此写出二维波动方程的定解条件。

（1）二维波动方程

考虑一水平放置薄膜的微小横振动。设膜的边界固定在一水平面上，D 表示薄膜处于平衡状态时在 (x, y) 平面上占据的区域。假设膜上质点的振动方向垂直于膜所在的平面（即所谓的横振动）。膜的张力是与时间和位置无关的常数。薄膜单位面积所受的横向外力为 $F(x, y, t)$。设 $u = u(x, y, t)$ 表示 t

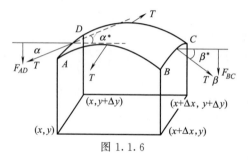

图 1.1.6

时刻位于点（x，y）处质点的位移，我们仍沿用隔离物体法导出薄膜振动的微分方程。

如图 1.1.6 所示（α 和 β 分别表示 AD 边和 BC 边上的张力 T 的方向角），考虑微元

$ABCD$：$[x，x+\Delta x]\times[y，y+\Delta y]$

该微元受到的外力为沿四个边的张力和横向外力。沿边界的张力方向垂直于边界，指向微元外，且与薄膜相切。参照弦的横振动，我们以 AD 边为例，设 T 为单位长度的张力（为常数），则 AD 受到的张力在竖直方向的分量为

$$F_{AD} \approx T \cdot \Delta y \cdot \sin\alpha = T \cdot \Delta y \cdot \sin(\pi+\alpha^*)$$
$$= -T \cdot \Delta y \cdot \sin\alpha^* \approx -T \cdot \Delta y \cdot \tan\alpha^*$$
$$= -T \cdot u_x(x,y,t)\Delta y$$

同理，BC 边受到的张力在竖直方向的分量为

$$F_{BC} \approx T \cdot \Delta y \cdot \sin\beta = T \cdot \Delta y \cdot \sin(2\pi-\beta^*)$$
$$= -T \cdot \Delta y \cdot \sin\beta^* \approx -T \cdot \Delta y \cdot \tan\beta^*$$
$$= T \cdot \Delta y \cdot \tan(\pi-\beta^*)$$
$$= Tu_x(x+\Delta x,y,t)\Delta y$$

于是沿 x 轴方向的张力在竖直方向的分量为

$$Tu_x(x+\Delta x,y,t)\Delta y - Tu_x(x,y,t)\Delta y$$

同理可得沿 y 轴方向的张力在竖直方向的分量为

$$Tu_y(x,y+\Delta y,t)\Delta x - Tu_y(x,y,t)\Delta x$$

微元 $ABCD$ 在竖直方向所受外力的大小为 $F(x,y,t)\Delta x\Delta y$。于是由牛顿第二定律得

$$T[u_x(x+\Delta x,y,t)-u_x(x,y,t)]\Delta y$$
$$+T[u_y(x,y+\Delta y,t)-u_y(x,y,t)]\Delta x+F(x,y,t)\Delta x\Delta y$$
$$=\rho u_{tt}(x,y,t)\Delta x\Delta y$$

式中，ρ 为薄膜的面密度。两边同除以 $\Delta x\Delta y$，并令 $\Delta x\rightarrow 0$，$\Delta y\rightarrow 0$ 可得

$$T(u_{xx}+u_{yy})+F(x,y,t)=\rho u_{tt}$$

于是得到二维的波动方程：

$$\frac{\partial^2 u}{\partial t^2}=a^2\left(\frac{\partial^2 u}{\partial x^2}+\frac{\partial^2 u}{\partial y^2}\right)+f(x,y,t),\quad (x,y)\in D,t>0$$

其中，$a^2=\dfrac{T}{\rho}$，$f(x,y,t)=\dfrac{F(x,y,t)}{\rho}$。

特别地，若外力仅为重力，则方程变为

$$\frac{\partial^2 u}{\partial t^2} = a^2 \left(\frac{\partial^2 u}{\partial x^2} + \frac{\partial^2 u}{\partial y^2} \right) - g, \quad (x,y) \in D, t > 0$$

其中，g 为重力加速度。

（2）三维波动方程

$$\frac{\partial^2 u}{\partial t^2} = a^2 \left(\frac{\partial^2 u}{\partial x^2} + \frac{\partial^2 u}{\partial y^2} + \frac{\partial^2 u}{\partial z^2} \right) + f(x,y,z,t), \quad (x,y,z) \in G, t > 0 \qquad (1.1.3)$$

其中，u 可表示电场或磁场强度的一个分量在点（x，y，z）处和时刻 t 的值。

（3）三维波动方程相应的定解条件

方程（1.1.3）对应以下初始条件和三类边值条件

初始条件：

$$u \big|_{t=0} = \varphi(x,y,z), \quad u_t \big|_{t=0} = \psi(x,y,z)$$

边值条件：

第一类边值条件：

$$u \big|_{\partial G} = \mu(x,y,z,t), \quad t \geq 0$$

第二类边值条件：

$$\frac{\partial u}{\partial n} \bigg|_{\partial G} = \nu(x,y,z,t), \quad t \geq 0$$

第三类边值条件：

$$\left(T \frac{\partial u}{\partial n} + Ku \right) \bigg|_{\partial G} = \varphi(x,y,z,t), \quad t \geq 0$$

其中，$\dfrac{\partial u}{\partial n}$ 表示沿 ∂G 的单位外法向 n 的方向导数。

1.1.3 典型定解问题

要将一个具体的物理过程转化成数学模型，就必须写出其对应的定解问题。前面给出了波动方程和几类定解条件，本节将列出波动方程常见的定解问题，并介绍定解问题的适定性概念。

$$\text{定解问题} \begin{cases} \text{泛定方程} \longrightarrow \text{数理方程} \\ \text{定解条件} \begin{cases} \text{初始条件} \\ \text{边界条件} \\ \text{衔接条件} \end{cases} \end{cases}$$

1.1.3.1 一维波动方程的典型定解问题

（1）初值问题（又称柯西问题）

$$\begin{cases} u_{tt} = a^2 u_{xx} + f(x,t) & x \in \mathbf{R}, \quad t > 0 \\ u \big|_{t=0} = \varphi(x), \quad u_t \big|_{t=0} = \psi(x) \end{cases}$$

（2）第一类边值问题（又称狄利克雷问题）

$$\begin{cases} u_{tt}=a^2 u_{xx}+f(x,t), & x\in(0,l), \quad t>0 \\ u\mid_{x=0}=\mu(t), \quad u\mid_{x=l}=\nu(t), \quad t>0 \\ u\mid_{t=0}=\varphi(x), \quad u_t\mid_{t=0}=\psi(x), \quad x\in[0,l] \end{cases}$$

（3）第二类边值问题（又称诺依曼问题）

$$\begin{cases} u_{tt}=a^2 u_{xx}+f(x,t), & x\in(0,l), \quad t>0 \\ u_x\mid_{x=0}=\mu(t), \quad u_x\mid_{x=l}=\nu(t), \quad t>0 \\ u\mid_{t=0}=\varphi(x), \quad u_t\mid_{t=0}=\psi(x), \quad x\in[0,l] \end{cases}$$

（4）第三类边值问题（又称罗宾问题）

$$\begin{cases} u_{tt}=a^2 u_{xx}+f(x,t), & x\in(0,l), \quad t>0 \\ (u+hu_x)\mid_{x=0}=\mu(t), \quad (u+hu_x)\mid_{x=l}=\nu(t), \quad t>0 \\ u\mid_{t=0}=\varphi(x), \quad u_t\mid_{t=0}=\psi(x), \quad x\in[0,l] \end{cases}$$

（5）混合边值问题

这里只列出第一类和第二类边值条件的混合。

$$\begin{cases} u_{tt}=a^2 u_{xx}+f(x,t), & x\in(0,l), \quad t>0 \\ u_x\mid_{x=0}=\mu(t), \quad u\mid_{x=l}=\nu(t), \quad t>0 \\ u\mid_{t=0}=\varphi(x), \quad u_t\mid_{t=0}=\psi(x), \quad x\in[0,l] \end{cases}$$

$$\begin{cases} u_{tt}=a^2 u_{xx}+f(x,t), & x\in(0,l), \quad t>0 \\ u\mid_{x=0}=\mu(t), \quad u_x\mid_{x=l}=\nu(t), \quad t>0 \\ u\mid_{t=0}=\varphi(x), \quad u_t\mid_{t=0}=\psi(x), \quad x\in[0,l] \end{cases}$$

1.1.3.2 高维波动方程的定解问题

以下主要研究二维和三维波动方程的如下初值问题。

（1）二维波动方程的初值问题

$$\begin{cases} u_{tt}=a^2(u_{xx}+u_{yy})+f(x,y,t), & (x,y)\in\mathbf{R}^2, \quad t>0 \\ u\mid_{t=0}=\varphi(x,y), \quad u_t\mid_{t=0}=\psi(x,y), \quad (x,y)\in\mathbf{R}^2 \end{cases}$$

（2）三维波动方程的初值问题

$$\begin{cases} u_{tt}=a^2(u_{xx}+u_{yy}+u_{zz})+f(x,y,z,t), & (x,y,z)\in\mathbf{R}^3, \quad t>0 \\ u\mid_{t=0}=\varphi(x,y,z), \quad u_t\mid_{t=0}=\psi(x,y,z), \quad (x,y,z)\in\mathbf{R}^3 \end{cases}$$

习题1.1

1.1.1 在弦的横振动问题中，若单位长度弦所受的阻力与速度成正比（$R=-ku_t$），试推导其振动方程。

1.1.2 长为 l 的均匀细杆，一端固定，另一端沿杆的轴线方向被拉长 e 停止，突然放开让其自由振动，写出该振动的定解问题。

1.1.3 长为 l 的均匀弦，两端固定，弦中张力为 T。在弦的中间以横向力 F_0 拉弦达到平衡后放手任其振动，写出该振动的定解问题。

1.1.4 试推导一长为 l 的均质细圆锥杆的纵振动方程。

1.1.5 长为 l 的均匀弦，若在某点 x_0 处挂有一质量为 m 的小球，试导出弦作横振动时在该点处的衔接条件。

1.1.6 一长为 l 的匀质柔软轻绳，一端固定在竖直轴上，绳子以角速度 Ω 转动，试求此绳相对于水平线的横振动方程。

1.2 热传导方程及其定解问题

本节我们将导出描写热能传递的偏微分方程，即热传导方程。当一个物体内温度分布不均匀时，热量要从温度高处向温度低处传播。热能的传递主要有两个过程：热传导和热对流。热传导是指当相邻分子碰撞时，一个分子振动的动能传至与它临近的分子，即使分子不改变位置，热能也能得到传播。另一方面，如果振动的分子从一个区域移动到另一个区域，也可带走热能，这种热能的传递称为热对流。本节我们只研究热传导占主导的情形，忽略热对流。热传导现象主要发生在固体中，也可看成发生在速度很低的流体中。

1.2.1 热传导方程的导出

假设导热体均匀，且各向同性，该假设确保热传导系数只与位置有关，不随方向改变。设导热体所占空间区域为 Ω，未知函数为位于点 $(x,y,z) \in \Omega$ 处在 t 时刻的温度 $u=u(x,y,z,t)$。

利用傅里叶（Fourier）热传导定律推导热传导方程：傅里叶热传导定律表明，在时段 $\mathrm{d}t$ 内，沿外法向 $\boldsymbol{n}$ 流过一微小曲面 $\mathrm{d}S$ 的热量为

$$\mathrm{d}Q = -k\,\frac{\partial u}{\partial n}\mathrm{d}S\,\mathrm{d}t = -k(\nabla u \cdot \boldsymbol{n})\mathrm{d}S\,\mathrm{d}t$$

其中，$k=k(x,y,z)$ 为热传导系数；$\dfrac{\partial u}{\partial n}$ 为温度沿外法向方向的方向导数；负号表示热量的传递方向与温度梯度方向相反，即从温度高处传向温度低处。

这里仍采用隔离物体法，如图 1.2.1 所示，导热体所占区域为 Ω，在 Ω 中任取一区域 V，利用热量守恒定律：

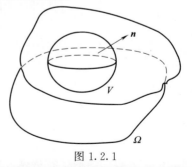

图 1.2.1

区域 V 内从 t_1 到 t_2 时刻温度的改变所需的热量＝通过边界 ∂V 进入 V 的热量＋V 内热源产生的热量

从 t_1 到 t_2 时刻通过 ∂V 进入 V 的热量为

$$Q_1 = \int_{t_1}^{t_2} dt \iint_{\partial V} k\,\frac{\partial u}{\partial n} dS \xrightarrow{\text{高斯公式}} \int_{t_1}^{t_2} dt \iint_{\partial V} (k\nabla u) \cdot \boldsymbol{n}\,dS$$

$$= \int_{t_1}^{t_2} dt \iiint_V \text{div}(k\nabla u) dV$$

从 t_1 到 t_2 时刻 V 内温度变化所需热量为

$$Q_2 = \iiint_V \left[u(x,y,z,t_2) - u(x,y,z,t_1) \right](dV \cdot \rho \cdot c)$$

其中，$c = c(x,y,z)$ 为比热容，表示单位质量的物体每升高（或降低）一度所需（或丢失）的热量；$\rho = \rho(x,y,z)$ 为体密度。由牛顿-莱布尼茨公式得

$$Q_2 = \iiint_V \rho c \left[u(x,y,z,t_2) - u(x,y,z,t_1) \right] dV$$

$$= \iiint_V \rho c \int_{t_1}^{t_2} \frac{\partial u}{\partial t}\,dt\,dV = \int_{t_1}^{t_2} \left(\iiint_V \rho c\,\frac{\partial u}{\partial t} dV \right) dt$$

从 t_1 到 t_2 时刻 V 内热源产生的热量为

$$Q_3 = \int_{t_1}^{t_2} \left[\iiint_V F(x,y,z,t) dV \right] dt$$

其中，$F(x,y,z,t)$ 为热源的体密度。由热量守恒得 $Q_2 = Q_1 + Q_3$，即

$$\int_{t_1}^{t_2} \left[\iiint_V \rho c\,\frac{\partial u}{\partial t} dV \right] dt = \int_{t_1}^{t_2} \left[\iiint_V \text{div}(k\nabla u)\,dV \right] dt + \int_{t_1}^{t_2} \left[\iiint_V F(x,y,z,t) dV \right] dt$$

设被积函数连续，由 $[t_1, t_2]$ 和 V 的任意性得被积函数相等，即

$$\rho c\,\frac{\partial u}{\partial t} = \text{div}(k\nabla u) + F(x,y,z,t) \tag{1.2.1}$$

若 k 为常数，记 $a^2 = \dfrac{k}{c\rho}$，则上式可以简化为

$$\boxed{\frac{\partial u}{\partial t} = a^2 \Delta u + f(x,y,z,t)}$$

其中，$\Delta u = \dfrac{\partial^2 u}{\partial x^2} + \dfrac{\partial^2 u}{\partial y^2} + \dfrac{\partial^2 u}{\partial z^2}$，$f(x,y,z,t) = \dfrac{F(x,y,z,t)}{c\rho}$。这就是三维的**热传导方程**，当 $f(x,y,z,t) \equiv 0$ 时，方程为齐次方程，表示物体内无热源，否则方程为非齐次方程。

扩散方程：类似于热传导，扩散的物质会从浓度高的区域向浓度低的区域扩散，扩散满足菲克（Fick）扩散定律。菲克扩散定律表明，在时段 dt 内，沿外法向 $\boldsymbol{n}$ 流过一微小曲面 dS 的扩散物质的质量为

$$\mathrm{d}m = -D \frac{\partial \rho}{\partial n} \mathrm{d}S \mathrm{d}t = -D(\nabla \rho \cdot \boldsymbol{n}) \mathrm{d}S \mathrm{d}t$$

其中，$\rho = \rho(x,y,z,t)$ 为扩散物质的浓度；$D = D(x,y,z)$ 为扩散系数；$\frac{\partial \rho}{\partial n}$ 为浓度沿外法向方向的方向导数，负号表示质量的传递方向与浓度梯度方向相反，即从浓度高处传向浓度低处。设扩散区域为 Ω（仍采用图 1.2.1），这里继续采用隔离物体法，在 Ω 中任取一区域 V，利用质量守恒定律：

区域 V 内从 t_1 到 t_2 时刻某扩散物质质量的改变
＝通过边界 ∂V 进入 V 的质量＋V 内质量源产生的质量

可得

$$\iiint\limits_{V} [\rho(x,y,z,t_2) - \rho(x,y,z,t_1)] \mathrm{d}V = \int_{t_1}^{t_2} \mathrm{d}t \iint\limits_{\partial V} D \frac{\partial \rho}{\partial n} \mathrm{d}S + \int_{t_1}^{t_2} \mathrm{d}t \iiint\limits_{V} f(x,y,z,t) \mathrm{d}V$$

类似于热传导方程的推导可导出扩散方程：

$$\frac{\partial \rho}{\partial t} = D \Delta \rho + f(x,y,z,t) \tag{1.2.2}$$

其中，$f(x,y,z,t)$ 为质量源项，可以是由于化学反应所致，表示单位时间和单位体积所产生的扩散物质的质量。扩散方程的形式与热传导方程的形式完全一样，因此，热传导方程又称为反应扩散方程。

一般而言，设 n 类化学物质参加化学反应过程，各自的扩散系数为 $D_i(i=1,2,\cdots,n)$，设各物质浓度变化率为 $F_i(\rho_1,\rho_2,\cdots,\rho_n)(i=1,2,\cdots,n)$，则类似于式（1.2.2）的推导可得反应扩散方程组：

$$\frac{\partial \rho_i}{\partial t} = D_i \Delta \rho_i + F_i(\rho_1,\rho_2,\cdots,\rho_n), \quad i=1,2,\cdots,n$$

其中，非线性项称为反应项，它反映了参加化学反应过程的各类物质浓度的依赖关系。

1.2.2　典型定解条件

从上节热传导方程的导出可以看出，两物体若有相同形状，相同的导热性质和相同的热源，则有相同的热传导方程。因此，该方程是热传导的共同规律。但是每个物体有其特定条件，如初始温度和所处环境不同，则其内部温度分布也不同。因此，必须根据具体的物理问题正确写出其初始条件和边界条件，即定解条件。

（1）初始条件

初始条件又称柯西（Cauchy）条件，它给出了物体在初始时刻的温度分布，即

$$u\big|_{t=0} = \varphi(x,y,z), (x,y,z) \in \Omega$$

（2）第一类边界条件

第一类边界条件又称第一类边值条件，或狄利克雷（Dirichlet）条件，它给出物体边界在任何时刻的温度分布，即

$$u\big|_{\partial\Omega}=\psi(x,y,z,t),\quad t\geqslant0$$

其中，$\psi(x,y,z,t)$ 为已知函数。当 $\psi(x,y,z,t)\equiv0$ 时，称边界条件是齐次的，否则称为非齐次边界条件。

（3）第二类边界条件

第二类边界条件又称第二类边值条件，或诺依曼（Neumann）条件，该边界条件给出单位时间单位面积通过 $\partial\Omega$ 流出（或流入）的热量，从而由傅里叶热传导定律可得

$$-k\frac{\partial u}{\partial n}\bigg|_{\partial\Omega}=q(x,y,z,t),\quad t\geqslant0$$

所以，第二类边界条件为

$$\frac{\partial u}{\partial n}\bigg|_{\partial\Omega}=\psi(x,y,z,t),\quad t\geqslant0$$

其中 $\psi(x,y,z,t)=-\dfrac{q(x,y,z,t)}{k}$。特别，若物体表面绝热，则边界条件变为

$$\frac{\partial u}{\partial n}\bigg|_{\partial\Omega}=0,\quad t\geqslant0$$

称为第二类齐次边界条件，否则称为第二类非齐次边界条件。

（4）第三类边界条件

第三类边界条件又称第三类边值条件，或罗宾（Robin）条件，它表示物体处于温度为 $\theta=\theta(x,y,z,t)$ 的介质中。由牛顿冷却定律，单位时间和单位面积从物体表面向外散发的热量 $q=q(x,y,z,t)$ 与物体表面的温度和介质温度的差成正比，即

牛顿冷却定律：物体冷却时放出的热量 q 与物体与外界的温度差（$u\big|_{\text{边}}-\theta$）成正比，即
$$q=h(u-\theta),\quad(x,y,z)\in\partial\Omega$$
式中，h 为热交换系数。

由傅里叶热传导定律得

$$-k\frac{\partial u}{\partial n}\bigg|_{\partial\Omega}=q=h\cdot(u-\theta)$$

整理可得第三类边界条件

$$\left(k\frac{\partial u}{\partial n}+hu\right)\bigg|_{\partial\Omega}=\psi(x,y,z,t),\quad t\geqslant0$$

其中，$\psi(x,y,z,t)=h\theta(x,y,z,t)$。

当 $\psi(x,y,z,t)=0$ 时，对应的边界条件称为齐次边界条件，否则称为非齐次边界条件。

（5）自然边界条件

除以上定解条件外，有时需要从物理上的合理性出发，对未知函数附加以单值、有限或周期性等限制，如

$$u(\varphi+2\pi)=u(\varphi)$$
$$u\big|_{\text{边界附近}}\text{有界}$$

这类附加条件称为自然边界条件。

1.2.3　典型定解问题

1.2.3.1　三维热传导方程及其定解问题

初值问题（又称柯西问题）：

$$\begin{cases}\dfrac{\partial u}{\partial t}=a^2\Delta u+f(x,y,z,t), & (x,y,z)\in\mathbf{R}^3, \quad t>0\\[2mm] u\big|_{t=0}=\varphi(x,y,z), & (x,y,z)\in\mathbf{R}^3\end{cases}$$

第一类边界问题（又称狄利克雷问题）：

$$\begin{cases}\dfrac{\partial u}{\partial t}=a^2\Delta u+f(x,y,z,t), & (x,y,z)\in\Omega, \quad t>0\\[2mm] u\big|_{\partial\Omega}=\psi(x,y,z,t), & t\geqslant0\\[2mm] u\big|_{t=0}=\varphi(x,y,z), & (x,y,z)\in\Omega\end{cases}$$

第二类边界问题（又称诺依曼问题）：

$$\begin{cases}\dfrac{\partial u}{\partial t}=a^2\Delta u+f(x,y,z,t), & (x,y,z)\in\Omega, \quad t>0\\[2mm] \dfrac{\partial u}{\partial n}\Big|_{\partial\Omega}=\psi(x,y,z,t), & t\geqslant0\\[2mm] u\big|_{t=0}=\varphi(x,y,z), & (x,y,z)\in\Omega\end{cases}$$

第三类边界问题（又称罗宾问题）：

$$\begin{cases}\dfrac{\partial u}{\partial t}=a^2\Delta u+f(x,y,z,t), & (x,y,z)\in\Omega, \quad t>0\\[2mm] \left(k\dfrac{\partial u}{\partial n}+hu\right)\Big|_{\partial\Omega}=\psi(x,y,z,t), & t\geqslant0\\[2mm] u\big|_{t=0}=\varphi(x,y,z), & (x,y,z)\in\Omega\end{cases}$$

混合边值问题：在实际问题中可能出现边界条件不是同一类，此类定解问题

称为混合边值问题。

以上定解问题含三个空间变量，称为三维热传导定解问题。读者不难参照给出二维的热传导定解问题。满足一定对称性的三维热传导问题可化为二维的热传导问题，如均质平面薄板可看成二维热传导问题，泛定方程变为

$$\frac{\partial u}{\partial t}=a^2\left(\frac{\partial^2 u}{\partial x^2}+\frac{\partial^2 u}{\partial y^2}\right)+f(x,y,t),\quad (x,y)\in D,\quad t>0$$

在求解微分方程时，空间维数高一维都会引起本质性的困难，因此，在求解过程中，总会利用各种条件想方设法降低维数。

1.2.3.2　一维热传导定解问题

考虑一根长为 l 的均质细杆的热传导问题，杆的侧面绝热，杆位于 x 轴上的区间 $[0,l]$。若杆的任何垂直于 x 轴的截面上的温度相同，则可近似看成一维的热传导问题，此时泛定方程简化为

$$\frac{\partial u}{\partial t}=a^2\frac{\partial^2 u}{\partial x^2}+f(x,t),\quad 0<x<l,\quad t>0$$

初始条件和三类边界条件简化为

初始条件：

$$u\big|_{t=0}=\varphi(x),\quad 0\leqslant x\leqslant l$$

第一类边界条件：

$$u\big|_{x=0}=\mu(t),\quad u\big|_{x=l}=\nu(t),\quad t\geqslant 0$$

第二类边界条件：

$$\frac{\partial u}{\partial x}\Big|_{x=0}=\mu(t),\quad \frac{\partial u}{\partial x}\Big|_{x=l}=\nu(t),\quad t\geqslant 0$$

第三类边界条件：

$$\left(k\frac{\partial u}{\partial x}+hu\right)\Big|_{x=0}=\mu(t),\quad \left(k\frac{\partial u}{\partial x}+hu\right)\Big|_{x=l}=\nu(t),\quad t\geqslant 0$$

类似于高维的情形，对于一维的情形不难写出相应的典型定解问题。

1.2.4　最值原理

最值原理是扩散和热传导现象的重要特性，波动方程没有这个特性。考虑一均匀杆的温度分布，设杆的侧面绝热，无热源，拥有相应的初始条件和边界条件。如果初始温度分布和端点的温度不超过某值 M，那么杆内任何时间点的温度必不超过 M。类似地，如果初始温度分布和端点的温度大于等于某个值 m，那么杆内任何时间点的温度必不小于 m。这个结论数学上称为最大值最小值原理，或称最值原理。下面给出热传导方程的最值原理。

热传导方程的最值原理：

设 $u(x,t)$ 满足热传导方程

$$u_t = a^2 u_{xx}, \quad 0 < x < l, \quad t > 0$$

设 $T > 0$ 为任何一固定的数，令 $R_T = [0,l] \times [0,T]$，

$$\Gamma_T = \{(x,0) \mid x \in [0,l]\} \cup \{(0,t) \mid t \in [0,T]\} \cup \{(l,t) \mid t \in [0,T]\}$$

即 Γ_T 是由 R_T 的两侧和底边组成的边界。则

$$\max_{R_T} u(x,t) = \max_{\Gamma_T} u(x,t), \quad \min_{R_T} u(x,t) = \min_{\Gamma_T} u(x,t)$$

即温度的最高点和最低点在 R_T 的两侧和底边组成的边界上达到。

证明 在定解问题中令 $\bar{u} = -u$，可得

$$\max \bar{u}(x,t) = -\min u(x,t)$$

从而只需要证明

$$\max_{R_T} u(x,t) = \max_{\Gamma_T} u(x,t)$$

由 $u(x,t)$ 的连续性，且 R_T 和 Γ_T 为有界闭集，则 $u(x,t)$ 在 R_T 和 Γ_T 上取得最大值，分别记为 M_{R_T} 和 M_{Γ_T}。只要证明 $M_{R_T} = M_{\Gamma_T}$ 即可。

反证法 若 $M_{R_T} > M_{\Gamma_T}$（显然有 $M_{R_T} \geqslant M_{\Gamma_T}$），则在 R_T 内存在一点 (x_0, t_0)，$t_0 > 0$，$x_0 \in (0, l)$，使得

$$u(x_0, t_0) = M_{R_T}$$

做辅助函数

$$U(x,t) = u(x,t) + \frac{M_{R_T} - M_{\Gamma_T}}{4l^2}(x - x_0)^2$$

则在 Γ_T 上有

$$U(x,t) < M_{\Gamma_T} + \frac{M_{R_T} - M_{\Gamma_T}}{4} = \frac{M_{R_T} + 3M_{\Gamma_T}}{4} < M_{R_T}$$

而 $U(x_0, t_0) = M_{R_T}$，因此 $U(x,t)$ 不在 Γ_T 上取得最大值。设 $U(x,t)$ 在 R_T 内的某点 (x_1, t_1) 取得最大值 $[t_1 > 0,\ x_1 \in (0,l)]$，则有

$$\frac{\partial^2 U}{\partial x^2}\bigg|_{(x_1,t_1)} \leqslant 0, \quad \frac{\partial U}{\partial t}\bigg|_{(x_1,t_1)} \geqslant 0$$

若 $t_1 < T$，则 $\dfrac{\partial U}{\partial t}\bigg|_{(x_1,t_1)} = 0$；若 $t_1 = T$，则 $\dfrac{\partial U}{\partial t}\bigg|_{(x_1,t_1)} \geqslant 0$。因此得到

$$\left(\frac{\partial U}{\partial t} - a^2 \frac{\partial^2 U}{\partial x^2}\right)\bigg|_{(x_1,t_1)} \geqslant 0 \tag{1.2.3}$$

但是直接计算并利用方程得

$$\frac{\partial U}{\partial t}-a^2\frac{\partial^2 U}{\partial x^2}=\frac{\partial u}{\partial t}-a^2\frac{\partial^2 u}{\partial x^2}-a^2\frac{M_{R_T}-M_{\Gamma_T}}{2l^2}=-a^2\frac{M_{R_T}-M_{\Gamma_T}}{2l^2}<0$$

这与式（1.2.3）矛盾，由此可得假设不成立，从而 $M_{R_T}=M_{\Gamma_T}$。证毕。

注意：由证明过程不难发现，若方程是非齐次的，若 $f(x,t)\leqslant0$，则 $\max\limits_{R_T}u$ $(x,t)=\max\limits_{\Gamma_T}u(x,t)$ 成立，若 $f(x,t)\geqslant0$，则 $\min\limits_{R_T}u(x,t)=\min\limits_{\Gamma_T}u(x,t)$ 成立。另外，由最大值原理不难证明以下解的唯一性和稳定性定理。证明从略。

> 热传导方程解的唯一性和稳定性定理：
> 热传导初边值问题
> $$\begin{cases} u_t=a^2u_{xx}+f(x,t), & 0<x<l, \quad t>0 \\ u(0,t)=\mu(t), \quad u(l,t)=\nu(t), & t\geqslant0 \\ u(x,0)=\varphi(x), & 0\leqslant x\leqslant l \end{cases}$$
> 在区域 $R_T=[0,l]\times[0,T]$ 上的解是唯一的，且连续地依赖于 Γ_T 上的初始条件和边界条件。

习题1.2

1.2.1 一表面绝热的均匀细杆，直径为 R，假设它在同一截面上的温度相同，热源体密度为 $F(x,t)$，试导出其温度 $u(x,t)$ 满足的微分方程。

1.2.2 长为 l 的柱形细管，一端封闭，一端开放，管外空气中含有某种浓度为 ρ_0 气体，该气体向管内扩散，试写出该气体在管内浓度分布的边界条件。

1.2.3 长为 l 的均匀细杆，侧面绝热，$x=0$ 端保持温度为零，$x=l$ 端有恒定热流密度 q 进入，杆的初始温度分布为 $x(l-x)/2$，试写出该热传导问题的定解问题。

1.2.4 考虑一表面绝热的均匀细杆的导热问题，写出该导热问题在以下三种情形下的边界条件：

（1）杆的两端温度保持为零度；

（2）杆的两端均绝热；

（3）杆的一端保持零度，另一端绝热。

1.2.5 一根导热杆由两段构成，两段热传导系数、比热容、密度分别为 k_1，c_1，ρ_1 和 k_2，c_2，ρ_2。初始温度为 φ_0，两端温度保持为零。试把这个热传导问题表示为定解问题。

1.2.6 考虑定解问题

$$\begin{cases} u_t=a^2u_{xx}, & 0<x<1, \quad t>0 \\ u(0,t)=te^{-t}, \quad u(1,t)=0, & t\geqslant0 \\ u(x,0)=0, & 0\leqslant x\leqslant1 \end{cases}$$

求证：$0 \leqslant u(x,t) \leqslant e^{-1}$。

1.2.7　试证以下定解问题解的唯一性。

$$\begin{cases} u_t = a^2 u_{xx} + f(x,t), & 0 < x < l, \quad t > 0 \\ u(0,t) = \mu(t), \quad u(l,t) = \nu(t), & t \geqslant 0 \\ u(x,0) = \varphi(x), & 0 \leqslant x \leqslant l \end{cases}$$

1.2.8　证明以下比较原理。

比较原理：设 $u_1(x,t)$ 和 $u_2(x,t)$ 分别为以下定解问题对应于 $i=1$ 和 $i=2$ 的解，

$$\begin{cases} u_t = a^2 u_{xx} + f(x,t), & 0 < x < l, \quad t > 0 \\ u(0,t) = \mu_i(t), \quad u(l,t) = \nu_i(t), & t \geqslant 0 \\ u(x,0) = \varphi_i(x), & 0 \leqslant x \leqslant l \end{cases}$$

且对所有的 $0 \leqslant x \leqslant l$ 和 $t > 0$ 满足：$\mu_1(t) \leqslant \mu_2(t)$，$\nu_1(t) \leqslant \nu_2(t)$ 和 $\varphi_1(x) \leqslant \varphi_2(x)$，则 $u_1(x,t) \leqslant u_2(x,t)$。

1.3　位势方程及其定解问题

1.3.1　位势方程的导出

在热传导过程中，如果边界条件和热源均不依赖于时间，则热传导方程可能存在满足条件的定态解。此时热传导方程（1.2.1）变为

$$0 = \mathrm{div}(k \nabla u) + F(x,y,z)$$

若 k 为常数，记 $f(x,y,z) = -F(x,y,z)/k$，则温度函数满足

$$\boxed{\Delta u = f(x,y,z)} \tag{1.3.1}$$

形如式（1.3.1）的方程称为泊松（Poisson）方程。如果无热源，即 $f(x,y,z) \equiv 0$，则泊松方程变为

$$\boxed{\Delta u = 0} \tag{1.3.2}$$

方程（1.3.2）称为拉普拉斯（Laplace）方程，又称为调和方程。满足调和方程的函数称为调和函数。

由于静电场的电位势满足方程

$$\boxed{\frac{\partial^2 \varphi}{\partial x^2} + \frac{\partial^2 \varphi}{\partial y^2} + \frac{\partial^2 \varphi}{\partial z^2} = -4\pi \rho(x,y,z)}$$

其中，$\rho(x,y,z)$ 为电荷密度，即静电场的电位势满足泊松方程。若静电场无源，即 $\rho(x,y,z) \equiv 0$，则电位势满足拉普拉斯方程。泊松方程和拉普拉斯方程统称为位势方程。

　　拉普拉斯方程可以描述许多物理现象的定常过程，以及许多无旋向量场的势函数，如不包括吸引物体自身的重力场的重力势；不包括电荷自身的均匀电介质内静电场的电位势；没有永久磁铁区域的磁势；固体导体内稳定电流中的电位势等。

　　【例 1.3.1】　流体的无旋定常流动。

　　解　设流体的速度分布为 $\boldsymbol{u}(x,y,z)$，由散度的定义

$$\nabla \cdot \boldsymbol{u}(x,y,z) = \lim_{\Delta V \to 0} \frac{\oiint_{\partial V} \boldsymbol{u} \cdot \boldsymbol{n} \,\mathrm{d}S}{\Delta V}$$

该式的右端是从单位体积流出的流量，这正是流体源的强度，把流体的源强度分布记作 $f(x,y,z)$，则

$$\nabla \cdot \boldsymbol{u}(x,y,z) = f(x,y,z) \tag{1.3.3}$$

既然流动无旋，必定存在势函数 U 使得

$$\nabla U = \boldsymbol{u}(x,y,z) \tag{1.3.4}$$

把式（1.3.4）代入式（1.3.3）便得到流体无旋定常流动的速度势满足的泊松方程

$$\Delta U = f(x,y,z)$$

如果流动某一区域无源，则上式变为拉普拉斯方程。

1.3.2　位势方程的典型定解问题

　　对于位势方程有如下典型定解问题

　　（1）第一类边值问题

$$\begin{cases} \Delta u = f(x,y,z), & (x,y,z) \in \Omega \\ u\big|_{\partial\Omega} = \varphi(x,y,z) \end{cases}$$

其中，$\varphi(x,y,z) \in C(\partial\Omega)$，$u \in C(\overline{\Omega}) \bigcap C^2(\Omega)$。第一类边值问题又称狄利克雷问题。

　　（2）第二类边值问题

$$\begin{cases} \Delta u = f(x,y,z), & (x,y,z) \in \Omega \\ \dfrac{\partial u}{\partial n}\bigg|_{\partial\Omega} = \varphi(x,y,z) \end{cases}$$

第二类边值问题又称诺依曼问题。

　　（3）第三类边值问题

$$\begin{cases} \Delta u = f(x,y,z), & (x,y,z) \in \Omega \\ \left(\dfrac{\partial u}{\partial n} + \sigma u\right)\bigg|_{\partial\Omega} = \varphi(x,y,z), & \sigma > 0 \end{cases}$$

第三类边值问题又称罗宾（Robin）问题。在第二类和第三类边值问题中，$\varphi(x,y,z)\in C(\partial\Omega)$，$u\in C^1(\overline{\Omega})\bigcap C^2(\Omega)$，$\boldsymbol{n}$ 为 $\partial\Omega$ 的单位外法向量。

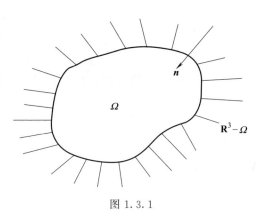

图 1.3.1

位势方程还有外问题，如图 1.3.1 所示，即未知函数在有界区域 Ω 的外部满足位势方程，在边界 $\partial\Omega$ 满足给定的边值条件，此时还必须对无穷远处未知函数的性态加以限制。

狄利克雷外问题

$$\begin{cases}\Delta u=f(x,y,z), & (x,y,z)\in \mathbf{R}^3-\Omega\\ u\mid_{\partial\Omega}=\varphi(x,y,z), & \lim_{r=\sqrt{x^2+y^2+z^2}\to+\infty}u(x,y,z)=0\end{cases}$$

诺依曼外问题

$$\begin{cases}\Delta u=f(x,y,z), & (x,y,z)\in \mathbf{R}^3-\Omega\\ \dfrac{\partial u}{\partial n}\bigg|_{\partial\Omega}=\varphi(x,y,z), & \lim_{r=\sqrt{x^2+y^2+z^2}\to+\infty}u(x,y,z)=0\end{cases}$$

类似地，可定义罗宾外问题。其中条件

$$\lim_{r=\sqrt{x^2+y^2+z^2}\to+\infty}u(x,y,z)=0$$

是为了保证解得唯一性。

1.3.3 最值原理

由热传导问题的最值原理可知，温度的最高点和最低点必在边界上取得。那么对于稳定的热传导情形，最值原理是什么呢？这就是以下对于拉普拉斯方程的最值原理。

拉普拉斯方程的最值原理：
设 $u(x,y)$ 满足拉普拉斯方程
$$u_{xx}+u_{yy}=0,\quad (x,y)\in\Omega=(0,a)\times(0,b),$$
则 $\max\limits_{\overline{\Omega}}u(x,y)=\max\limits_{\partial\Omega}u(x,y)$，$\min\limits_{\overline{\Omega}}u(x,y)=\min\limits_{\partial\Omega}u(x,y)$，
其中，$\partial\Omega$ 为 Ω 的边界。

证明 类似于热传导方程的最值原理，以下只证明
$$\max_{\overline{\Omega}}u(x,y)=\max_{\partial\Omega}u(x,y)$$

设 $M_{\overline{\Omega}} = \max\limits_{\overline{\Omega}} u(x,y), M_{\partial\Omega} = \max\limits_{\partial\Omega} u(x,y)$，则 $M_{\overline{\Omega}} \geqslant M_{\partial\Omega}$。做辅助函数

$$U(x,y) = u(x,y) + \frac{x^2+y^2}{n}, \quad n \text{ 为正整数}$$

因为 $u(x,y)$ 在 Ω 内满足拉普拉斯方程，所以对于 $(x,y) \in \Omega$ 有

$$U_{xx} + U_{yy} = u_{xx} + u_{yy} + \frac{4}{n} = \frac{4}{n} > 0 \tag{1.3.5}$$

这表明 $U(x,y)$ 不可能在 Ω 内达到极大值，否则有

$$U_{xx} \leqslant 0, \quad U_{yy} \leqslant 0,$$

即 $U_{xx} + U_{yy} \leqslant 0$，与式（1.3.5）矛盾，因此，$U(x,y)$ 的最大值在边界 $\partial\Omega$ 上取得。

于是，当 $(x,y) \in \overline{\Omega}$ 时，有

$$U(x,y) \leqslant M_{\partial\Omega} + \frac{a^2+b^2}{n}$$

对所有 $(x,y) \in \overline{\Omega}$ 有

$$u(x,y) = U(x,y) - \frac{x^2+y^2}{n} \leqslant U(x,y) \leqslant M_{\partial\Omega} + \frac{a^2+b^2}{n}$$

令 $n \to \infty$ 可得 $u(x,y) \leqslant M_{\partial\Omega}$，从而 $M_{\overline{\Omega}} \leqslant M_{\partial\Omega}$，于是得 $M_{\overline{\Omega}} = M_{\partial\Omega}$。证毕。

习题1.3

1.3.1 给定两点 $M(x, y, z)$ 和 $M_0(x_0, y_0, z_0)$，若

$$r = r_{MM_0} = \sqrt{(x-x_0)^2 + (y-y_0)^2 + (z-z_0)^2}$$

证明：对于 $M \neq M_0$，函数 $u = \dfrac{1}{r}$ 满足 Laplace 方程

$$\frac{\partial^2 u}{\partial x^2} + \frac{\partial^2 u}{\partial y^2} + \frac{\partial^2 u}{\partial z^2} = 0$$

1.3.2 设 $u = \dfrac{1}{r} g\left(t - \dfrac{r}{c}\right)$，$c$ 为常数，$r = \sqrt{x^2+y^2+z^2}$，g 二阶连续可导，证明：

$$\frac{\partial^2 u}{\partial x^2} + \frac{\partial^2 u}{\partial y^2} + \frac{\partial^2 u}{\partial z^2} = \frac{1}{c^2} \frac{\partial^2 u}{\partial t^2}。$$

1.3.3 利用最值原理证明 Dirichlet 定解问题

$$\begin{cases} u_{xx} + u_{yy} = 0, & (x,y) \in \Omega = (0,a) \times (0,b) \\ u(x,0) = \mu_1(x), \quad u(x,b) = \mu_2(x), & x \in (0,a) \\ u(0,y) = \nu_1(y), \quad u(a,y) = \nu_2(y), & y \in (0,b) \end{cases}$$

的解是唯一确定的。

1.3.4 写出习题 1.3.3 中定解问题的比较原理，并证明。

1.4 定解问题的适定性及数学物理方程的分类

1.4.1 定解问题的适定性概念

并非所有定解问题都有解，对有些定解条件，定解问题可能无解。另外，当定解问题有解时，解的唯一性和稳定性均为解的重要性质。定解问题的适定性主要指解的存在性、唯一性和稳定性。这些性质在工科学生的学习中往往被忽略，这样会导致当所求数值解出现异常时，不知所措，缺乏理论指导和正确判断。

解的存在性：从前面的几节可看到，定解问题是由实际问题根据物理定律导出的数学模型。模型的导出基于忽略一些我们认为是次要的因素的基础上进行的，是一个理想化的结果。实际问题是客观存在的，运动规律是确定的，若我们导出的定解问题无解，或没有符合实际问题的解，这表明模型的导出有错。另一方面，大多数的模型求不出解析解，因而只能通过数值计算求近似解。解的存在性是求近似解的基础，这表明从数学上证明解的存在性是有意义的，也是必要的。

解的唯一性：若定解问题存在解析解，且解又不唯一，而实际问题又存在唯一的变化规律，这表明模型有问题。另外，如果定解问题存在唯一解，则无论用何种方法求得的解都是所需的解。

解的稳定性：我们知道定解条件中的数据是通过测量和实验得到的，误差总是存在的。所谓解的稳定性是指当定解条件中的数据误差在一定的范围内时，所求的解必然为准确解的近似。

如果一个定解问题的解存在、唯一而且稳定，则称该定解问题是适定的。以上解的适定性概念适用于任何定解问题。

1.4.2 二阶偏微分方程的分类

在前 3 节中我们导出了三类偏微分方程，它们均为二阶线性偏微分方程，分别描述不同类型的物理过程。本节介绍一般二阶线性偏微分方程的分类，并略去复杂的数学推导。

（1）两个自变量的二阶线性偏微分方程的分类

两个自变量的二阶线性偏微分方程一般形式为

$$A\frac{\partial^2 u}{\partial x^2}+2B\frac{\partial^2 u}{\partial x \partial y}+C\frac{\partial^2 u}{\partial y^2}+D\frac{\partial u}{\partial x}+E\frac{\partial u}{\partial y}+Fu+G=0 \qquad (1.4.1)$$

其中，A，B，C，D，E，F，G 均为 x，y 的函数。设 Ω 为 $\mathbf{R}^2$ 中一区域，$P_0(x_0, y_0) \in \Omega$。

常微分方程

$$A(dy)^2 - 2B\,dx\,dy + C(dx)^2 = 0 \qquad (1.4.2)$$

或者

$$\frac{dy}{dx} = \frac{B \pm \sqrt{B^2 - AC}}{A}$$

称为方程（1.4.1）的特征方程，其解所表示的曲线称为偏微分方程（1.4.1）的特征线。

若 $(B^2 - AC)|_{(x_0,y_0)} > 0$，此时在点 $P_0(x_0, y_0)$ 附近方程有两条互异的特征线，此时称方程（1.4.1）在点（x_0，y_0）为双曲型方程。当方程（1.4.1）在一个区域内的每一点均为双曲型时，则称方程（1.4.1）在该区域内为双曲型方程。

若 $(B^2 - AC)|_{(x_0,y_0)} < 0$，即在点 $P_0(x_0,y_0)$ 附近方程没有实特征线，此时称方程（1.4.1）在点（x_0，y_0）为椭圆型方程。当方程（1.4.1）在一个区域内的每一点均为椭圆型方程时，则称方程（1.4.1）在该区域内为椭圆型方程。

若 $(B^2 - AC)|_{(x_0,y_0)} = 0$，即过点 $P_0(x_0,y_0)$ 特征方程仅有一条实特征线，此时称方程（1.4.1）在点（x_0，y_0）为抛物型方程。若方程（1.4.1）在一个区域内的每一点为抛物型，则称方程（1.4.1）在该区域内为抛物型方程。

由以上讨论可得一般的波动方程、热传导方程和位势方程分别为双曲型、抛物型或椭圆型方程。

例如：

$$\frac{\partial^2 u}{\partial x^2} + \frac{\partial^2 u}{\partial y^2} = f(x,y) \qquad \text{（椭圆型）}$$

$$\frac{\partial^2 u}{\partial t^2} - a^2 \frac{\partial^2 u}{\partial x^2} = f(x,t) \qquad \text{（双曲型）}$$

$$\frac{\partial u}{\partial t} - a^2 \frac{\partial^2 u}{\partial x^2} = f(x,t) \qquad \text{（抛物型）}$$

（2）多个自变量二阶线性偏微分方程的分类

多个自变量的二阶线性偏微分方程一般形式为

$$\sum_{i=1}^{n} \sum_{j=1}^{n} a_{ij} u_{x_i x_j} + \sum_{i=1}^{n} b_i u_{x_i} + cu + f = 0 \qquad (a_{ij} = a_{ji}) \qquad (1.4.3)$$

式中，a_{ij}, b_i, c, f 为 $x_1, x_2, \cdots, x_n$ 的函数。现引入新的变量 $\xi_1, \xi_2, \cdots, \xi_n$，作变换

$$\xi_k = \xi_k(x_1, x_2, \cdots, x_n) \qquad (k = 1, 2, \cdots, n)$$

则

$$u_{x_i} = \sum_{k=1}^{n} u_{\xi_k} \alpha_{ik} \qquad (\alpha_{ik} = \frac{\partial \xi_k}{\partial x_i})$$

$$u_{x_i x_j} = \sum_{k=1}^{n} \sum_{l=1}^{n} u_{\xi_k \xi_l} \alpha_{ik} \alpha_{jl} + \sum_{k=1}^{n} u_{\xi_k} \frac{\partial^2 \xi_k}{\partial x_i \partial x_j}$$

代入式（1.4.3）得

$$\sum_{k=1}^{n}\sum_{l=1}^{n}\overline{a}_{kl}u_{\xi_k\xi_l} + \sum_{k=1}^{n}\overline{b}_k u_{\xi_k} + cu + f = 0 \qquad (1.4.4)$$

其中

$$\overline{a}_{kl} = \sum_{i=1}^{n}\sum_{j=1}^{n}a_{ij}\alpha_{ik}\alpha_{jl}, \quad \overline{b}_k = \sum_{i=1}^{n}b_i\alpha_{ik} + \sum_{i=1}^{n}\sum_{j=1}^{n}a_{ij}\frac{\partial^2\xi_k}{\partial x_i\partial x_j}$$

对于某确定的点 $M_0(x_1^0,x_2^0,\cdots,x_n^0)$，记 $a_{ij}^0 = a_{ij}(M_0)$。

考虑二次型

$$\sum_{i=1}^{n}\sum_{j=1}^{n}a_{ij}^0 y_i y_j \qquad (1.4.5)$$

对该二次型作可逆线性变换

$$y_i = \sum_{k=1}^{n}c_{ik}\eta_k$$

得到新的二次型如下

$$\sum_{k=1}^{n}\sum_{l=1}^{n}\overline{a}_{kl}^0\eta_k\eta_l \qquad (1.4.6)$$

其中

$$\overline{a}_{kl}^0 = \sum_{i=1}^{n}\sum_{j=1}^{n}a_{ij}^0 c_{ik}c_{jl}$$

可见，方程（1.4.4）中主要部分系数的变化与二次型在线性变换下系数的变化相似。线性代数中关于二次型的惯性定律表明，二次型（1.4.5）可通过适当线性变换化为标准型。其中正平方项个数和负平项个数都是唯一确定的，分别称为正惯性指数（用 p 表示）和负惯性指数（用 q 表示）。

若 $p=n$ 或 $q=n$，我们称方程（1.4.3）在 M_0 是**椭圆型**的。当方程（1.4.3）在一个区域内的每一点均为椭圆型方程时，则称方程（1.4.3）在该区域内为**椭圆型方程**。

若 $p=n-1$，$q=1$ 或 $q=n-1$，$p=1$，我们称方程（1.4.3）在 M_0 是**双曲型**的。当方程（1.4.3）在一个区域内的每一点均为双曲型时，则称方程（1.4.3）在该区域内为**双曲型方程**。

若 $p\geqslant 2$，$q\geqslant 2$，$p+q=n$（此时，至少有 4 个自变量），我们称方程（1.4.3）在 M_0 是**超双曲型**的。当方程（1.4.3）在一个区域内的每一点均为超双曲型时，则称方程（1.4.3）在该区域内为**超双曲型方程**。

若标准型中只有一个系数为零，其余同号，称方程（1.4.3）为**抛物型方程**。

由以上讨论可得三维波动方程、三维热传导方程和三维位势方程分别是双曲型、抛物型和椭圆型方程。

例如：

$$\frac{\partial^2 u}{\partial x_1^2} + \frac{\partial^2 u}{\partial x_2^2} + \cdots + \frac{\partial^2 u}{\partial x_n^2} = f \qquad\qquad （椭圆型）$$

$$\frac{\partial^2 u}{\partial x_1^2} = \frac{\partial^2 u}{\partial x_2^2} + \cdots + \frac{\partial^2 u}{\partial x_n^2} + f \qquad\qquad （双曲型）$$

$$\sum_{i=1}^{m} \frac{\partial^2 u}{\partial x_i^2} = \sum_{i=m+1}^{n} \frac{\partial^2 u}{\partial x_i^2} + f \quad (m \geqslant 2, \quad n-m \geqslant 2) \quad （超双曲型）$$

$$\sum_{i=1}^{n-m} \left(\pm \frac{\partial^2 u}{\partial x_i^2} \right) = f \ (m > 0) \qquad\qquad （抛物型）$$

习题1.4

1.4.1 求波动方程

$$\frac{\partial^2 u}{\partial t^2} = a^2 \frac{\partial^2 u}{\partial x^2} + f(x,t)$$

的特征方程和过点 (x_0, t_0) 的特征线。

1.4.2 判断下列方程的类型，并求其特征线。

(1) $x^2 \dfrac{\partial^2 u}{\partial x^2} + 2xy \dfrac{\partial^2 u}{\partial x \partial y} - 3y^2 \dfrac{\partial^2 u}{\partial y^2} - 2x \dfrac{\partial u}{\partial x} + 4y \dfrac{\partial u}{\partial y} + 16x^4 y = 0$

(2) $\tan^2 t \dfrac{\partial^2 u}{\partial t^2} - 2x \tan t \dfrac{\partial^2 u}{\partial x \partial t} + x^2 \dfrac{\partial^2 u}{\partial x^2} + \tan^3 t \dfrac{\partial u}{\partial t} = 0$

第2章

线性偏微分方程的通解

（1）理解常系数线性偏微分方程的通解的求法，会利用该方法求解一些简单方程的通解；

（2）深刻理解通解中相互独立的函数与线性无关函数的区别。

前几章导出了几种典型的二阶线性偏微分方程。在高等数学的常微分方程章节中我们学习了常系数线性常微分方程通解的结构和通解的求法，本章以两个变量的线性偏微分方程为例，讨论常系数线性偏微分方程通解的求法。

2.1 线性偏微分方程解的结构定理

两个变量的 n 阶线性偏微分方程的一般形式为

$$a_0 \frac{\partial^n u}{\partial x^n} + a_1 \frac{\partial^n u}{\partial x^{n-1} \partial y} + \cdots + a_n \frac{\partial^n u}{\partial y^n} + b_0 \frac{\partial^{n-1} u}{\partial x^{n-1}} + \cdots$$
$$+ m \frac{\partial u}{\partial x} + n \frac{\partial u}{\partial y} + pu = f(x,y) \tag{2.1.1}$$

或者

$$L(D_x, D_y)u = (a_0 D_x^n + a_1 D_x^{n-1} D_y + \cdots + a_n D_y^n + b_0 D_x^{n-1} + \cdots$$
$$+ mD_x + nD_y + p)u = f(x,y) \tag{2.1.2}$$

式中，$D_x = \frac{\partial}{\partial x}$，$D_y = \frac{\partial}{\partial y}$，系数 a_0，a_1，$\cdots$，a_n，b_0，$\cdots$，m，n，p 均为 x，y 的函数，$a_0 \neq 0$。方程

$$L(D_x, D_y)u = 0 \tag{2.1.3}$$

称为方程（2.1.1）对应的齐次方程，方程（2.1.1）称为非齐次方程。

定义 2.1.1　如果函数 $u = u(x,y)$ 满足 $L(D_x, D_y)u = f(x,y)$，则称 u 是方程的解。若方程的解中含有 n 个相互独立的函数，则称该解为方程的通解。

注意：定义 2.1.1 中相互独立的函数并非指的通常意义下的线性无关函数，

比如：函数 $\sin(x+y)$ 和 $\cos(x+y)$ 是线性无关的，但二者不相互独立。这里，两个函数相互独立必须满足以下两个条件。

① 改变其中的一个函数对另一个函数无影响。

② 不存在变量代换，使两个函数同时变为一元函数。

例如：对于任何函数 $f(x)$ 和 $g(x)$，二元函数 $f(x+y)$ 和 $g(x+y)$、$f(x+y)$ 和 $f(x-y)$、$f(x+y)$ 和 $xf(x+y)$ 均是非独立的，而 $f(x+y)$ 和 $g(x+2y)$ 以及 $f(x+y)$ 和 $xg(x+y)$ 均是独立的。事实上，$f(x+y)$ 和 $g(x+y)$ 可以通过变换 $z=x+y$ 同时变成一元函数，而 $f(x+y)$ 和 $f(x-y)$ 以及 $f(x+y)$ 和 $xf(x+y)$ 均不满足条件①。

【例 2.1.1】 波动方程

$$\frac{\partial^2 u}{\partial t^2}=a^2\frac{\partial^2 u}{\partial x^2}$$

的通解为

$$u(x,t)=f(x+at)+g(x-at)$$

其中，函数 f，g 为任意独立变化的函数，且二阶连续可导。

下面列出非齐次偏微分方程（2.1.1）和对应的齐次方程（2.1.3）的解的性质，证明与常微分方程类似，这里从略。

性质 2.1.1　若 u_1 和 u_2 是齐次方程（2.1.3）的解，则它们的线性组合 $\alpha u_1+\beta u_2$ 也是（2.1.3）的解。

性质 2.1.2　若 u_1 和 u_2 是非齐次方程（2.1.2）的解，则它们的差 u_1-u_2 定是对应齐次方程（2.1.3）的解。

性质 2.1.3　若 u 是齐次方程（2.1.3）的解，u^* 是非齐次方程（2.1.2）的解，则它们的和 $u+u^*$ 定是非齐次方程（2.1.2）的解。

性质 2.1.4　若 u_1 和 u_2 分别满足非齐次方程

$$L(D_x,D_y)u=f_1(x,y)　和　L(D_x,D_y)u=f_2(x,y)$$

则它们的线性组合 $\alpha u_1+\beta u_2$ 满足非齐次方程

$$L(D_x,D_y)u=\alpha f_1(x,y)+\beta f_2(x,y)$$

定理 2.1.1　（非齐次方程解的结构）

非齐次方程的通解＝对应齐次方程的通解＋ 非齐次方程的任一特解

习题2.1

2.1.1　设函数 f，g 为任意独立变化的函数，试问：

$$u(x,t)=f(x+at)+g(x+at)\text{和}u(x,t)=f(x-at)+g(x-at)$$

是否均为波动方程 $\dfrac{\partial^2 u}{\partial t^2}=a^2\dfrac{\partial^2 u}{\partial x^2}$ 的通解？为什么？

2.1.2 试证明性质 2.1.1～性质 2.1.4。

2.1.3 试问：对于二元函数，线性无关的函数是否相互独立？相互独立函数是否线性无关？说明理由：参考文献 [11]。

2.2 常系数线性齐次偏微分方程的通解

本节讨论齐次方程（2.1.3）的通解的求法，以下假设系数 a_0，a_1，$\cdots$，a_n，b_0，$\cdots$，m，n，p 均为常数。

（1）$L(D_x,D_y)$ 为 D_x，D_y 的齐次式

方程（2.1.3）变为

$$(a_0 D_x^n + a_1 D_x^{n-1} D_y + \cdots + a_n D_y^n)u = 0 \qquad (2.2.1)$$

取试探解 $u = \phi(y+\alpha x)$，由于

$$D_x^k u = \alpha^k \phi^{(k)}(y+\alpha x), D_y^k u = \phi^{(k)}(y+\alpha x), D_x^r D_y^s u = \alpha^r \phi^{(r+s)}(y+\alpha x)$$

代入方程（2.2.1）得

$$(a_0 \alpha^n + a_1 \alpha^{n-1} + \cdots + a_n)\phi^{(n)}(y+\alpha x) = 0$$

称代数方程

$$\boxed{a_0 \alpha^n + a_1 \alpha^{n-1} + \cdots + a_n = 0}$$

为方程（2.2.1）的特征方程，该方程的根称为方程（2.2.1）的特征根。易见，若 α_0 为特征根，则对任何 n 次可微函数 ϕ，$\phi(y+\alpha_0 x)$ 必为方程（2.2.1）的解。设 α_1，α_2，$\cdots$，α_n 为方程（2.2.1）的特征根，类似多项式的因式分解，$L(D_x,D_y)$ 可表示为

$$L(D_x,D_y) = a_0(D_x - \alpha_1 D_y)(D_x - \alpha_2 D_y)\cdots(D_x - \alpha_n D_y)$$

① 若 α_1，α_2，$\cdots$，α_n 互不相同，则方程（2.2.1）的通解为

$$\boxed{u = \phi_1(y+\alpha_1 x) + \phi_2(y+\alpha_2 x) + \cdots + \phi_n(y+\alpha_n x)}$$

其中，$\phi_i(i=1,2,\cdots,n)$ 是任意相互独立的 n 次可微函数。

② 若 α_0 为方程（2.1.3）的特征方程的 $m(m \leqslant n)$ 重特征根，则方程（2.1.3）的通解中含有

$$\boxed{x^{m-1}\phi_1(y+\alpha_0 x) + x^{m-2}\phi_2(y+\alpha_0 x) + \cdots + x\phi_{m-1}(y+\alpha_0 x) + \phi_m(y+\alpha_0 x)}$$

【例 2.2.1】 求波动方程 $\dfrac{\partial^2 u}{\partial t^2} - a^2 \dfrac{\partial^2 u}{\partial x^2} = 0$ 的通解，其中 a 为常数。

解 这里 $L(D_t,D_x) = D_t^2 - a^2 D_x^2$。特征方程为 $\alpha^2 - a^2 = 0$，其解为 $\alpha = \pm a$，故方程的通解为

$$u = \phi_1(x+at) + \phi_2(x-at)$$

【例 2.2.2】 求方程 $\dfrac{\partial^2 u}{\partial t^2} - 2a \dfrac{\partial^2 u}{\partial t \partial x} + a^2 \dfrac{\partial^2 u}{\partial x^2} = 0$ 的通解，其中 a 为常数。

解 这里 $L(D_t,D_x)=D_t^2-2aD_tD_x+a^2D_x^2$。特征方程为 $(\alpha-a)^2=0$，其根为 $\alpha=a$（二重），从而方程的通解为

$$u=t\phi_1(x+at)+\phi_2(x+at)$$

(2) $L(D_x,D_y)$ 不为 D_x，D_y 的齐次式

首先考虑一阶偏微分方程

$$(D_x-\alpha D_y-\beta)u=0 \qquad (2.2.2)$$

作代换 $u=v(x,y)e^{\beta x}$，代入方程（2.2.2）并化简可得

$$(D_x-\alpha D_y)v=0$$

由上面的讨论，可得该方程的通解为 $v=\phi(y+\alpha x)$，故方程（2.2.2）的通解为

$$u=\phi(y+\alpha x)e^{\beta x}$$

注意：若 $L(D_x,D_y)$ 可以分解为 D_x，D_y 的线性函数的乘积，则可以求出方程（2.1.3）的通解。另外，若 $L(D_x,D_y)$ 含有重复因子，如 $(D_x-\alpha D_y-\beta)^2$，则通解中含有

$$e^{\beta x}\phi_1(y+\alpha x)+xe^{\beta x}\phi_2(y+\alpha x)$$

【例 2.2.3】 求方程 $\dfrac{\partial^2 u}{\partial x^2}-\dfrac{\partial^2 u}{\partial x\partial y}-2\dfrac{\partial^2 u}{\partial y^2}+2\dfrac{\partial u}{\partial x}+2\dfrac{\partial u}{\partial y}=0$ 的通解。

解 原方程为

$$(D_x^2-D_xD_y-2D_y^2+2D_x+2D_y)u=(D_x+D_y)(D_x-2D_y+2)u=0$$

分别求解 $(D_x+D_y)u=0$ 和 $(D_x-2D_y+2)u=0$ 可得方程的通解为

$$u=\phi_1(y-x)+e^{-2x}\phi_2(y+2x)$$

习题2.2

求下列方程的通解

(1) $\dfrac{\partial^2 u}{\partial x^2}-2\dfrac{\partial^2 u}{\partial x\partial y}+\dfrac{\partial^2 u}{\partial y^2}=0$ (2) $\dfrac{\partial^2 u}{\partial x^2}+\dfrac{\partial^2 u}{\partial y^2}=0$

(3) $\dfrac{\partial u}{\partial t}-2\dfrac{\partial u}{\partial x}+5u=0$

(4) $\dfrac{\partial^2 u}{\partial t^2}-5\dfrac{\partial^2 u}{\partial x\partial t}+6\dfrac{\partial^2 u}{\partial x^2}+10\dfrac{\partial u}{\partial x}-5\dfrac{\partial u}{\partial t}=0$

2.3 常系数线性非齐次偏微分方程的通解

本节讨论求非齐次方程

$$L(D_x, D_y)u = f(x, y) \qquad\qquad (2.3.1)$$

的通解，其中 $L(D_x, D_y)$ 由方程（2.1.2）给出，系数为常数。由非齐次线性偏微分方程的通解的结构可知，需求非齐次方程的一个特解，方程（2.3.1）的特解可形式地表示为

$$u^* = \frac{1}{L(D_x, D_y)} f(x, y)$$

（1）若 $f(x, y) = \mathrm{e}^{ax+by}$，且 $L(a, b) \neq 0$

求形如 $u^* = C\mathrm{e}^{ax+by}$（$C$ 为常数）的特解，代入方程（2.3.1）易得 $C = \dfrac{1}{L(a, b)}$，从而方程（2.3.1）的一个特解为

$$\boxed{u^* = \frac{1}{L(D_x, D_y)} \mathrm{e}^{ax+by} = \frac{1}{L(a, b)} \mathrm{e}^{ax+by}}$$

（2）若 $f(x, y) = \mathrm{e}^{\mathrm{i}(ax+by)}$，$\sin(ax+by)$ 或 $\cos(ax+by)$

当 $f(x, y) = \mathrm{e}^{\mathrm{i}(ax+by)}$ 时（其中 a 和 b 为实数），由以上结论可得

$$\boxed{\begin{aligned} &\text{当 } f(x, y) = \mathrm{e}^{\mathrm{i}(ax+by)} \text{ 时，非齐次方程(2.3.1)有一特解}\\ &u^* = \frac{1}{L(D_x, D_y)} \mathrm{e}^{\mathrm{i}(ax+by)} = \frac{1}{L(\mathrm{i}a, \mathrm{i}b)} \mathrm{e}^{\mathrm{i}(ax+by)} \end{aligned}}$$

比较实部和虚部可得

$$\boxed{\begin{aligned} &\text{当 } f(x, y) = \sin(ax+by) \text{ 时，非齐次方程(2.3.1)有一特解}\\ &u^* = \frac{1}{L(D_x, D_y)} \sin(ax+by) = \mathrm{Im}\left[\frac{1}{L(\mathrm{i}a, \mathrm{i}b)} \mathrm{e}^{\mathrm{i}(ax+by)}\right]\\ &\text{当 } f(x, y) = \cos(ax+by) \text{ 时，非齐次方程(2.3.1)有一特解}\\ &u^* = \frac{1}{L(D_x, D_y)} \cos(ax+by) = \mathrm{Re}\left[\frac{1}{L(\mathrm{i}a, \mathrm{i}b)} \mathrm{e}^{\mathrm{i}(ax+by)}\right] \end{aligned}}$$

【例 2.3.1】　求方程 $\dfrac{\partial^2 u}{\partial t^2} - a^2 \dfrac{\partial^2 u}{\partial x^2} = \cos(px+qt)$（$a$，$p$，$q$ 为常数）的一个特解。

解　这里 $L(D_t, D_x) = D_t^2 - a^2 D_x^2$，$L(\mathrm{i}q, \mathrm{i}p) = (\mathrm{i}q)^2 - a^2(\mathrm{i}p)^2 = a^2 p^2 - q^2$，故方程的一个特解为

$$u^* = \frac{1}{L(D_t, D_x)} \cos(px+qt) = \mathrm{Re}\left[\frac{1}{L(\mathrm{i}q, \mathrm{i}p)} \mathrm{e}^{\mathrm{i}(px+qt)}\right] = \frac{1}{a^2 p^2 - q^2} \cos(px+qt)$$

（3）若 $f(x, y) = g(x, y)\mathrm{e}^{ax+by}$

通过验证易得，若 v^* 为方程

$$L(D_x+a, D_y+b)v = g(x, y)$$

的一个特解，则

$$u^* = v^* e^{ax+by} = \frac{1}{L(D_x + a, D_y + b)} g(x, y) e^{ax+by}$$

为方程 $L(D_x, D_y)u = g(x, y) e^{ax+by}$ 的一个特解。

【例 2.3.2】 求方程 $\dfrac{\partial^2 u}{\partial t^2} - a^2 \dfrac{\partial^2 u}{\partial x^2} = e^{mx+nt} \sin(px+qt)$ （a，m，n，p，q 均为常数）的一个特解。

解 这里 $L(D_t, D_x) = D_t^2 - a^2 D_x^2$，由上述分析可知，需先求出方程
$$L(D_t + n, D_x + m)v = \sin(px+qt)$$
的一特解，该方程有特解

$$v^* = \frac{1}{L(D_t + n, D_x + m)} \sin(px+qt)$$

$$= \mathrm{Im}\left[\frac{1}{L(iq+n, ip+m)} e^{i(px+qt)}\right] = \mathrm{Im}\left[\frac{1}{(iq+n)^2 - a^2(ip+m)^2} e^{i(px+qt)}\right]$$

$$= \frac{(n^2 + a^2 p^2 - q^2 - a^2 m^2)\sin(px+qt) - 2(qn - a^2 pm)\cos(px+qt)}{(n^2 + a^2 p^2 - q^2 - a^2 m^2)^2 + 4(qn - a^2 pm)^2}$$

于是所求的特解为 $u = v^* e^{mx+nt}$。

（4）若 $f(x, y) = g(ax+by)$，$L(D_x, D_y)$ 为 D_x，D_y 的 n 次齐次式
通过代入易验证以下结论

$$设 G^{(n)}(z) = g(z), \quad L(a, b) \neq 0, 则$$
$$u^* = \frac{1}{L(a, b)} G(ax+by)$$
$$是 L(D_x, D_y)u = g(ax+by) 的特解。$$

【例 2.3.3】 求方程 $\dfrac{\partial^2 u}{\partial t^2} - a^2 \dfrac{\partial^2 u}{\partial x^2} = (px+qt)^2$ （a，p，q 为常数）的一个特解。

解 这里 $L(D_t, D_x) = D_t^2 - a^2 D_x^2$，$g(z) = z^2$，$G(z) = \dfrac{1}{12} z^4$。由上述分析得方程的特解为

$$u^* = \frac{1}{L(q, p)} G(px+qt) = \frac{1}{12(q^2 - a^2 p^2)}(px+qt)^4$$

（5）若 $f(x, y) = x^m y^n$ 或 $f(x, y) = x^m + y^n$
这里采用如下形式表示，如：

$$D_x u = \frac{\partial u}{\partial x} = x^2 y \text{ 的一个特解为 } u^* = \frac{1}{D_x}(x^2 y) = \frac{1}{3} x^3 y;$$

$D_x D_y u = \dfrac{\partial^2 u}{\partial x \partial y} = x^2 y$ 的一个特解为

$$u^* = \frac{1}{D_x D_y}(x^2 y) = \frac{1}{D_x}\left(\frac{1}{2}x^2 y^2\right) = \frac{1}{6}x^3 y^2$$

【例 2.3.4】 求方程 $\dfrac{\partial^2 u}{\partial t^2} - a^2 \dfrac{\partial^2 u}{\partial x^2} = x^2 t^2$ （a 为常数）的一个特解。

解 方程可写为

$$(D_t^2 - a^2 D_x^2)u = x^2 t^2$$

该方程的一个特解是

$$u^* = \frac{1}{D_t^2 - a^2 D_x^2}x^2 t^2$$

$$= \frac{1}{D_t^2\left(1 - a^2 \dfrac{D_x^2}{D_t^2}\right)}x^2 t^2 \left(\text{利用展开式} \frac{1}{1-x} = 1 + x + x^2 + \cdots\right)$$

$$= \frac{1}{D_t^2}\left(1 + a^2 \frac{D_x^2}{D_t^2} + a^4 \frac{D_x^4}{D_t^4} + \cdots\right)x^2 t^2 = \frac{1}{D_t^2}\left(1 + a^2 \frac{D_x^2}{D_t^2}\right)x^2 t^2$$

$$= \frac{1}{D_t^2}\left(x^2 t^2 + a^2 \frac{2}{D_t^2}t^2\right) = \frac{1}{D_t^2}(x^2 t^2) + 2a^2 \frac{1}{D_t^4}t^2 = \frac{1}{12}x^2 t^4 + \frac{a^2}{180}t^6$$

习题2.3

2.3.1 求下列方程的通解

(1) $\dfrac{\partial^2 u}{\partial t^2} - a^2 \dfrac{\partial^2 u}{\partial x^2} = \sin(p_1 x + q_1 t) + \cos(p_2 x + q_2 t)$（$a, p_1, p_2, q_1, q_2$ 为常数）

(2) $\dfrac{\partial^2 u}{\partial x^2} - 2\dfrac{\partial^2 u}{\partial x \partial y} + \dfrac{\partial^2 u}{\partial y^2} = 12xy$

(3) $\dfrac{\partial^2 u}{\partial x^2} + \dfrac{\partial^2 u}{\partial y^2} = x + y$

2.3.2 求下列方程的一特解

(1) $\dfrac{\partial u}{\partial t} - a^2 \dfrac{\partial^2 u}{\partial x^2} = x + t$

(2) $\dfrac{\partial^2 u}{\partial x^2} + a\dfrac{\partial^2 u}{\partial y^2} + b\dfrac{\partial u}{\partial x} + c\dfrac{\partial u}{\partial y} = e^{p_1 x + q_1 y}$

(3) $\dfrac{\partial^2 u}{\partial x^2} + \dfrac{\partial^2 u}{\partial y^2} = \sin(ax + by)e^{ax + by}$

其中，a, b, c, p_1, q_1 均为常数。

第 3 章

行 波 法

本章要求

（1）理解行波法解题思想及所适用的定解问题；

（2）掌握达朗贝尔（D'Alembert）公式和 Duhamel 原理的应用，理解其物理意义；

（3）理解达朗贝尔公式的推导，掌握通过求通解求解定解问题的方法；

（4）掌握泊松公式和 Kirchhoff 公式的应用及物理意义，理解二维和三维齐次波动问题解的物理意义。

本章介绍求解偏微分方程定解问题的一种方法：行波法。该方法的主要思想是先求方程的通解，然后再利用定解条件求特解。

3.1 一维波动问题与达朗贝尔公式

3.1.1 无界弦的自由振动

考虑一无界弦的自由振动问题，该问题对应一维波动方程定解问题

$$\frac{\partial^2 u}{\partial t^2} = a^2 \frac{\partial^2 u}{\partial x^2}, \quad x \in \mathbf{R}, \quad t > 0 \tag{3.1.1a}$$

$$u\big|_{t=0} = \varphi(x), \quad \frac{\partial u}{\partial t}\bigg|_{t=0} = \psi(x), \quad x \in \mathbf{R} \tag{3.1.1b}$$

由第 2 章例 2.1.1 得方程（3.1.1a）的通解为

$$u(x,t) = f_1(x+at) + f_2(x-at) \tag{3.1.2}$$

由定解条件得

$$f_1(x) + f_2(x) = \varphi(x) \tag{3.1.3a}$$

$$a f_1'(x) - a f_2'(x) = \psi(x) \tag{3.1.3b}$$

由方程（3.1.3b）得

$$f_1(x) - f_2(x) = \frac{1}{a} \int_0^x \psi(\xi) \mathrm{d}\xi + c$$

与方程（3.1.3a）联立求解得

$$f_1(x) = \frac{1}{2}\varphi(x) + \frac{1}{2a}\int_0^x \psi(\xi)d\xi + \frac{c}{2}$$

$$f_2(x) = \frac{1}{2}\varphi(x) - \frac{1}{2a}\int_0^x \psi(\xi)d\xi - \frac{c}{2}$$

代入式（3.1.2）得定解问题（3.1.1）的解为

$$u(x,t) = \frac{1}{2}\left[\varphi(x+at) + \varphi(x-at)\right] + \frac{1}{2a}\int_{x-at}^{x+at} \psi(\xi)d\xi \qquad (3.1.4)$$

该表达式称为无限长弦的自由振动的达朗贝尔（D'Alembert）公式。

【例 3.1.1】　求解定解问题

$$\begin{cases} u_{xx} + 2u_{xy} - 3u_{yy} = 0, y>0, & -\infty < x < +\infty \\ u\big|_{y=0} = 3x^2, \dfrac{\partial u}{\partial y}\Big|_{y=0} = 0, & -\infty < x < +\infty \end{cases}$$

解　令 $u = \psi(\xi)$，$\xi = y + \alpha x$，代入方程得特征方程为

$$\alpha^2 + 2\alpha - 3 = 0$$

特征根为 $\alpha_1 = -3$，$\alpha_2 = 1$。所以微分方程的通解为

$$u(x,y) = f_1(y - 3x) + f_2(y + x)$$

利用初始条件

$$\begin{cases} f_1(-3x) + f_2(x) = 3x^2 & (3.1.5a) \\ f_1'(-3x) + f_2'(x) = 0 & (3.1.5b) \end{cases}$$

方程（3.1.5b）两边求不定积分

$$-\frac{1}{3}f_1(-3x) + f_2(x) = c$$

与方程（3.1.5a）联立可得

$$f_1(-3x) = \frac{9}{4}x^2 - \frac{3}{4}c, \quad f_2(x) = \frac{3}{4}x^2 + \frac{3}{4}c$$

所以

$$f_1(x) = \frac{1}{4}x^2 - \frac{3}{4}c, \quad f_2(x) = \frac{3}{4}x^2 + \frac{3}{4}c$$

从而　　　$$u(x,y) = \frac{1}{4}(3x - y)^2 + \frac{3}{4}(x + y)^2 = 3x^2 + y^2$$

3.1.2　齐次化原理

为了进一步导出无界弦受迫振动问题的解，我们介绍齐次化（Duhamel）原理。齐次化原理又称冲量原理，或外力化初速度原理。

Duhamel 原理:

设 $w=w(x,t,\tau)$ 为初值问题

$$\begin{cases} w_{tt}=a^2 w_{xx}, & x\in\mathbf{R}, \quad t>\tau \\ w\big|_{t=\tau}=0, \quad w_t\big|_{t=\tau}=f(x,\tau), & x\in\mathbf{R} \end{cases} \qquad (3.1.6)$$

的两次连续可导的解,则

$$u(x,t)=\int_0^t w(x,t,\tau)\mathrm{d}\tau$$

为初值问题

$$\begin{cases} u_{tt}=a^2 u_{xx}+f(x,t), & x\in\mathbf{R}, \quad t>0 \\ u\big|_{t=0}=0, \quad u_t\big|_{t=0}=0, & x\in\mathbf{R} \end{cases} \qquad (3.1.7)$$

的古典解。

求导代入验证即可,详细证明从略。

Duhamel 原理的物理解释:

非齐次问题 (3.1.7) 的解 $u(x,t)$ 描写的是静止弦在外力密度为 $F(x,t)=\rho f(x,t)$ 的外力作用下产生受迫振动时,弦上 x 处 t 时刻的位移,该位移可视为 t 之前各个瞬时 $\tau(0<\tau<t)$ 由于外力的冲量导致 τ 时刻的速度的增量所引起的位移的叠加。弦段 $[x, x+\mathrm{d}x]$ 上受到外力是 $\rho f(x,\tau)\mathrm{d}x$。这个外力在时段微元 $[\tau, \tau+\mathrm{d}\tau]$ 内产生的冲量是 $\rho f(x,\tau)\mathrm{d}x\mathrm{d}\tau$。由动量原理,这个冲量作用于弦,使弦段 $[x, x+\mathrm{d}x]$ 得到一个速度增量,即

$$\frac{\text{冲量}}{\text{质量}}=\frac{\rho f(x,\tau)\mathrm{d}x\mathrm{d}\tau}{\rho\mathrm{d}x}=f(x,\tau)\mathrm{d}\tau$$

这个速度增量所引起的弦在 x 处的位移为

$$\begin{cases} U_{tt}=a^2 U_{xx}, & x\in\mathbf{R}, \quad t>\tau \\ U\big|_{t=\tau}=0, U_t\big|_{t=\tau}=f(x,\tau)\mathrm{d}\tau, & x\in\mathbf{R} \end{cases}$$

令 $U=w\mathrm{d}\tau[w=w(x,t,\tau)]$ 可得 w 满足方程 (3.1.6)。对 τ 从 0 积分到 t 得 $u(x,t)=\int_0^t w(x,t,\tau)\mathrm{d}\tau$。

Duhamel 原理对热传导方程也成立,见本节习题。

3.1.3 无界弦的受迫振动

现在来求无界弦受迫振动的定解问题

$$\begin{cases} u_{tt}=a^2 u_{xx}+f(x,t), & x\in\mathbf{R}, \quad t>0 \\ u\big|_{t=0}=\varphi(x), \quad u_t\big|_{t=0}=\psi(x), & x\in\mathbf{R} \end{cases} \qquad (3.1.8)$$

该定解问题的解 u 可以看成以下两个定解问题的解 $u^{(1)}$ 和 $u^{(2)}$ 的叠加,我们形象地表示成如下形式:

$$\begin{cases} u_{tt} = a^2 u_{xx} + f(x,t), & x \in \mathbf{R}, \quad t > 0 \\ u\big|_{t=0} = \varphi(x), \quad u_t\big|_{t=0} = \psi(x), & x \in \mathbf{R} \end{cases} =$$

$$\begin{cases} u_{tt}^{(1)} = a^2 u_{xx}^{(1)} \\ u^{(1)}\big|_{t=0} = \varphi(x), \quad u_t^{(1)}\big|_{t=0} = \psi(x) \end{cases} + \begin{cases} u_{tt}^{(2)} = a^2 u_{xx}^{(2)} + f(x,t) \\ u^{(2)}\big|_{t=0} = 0, \quad u_t^{(2)}\big|_{t=0} = 0 \end{cases}$$

由 Duhamel 原理得 $u^{(2)} = \displaystyle\int_0^t w(x,t,\tau)\mathrm{d}\tau$,其中,$w(x,t,\tau)$ 满足

$$\begin{cases} w_{tt} = a^2 w_{xx}, & x \in \mathbf{R}, \quad t > \tau \\ w\big|_{t=\tau} = 0, \quad w_t\big|_{t=\tau} = f(x,\tau), & x \in \mathbf{R} \end{cases}$$

令 $t' = t - \tau$,$\overline{w}(x,t',\tau) = w(x,t'+\tau,\tau)$,方程变为

$$\begin{cases} \overline{w}_{t't'} = a^2 \overline{w}_{xx}, & x \in \mathbf{R}, \quad t' > 0 \\ \overline{w}\big|_{t'=0} = 0, \quad \overline{w}_{t'}\big|_{t'=0} = f(x,\tau) \end{cases}$$

由式 (3.1.4) 得该定解问题的解为

$$\overline{w}(x,t',\tau) = \frac{1}{2a} \int_{x-at'}^{x+at'} f(\xi,\tau)\mathrm{d}\xi$$

所以 [利用:$w(x,t,\tau) = \overline{w}(x,t-\tau,\tau)$]

$$u^{(2)} = \frac{1}{2a} \int_0^t \mathrm{d}\tau \int_{x-a(t-\tau)}^{x+a(t-\tau)} f(\xi,\tau)\mathrm{d}\xi$$

$u^{(1)}$ 可由式 (3.1.4) 得到,所以定解问题 (3.1.8) 的解为

$$u(x,t) = \frac{1}{2}\left[\varphi(x-at) + \varphi(x+at)\right] + \frac{1}{2a}\int_{x-at}^{x+at} \psi(\xi)\mathrm{d}\xi$$
$$+ \frac{1}{2a}\int_0^t \mathrm{d}\tau \int_{x-a(t-\tau)}^{x+a(t-\tau)} f(\xi,\tau)\mathrm{d}\xi$$

该解的表达式称为无限长弦受迫振动的达朗贝尔公式。

【例 3.1.2】 求解定解问题

$$\begin{cases} u_{tt} = a^2 u_{xx} + x, & x \in \mathbf{R}, \quad t > 0 \\ u\big|_{t=0} = \cos x, \quad u_t\big|_{t=0} = \dfrac{1}{1+x^2}, & x \in \mathbf{R} \end{cases}$$

解 此处 $\varphi(x) = \cos x$,$\psi(x) = \dfrac{1}{1+x^2}$,$f(x,t) = x$。故由受迫振动的达朗贝尔公式可得

$$u(x,t) = \frac{1}{2}\left[\cos(x-at) + \cos(x+at)\right]$$

$$+ \frac{1}{2a} \int_{x-at}^{x+at} \frac{1}{1+\xi^2} \mathrm{d}\xi + \frac{1}{2a} \int_0^t \mathrm{d}\tau \int_{x-a(t-\tau)}^{x+a(t-\tau)} \xi \mathrm{d}\xi$$

$$= \frac{1}{2} \left[\cos(x-at) + \cos(x+at) \right]$$

$$+ \frac{1}{2a} \left[\arctan(x+at) - \arctan(x-at) \right] + \frac{1}{2} xt^2$$

为了更好地理解怎样通过求通解的方法求解定解问题，我们考虑以下半无界弦的振动问题。

【例 3.1.3】 求解定解问题

$$\begin{cases} u_{tt} = a^2 u_{xx}, & x \in (0, +\infty), \quad t > 0 & \text{(3.1.9a)} \\ u \big|_{t=0} = \varphi(x), \quad u_t \big|_{t=0} = \psi(x), & x \in [0, +\infty) & \text{(3.1.9b)} \\ u_x(0, t) = \mu(t), & t \geqslant 0 & \text{(3.1.9c)} \end{cases}$$

解　方程 (3.1.9a) 的通解为

$$u(x, t) = f_1(x+at) + f_2(x-at)$$

由初始条件得

$$\begin{cases} f_1(x) + f_2(x) = \varphi(x) & \text{(3.1.10a)} \\ a f_1'(x) - a f_2'(x) = \psi(x) & \text{(3.1.10b)} \end{cases}$$

方程 (3.1.10b) 从 0 到 x 积分得

$$f_1(x) - f_2(x) = \frac{1}{a} \int_0^x \psi(\xi) \mathrm{d}\xi + C \tag{3.1.11}$$

其中，$C = f_1(0) - f_2(0)$。解方程 (3.1.10a) 和方程 (3.1.11) 得

$$\begin{cases} f_1(x) = \frac{1}{2} \varphi(x) + \frac{1}{2a} \int_0^x \psi(\xi) \mathrm{d}\xi + \frac{C}{2} & \text{(3.1.12a)} \\ f_2(x) = \frac{1}{2} \varphi(x) - \frac{1}{2a} \int_0^x \psi(\xi) \mathrm{d}\xi - \frac{C}{2} & \text{(3.1.12b)} \end{cases} \quad x \in [0, +\infty)$$

方程 (3.1.12) 的两式在 $x \geqslant 0$ 时成立。由于 $x+at \geqslant 0$，故

$$f_1(x+at) = \frac{1}{2} \varphi(x+at) + \frac{1}{2a} \int_0^{x+at} \psi(\xi) \mathrm{d}\xi + \frac{C}{2} \tag{3.1.13}$$

① 当 $x-at \geqslant 0$ 时，由方程 (3.1.12b) 可得

$$f_2(x-at) = \frac{1}{2} \varphi(x-at) - \frac{1}{2a} \int_0^{x-at} \psi(\xi) \mathrm{d}\xi - \frac{C}{2}$$

此时

$$u(x, t) = f_1(x+at) + f_2(x-at)$$

$$= \frac{1}{2} \left[\varphi(x-at) + \varphi(x+at) \right] + \frac{1}{2a} \int_{x-at}^{x+at} \psi(\xi) \mathrm{d}\xi \tag{3.1.14}$$

② 当 $x-at<0$ 时，方程（3.1.12b）不可用。由式（3.1.9c）得

$$f'_1(at)+f'_2(-at)=\mu(t)$$

令 $\xi=at$ 得 $f'_1(\xi)+f'_2(-\xi)=\mu\left(\dfrac{\xi}{a}\right)$，从 0 到 x 积分可得

$$f_1(x)-f_2(-x)=C+\int_0^x \mu\left(\frac{\xi}{a}\right)\mathrm{d}\xi$$

即

$$f_2(-x)=f_1(x)-C-\int_0^x \mu\left(\frac{\xi}{a}\right)\mathrm{d}\xi$$

这里 C 为与 $f_1(0)$ 和 $f_2(0)$ 相关的常数。

从而由式（3.1.12a）得

$$f_2(x-at)=f_1(at-x)-C-\int_0^{at-x}\mu\left(\frac{\xi}{a}\right)\mathrm{d}\xi$$

$$=\frac{1}{2}\varphi(at-x)+\frac{1}{2a}\int_0^{at-x}\psi(\xi)\mathrm{d}\xi-\frac{C}{2}-\int_0^{at-x}\mu\left(\frac{\xi}{a}\right)\mathrm{d}\xi$$

$$(3.1.15)$$

把式（3.1.15）代入通解，再结合式（3.1.14）可得定解问题的解为

$$u(x,t)=\begin{cases}\dfrac{1}{2}[\varphi(x+at)+\varphi(x-at)]+\dfrac{1}{2a}\displaystyle\int_{x-at}^{x+at}\psi(\xi)\mathrm{d}\xi, & x\geqslant at \\[3mm] \dfrac{1}{2}[\varphi(x+at)+\varphi(at-x)]+\dfrac{1}{2a}\left[\displaystyle\int_0^{at+x}\psi(\xi)\mathrm{d}\xi+\int_0^{at-x}\psi(\xi)\mathrm{d}\xi\right] \\[3mm] -\displaystyle\int_0^{at-x}\mu\left(\dfrac{\xi}{a}\right)\mathrm{d}\xi, & x<at\end{cases}$$

以下介绍半无界弦振动问题例 3.1.3 的另一种求解方法，为此首先介绍无界弦振动方程的解的性质。

性质 3.1.1 若初值问题（3.1.1）的初始函数 $\varphi(x)$ 和 $\psi(x)$ 关于某点 x_0 为奇函数，则解式（3.1.4）满足 $u(x_0,t)=0$。

证明 不妨设 x_0 为坐标原点，即 $x_0=0$，则 $\varphi(x)$ 和 $\psi(x)$ 满足 $\varphi(x)=-\varphi(-x)$，$\psi(x)=-\psi(-x)$。于是，由达朗贝尔公式（3.1.4）得

$$u(0,t)=\frac{1}{2}[\varphi(at)+\varphi(-at)]+\frac{1}{2a}\int_{-at}^{at}\psi(\xi)\mathrm{d}\xi=0$$

性质 3.1.2 若初值问题（3.1.1）的初始函数 $\varphi(x)$ 和 $\psi(x)$ 关于某点 x_0 为偶函数，则解式（3.1.4）满足 $u_x(x_0,t)=0$。

证明 不妨设 x_0 为坐标原点，即 $x_0=0$，则 $\varphi(x)$ 和 $\psi(x)$ 满足 $\varphi(x)=\varphi(-x)$，$\psi(x)=\psi(-x)$。所以 $\varphi'(x)=-\varphi'(-x)$。于是，由达朗贝尔公式（3.1.4）得

$$u_x(0,t)=\frac{1}{2}[\varphi'(at)+\varphi'(-at)]+\frac{1}{2a}[\psi(at)-\psi(-at)]=0$$

定解问题（3.1.9）的解可表示为下面两个定解问题的解的叠加，即 $u(x,t)=u_1(x,t)+u_2(x,t)$。$u_1(x,t)$ 和 $u_2(x,t)$ 分别满足以下两个定解问题：

$$\begin{cases} u_{1tt}=a^2 u_{1xx}, & x\in(0,+\infty), \quad t>0 \\ u_1\big|_{t=0}=\varphi(x), \quad u_{1t}\big|_{t=0}=\psi(x), & x\in[0,+\infty) \\ u_{1x}\big|_{x=0}=0 \end{cases} \tag{3.1.16}$$

和

$$\begin{cases} u_{2tt}=a^2 u_{2xx}, & x\in(0,+\infty), \quad t>0 \\ u_2\big|_{t=0}=0, \quad u_{2t}\big|_{t=0}=0, & x\in[0,+\infty) \\ u_{2x}\big|_{x=0}=\mu(t) \end{cases} \tag{3.1.17}$$

首先考虑定解问题（3.1.16）的解。根据性质 3.1.2，把 $\varphi(x)$ 和 $\psi(x)$ 延拓成 $(-\infty,+\infty)$ 上的偶函数，即

$$\Phi(x)=\begin{cases} \varphi(x), & x>0 \\ \varphi(-x), & x<0 \end{cases}, \quad \Psi(x)=\begin{cases} \psi(x), & x>0 \\ \psi(-x), & x<0 \end{cases}$$

我们求满足 $x>0$ 和 $t>0$ 时的解。

当 $x>0$，$t<\dfrac{x}{a}$ 时，由式（3.1.4）有

$$u(x,t)=\frac{1}{2}\big[\Phi(x+at)+\Phi(x-at)\big]+\frac{1}{2a}\int_{x-at}^{x+at}\Psi(\xi)\mathrm{d}\xi$$

$$=\frac{1}{2}\big[\varphi(x+at)+\varphi(x-at)\big]+\frac{1}{2a}\int_{x-at}^{x+at}\psi(\xi)\mathrm{d}\xi$$

当 $x>0$，$t>\dfrac{x}{a}$ 时，由式（3.1.4）有

$$u(x,t)=\frac{1}{2}\big[\Phi(x+at)+\Phi(x-at)\big]+\frac{1}{2a}\int_{x-at}^{x+at}\Psi(\xi)\mathrm{d}\xi$$

$$=\frac{1}{2}\big[\varphi(x+at)+\varphi(at-x)\big]+\frac{1}{2a}\left[\int_{x-at}^{0}\psi(-\xi)\mathrm{d}\xi+\int_{0}^{x+at}\psi(\xi)\mathrm{d}\xi\right]$$

$$=\frac{1}{2}\big[\varphi(x+at)+\varphi(at-x)\big]+\frac{1}{2a}\left[\int_{0}^{at-x}\psi(\xi)\mathrm{d}\xi+\int_{0}^{x+at}\psi(\xi)\mathrm{d}\xi\right]$$

综上所述，可得定解问题（3.1.16）的解为

$$u(x,t)=\begin{cases} \dfrac{1}{2}\big[\varphi(x+at)+\varphi(x-at)\big]+\dfrac{1}{2a}\displaystyle\int_{x-at}^{x+at}\psi(\xi)\mathrm{d}\xi, & x>at \\[3mm] \dfrac{1}{2}\big[\varphi(x+at)+\varphi(at-x)\big]+\dfrac{1}{2a}\left[\displaystyle\int_{0}^{at-x}\psi(\xi)\mathrm{d}\xi+\int_{0}^{x+at}\psi(\xi)\mathrm{d}\xi\right], & x<at \end{cases}$$

现在考虑定解问题（3.1.17）。显然，边界条件引起以速度 a 沿弦向右传播的波。因而，解的形式为 $u_2(x,t)=f(x-at)$。根据定解条件得 $f(0)=0$，且

$$f'(-at)=\mu(t), \quad \text{即 } f'(z)=\mu\left(-\frac{z}{a}\right)$$

积分得

$$f(z) = \int_0^z \mu\left(-\frac{\tau}{a}\right) d\tau = \int_{-z}^0 \mu\left(\frac{\xi}{a}\right) d\xi$$

所以

$$u_2(x, t) = f(x - at) = \int_{at-x}^0 \mu\left(\frac{\xi}{a}\right) d\xi = -\int_0^{at-x} \mu\left(\frac{\xi}{a}\right) d\xi$$

该式只对于 $at - x > 0$ 成立。对于 $at - x < 0$，我们把 $\mu(t)$ 延拓到 $t < 0$，此时取 $\mu(t) = 0$。

综上讨论，立即可得例 3.1.3 的解。读者可把该方法用到习题 3.1.3 的求解。

3.1.4　达朗贝尔公式的物理意义

达朗贝尔公式（3.1.4）的第一项 $u_1(x, t) = \dfrac{1}{2}[\varphi(x - at) + \varphi(x + at)]$ 表示初始速度为零 [即 $\psi(x) = 0$] 时的初始位移的传播过程。第二项 $u_2(x, t) = \dfrac{1}{2a}\int_{x-at}^{x+at} \psi(\xi) d\xi$ 表示当振动由初始速度引起时，初始位移为零时的位移情况。解函数 $u = u(x, t)$ 几何上表示 (x, t, u) 空间的曲面 [图 3.1.1 (a)]。此曲面与平面 $t = t_0$ 的交线可用函数 $u = u(x, t_0)$ 表示，它给出了弦在 t_0 时刻的外形。曲面 $u = u(x, t)$ 与平面 $x = x_0$ 的交线可用函数 $u = u(x_0, t)$ 表示，它给出了点 x_0 的运动状态。

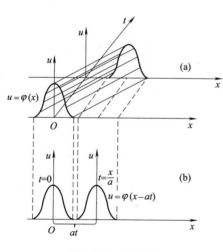

图 3.1.1　右行波

我们再来看公式 $u = \varphi(x - at)$ 表示什么。这个函数确定了时刻 t 弦的位移外形 [图 3.1.1 (b)]。如果观察者在初始时刻 $t = 0$ 的位置为 $x = 0$，则在时刻 t 它向右移动了距离 at。若用随观察者一起移动的坐标系，即设 $x' = x - at$，$t' = t$，则在坐标系 (x', t') 中，函数 $u = \varphi(x - at)$ 由 $u(x', t') = \varphi(x')$ 给出，这表明观察者自始至终将看到不变的侧影 $\varphi(x')$。跟他在 $t = 0$ 时所看见的波的侧影 $\varphi(x)$ 完全一样。这样 $u = \varphi(x - at)$ 就表示，随时间 t 的推移，图形 $u = \varphi(x)$ 以同样的外形，以速度 a 向 x 轴正方向传播，称为**右行波**。同理 $u = \varphi(x + at)$ 表示以速度 a 向 x 轴的负向传播，称为**左行波**，a 称为波速。若 $\psi(x) = 0$，则 $u(x, t) = \dfrac{1}{2}[\varphi(x - at) + \varphi(x + at)]$，表明解是保持初始波形的

左、右行波叠加的平均值。另外，函数 $u=\varphi(x-at)$ 还表示，在直线

$$x-at=常数$$

上函数值保持为常值。因而，曲面 $u=\varphi(x-at)$ 为柱面，它的母线平行于直线 $x=at$，而且以初始位移的侧影作为柱面的准线。

若 $\varphi(x)=0$，则式 (3.1.4) 变为

$$u(x,t)=\frac{1}{2a}\int_{x-at}^{x+at}\psi(\xi)\mathrm{d}\xi=\frac{1}{2a}[\Psi(x+at)-\Psi(x-at)]$$

其中，$\Psi(x)$ 为 $\psi(x)$ 的原函数。这种情形下，解仍以两种波的形式给出。

3.1.5　依赖区间、决定区域、影响区域

我们再来讨论弦的自由振动问题

$$\begin{cases} \dfrac{\partial^2 u}{\partial t^2}=a^2\dfrac{\partial^2 u}{\partial x^2}, & x\in\mathbf{R}, \quad t>0 & (3.1.18\mathrm{a}) \\[3mm] u\big|_{t=0}=\varphi(x), \quad \dfrac{\partial u}{\partial t}\Big|_{t=0}=\psi(x), & x\in\mathbf{R} & (3.1.18\mathrm{b}) \end{cases}$$

由 1.4.2 节得方程 (3.1.18a) 的特征方程为 $(\mathrm{d}x)^2=a^2(\mathrm{d}t)^2$，即

$$\frac{\mathrm{d}x}{\mathrm{d}t}=\pm a$$

特征线为 $x\pm at=C$，其中 C 为任意变化的常数。由此得，过点 (x_0,t_0) 的两条特征线为 $x+at=x_0+at_0$ 和 $x-at=x_0-at_0$。

（1）依赖区间

上述定解问题 (3.1.18) 的解为达朗贝尔公式

$$u(x,t)=\frac{1}{2}[\varphi(x+at)+\varphi(x-at)]+\frac{1}{2a}\int_{x-at}^{x+at}\psi(\xi)\mathrm{d}\xi$$

其中 $x\in\mathbf{R}$，$t>0$。未知函数在点 (x_0,t_0) 处的值为

$$u(x_0,t_0)=\frac{1}{2}[\varphi(x_0+at_0)+\varphi(x_0-at_0)]+\frac{1}{2a}\int_{x_0-at_0}^{x_0+at_0}\psi(\xi)\mathrm{d}\xi$$

可以看出 $u(x_0,t_0)$ 只依赖于初始函数 $\varphi(x)$ 和 $\psi(x)$ 在区间 $[x_0-at_0, x_0+at_0]$ 上的值，与 $\varphi(x)$ 和 $\psi(x)$ 在该区间外的值无关。因此称 $[x_0-at_0, x_0+at_0]$ 为点 (x_0,t_0) 的依赖区间。从而，$[x-at,x+at]$ 称为点 (x,t) 的依赖区间，如图 3.1.2（a）所示。

不难看出，点 (x,t) 依赖区间正好是过 (x,t) 的两条特征线与 x 轴的交点所构成的区间。

（2）决定区域

给定 x 轴上一区间 $[x_1,x_2]$，试问定义在 $[x_1,x_2]$ 上的初值能决定未知函数在哪个区域中点的函数值呢？如图 3.1.2（b）所示，过点 $(x_1,0)$ 和 $(x_2,0)$

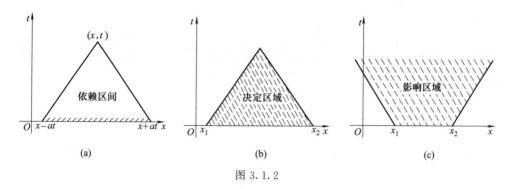

图 3.1.2

作特征线，其中有两条特征线相交于 $t>0$ 的一点，该两条特征线与 x 轴所围的三角形区域中任一点 (x,t) 的依赖区间都落在 $[x_1,x_2]$ 内，即这个区域内点的函数值完全由区间 $[x_1,x_2]$ 上初始条件的值所决定。该三角形区域称为区间 $[x_1,x_2]$ 的决定区域。

（3）影响区域

给定区间 $[x_1,x_2]$，试问初始函数在该区间上的值能影响到哪些点的未知函数值呢？这些点构成的区域是什么？过点 $(x_1,0)$ 和 $(x_2,0)$ 作特征线，过每个点有两条，共四条，其中有两条特征线与 x 轴所围的区域如图 3.1.2（c）所示。该区域中的任何一点的依赖区间与 $[x_1,x_2]$ 的交集非空，表明该区域中的任何一点的函数值受到 $[x_1,x_2]$ 上初值的影响，该区域外的点的未知函数值不受影响。因此该区域称为区间 $[x_1,x_2]$ 的影响区域。

习题3.1

3.1.1 求下列定解问题

（1）$\begin{cases} u_{tt}=a^2 u_{xx}, & x\in\mathbf{R}, \quad t>0 \\ u\big|_{t=0}=\ln(1+x^2), \quad u_t\big|_{t=0}=2, & x\in\mathbf{R} \end{cases}$

（2）$\begin{cases} u_{tt}=a^2 u_{xx}+e^x, & x\in\mathbf{R}, \quad t>0 \\ u\big|_{t=0}=10, \quad u_t\big|_{t=0}=x^2, & x\in\mathbf{R} \end{cases}$

（3）$\begin{cases} u_{tt}=a^2 u_{xx}+2, & x\in\mathbf{R}, \quad t>0 \\ u\big|_{t=0}=x^2, \quad u_t\big|_{t=0}=\sin x, & x\in\mathbf{R} \end{cases}$

（4）$\begin{cases} u_{tt}=a^2 u_{xx}+x+at, & x\in\mathbf{R}, \quad t>0 \\ u\big|_{t=0}=x, \quad u_t\big|_{t=0}=\sin x, & x\in\mathbf{R} \end{cases}$

（5）$\begin{cases} u_{xx}-u_{yy}=8 \\ u(x,0)=0, \quad u_y(x,0)=0 \end{cases}$

3.1.2 试证：若 $w = w(x,t,\tau)$ 为定解问题

$$\begin{cases} w_{tt} = a^2 w_{xx}, & x \in (0,l), \quad t > \tau \\ w|_{x=0} = 0, \quad w|_{x=l} = 0, & t \geqslant 0 \\ w|_{t=\tau} = 0, \quad w_t|_{t=\tau} = f(x,\tau), & x \in [0,l] \end{cases}$$

的解，则 $u(x,t) = \int_0^t w(x,t,\tau)\mathrm{d}\tau$ 是定解问题

$$\begin{cases} u_{tt} = a^2 u_{xx} + f(x,t), & x \in (0,l), \quad t > 0 \\ u|_{x=0} = 0, \quad u|_{x=l} = 0, & t \geqslant 0 \\ u|_{t=0} = 0, \quad u_t|_{t=0} = 0, & x \in [0,l] \end{cases}$$

的解。

3.1.3 求解定解问题

$$\begin{cases} u_{tt} = a^2 u_{xx}, & x \in (0,+\infty), \quad t > 0 \\ u|_{t=0} = \varphi(x), \quad u_t|_{t=0} = \psi(x), & x \in [0,+\infty) \\ u(0,t) = \mu(t), & t \geqslant 0 \end{cases}$$

3.1.4 试证：若 $w = w(x,t,\tau)$ 为定解问题

$$\begin{cases} w_t = a^2 w_{xx}, & x \in \mathbf{R}, \quad t > \tau \\ w|_{t=\tau} = f(x,\tau), & x \in \mathbf{R} \end{cases}$$

的古典解，则 $u(x,t) = \int_0^t w(x,t,\tau)\mathrm{d}\tau$ 是定解问题

$$\begin{cases} u_t = a^2 u_{xx} + f(x,t), & x \in \mathbf{R}, \quad t > 0 \\ u|_{t=0} = 0, & x \in \mathbf{R} \end{cases}$$

的古典解。

3.1.5 试证：若 $w = w(t,\tau)$ 为常微分方程定解问题

$$\begin{cases} \dfrac{\mathrm{d}^2 w}{\mathrm{d}t^2} = aw, & t > \tau \\ w|_{t=\tau} = 0, \quad \dfrac{\mathrm{d}w}{\mathrm{d}t}\bigg|_{t=\tau} = f(\tau) \end{cases}$$

的解，其中 a 为常数，则

$$T(t) = \int_0^t w(t,\tau)\mathrm{d}\tau$$

是定解问题

$$\begin{cases} T''(t) = aT(t) + f(t), & t > 0 \\ T(0) = 0, \quad T'(0) = 0 \end{cases}$$

的解。

3.2　空间波动问题

上节讨论了一维波动方程的求解，在实际问题中大部分问题是高于一维的波动问题，如交变电磁场，本节讨论空间波动问题的求解。

3.2.1　函数的球面对称性

给定某函数 $f(x,y,z)$，若空间中存在一点，使得以该点为中心的任一球面上的函数值相等，即函数值只与半径有关，此时称函数 $f(x,y,z)$ 具有球面对称性。通常取该点为原点建立坐标系，则在球面坐标（参见附录Ⅰ）

$$\begin{cases} x = r\sin\theta\cos\varphi \\ y = r\sin\theta\sin\varphi, \quad r = \sqrt{x^2+y^2+z^2}, \quad 0 \leqslant \theta \leqslant \pi, \quad 0 \leqslant \varphi \leqslant 2\pi, \quad 0 \leqslant r < +\infty \\ z = r\cos\theta \end{cases}$$

下，函数 $f(r\sin\theta\cos\varphi, r\sin\theta\sin\varphi, r\cos\theta)$ 的值只依赖于 r。

3.2.2　齐次波动问题的泊松公式

（1）三维齐次波动问题的泊松公式

考虑三维波动的定解问题

$$\begin{cases} u_{tt} = a^2 \Delta u, \quad (x,y,z) \in \mathbf{R}^3, \quad t > 0 & (3.2.1a) \\ u\big|_{t=0} = \varphi(x,y,z), \quad u_t\big|_{t=0} = \psi(x,y,z) & (3.2.1b) \end{cases}$$

其中，Δ 为拉普拉斯算子，$\Delta = \dfrac{\partial^2}{\partial x^2} + \dfrac{\partial^2}{\partial y^2} + \dfrac{\partial^2}{\partial z^2}$。

令 $V = V(r,\theta,\varphi,t) = u(r\sin\theta\cos\varphi, r\sin\theta\sin\varphi, r\cos\theta, t)$，则方程（3.2.1a）变为（见附录Ⅰ）

$$V_{tt} = a^2 \left[\frac{1}{r^2}\frac{\partial}{\partial r}\left(r^2\frac{\partial V}{\partial r}\right) + \frac{1}{r^2\sin\theta}\frac{\partial}{\partial \theta}\left(\sin\theta\,\frac{\partial V}{\partial \theta}\right) + \frac{1}{r^2\sin^2\theta}\frac{\partial^2 V}{\partial \varphi^2} \right]$$

如果未知函数 $u = u(x,y,z,t)$ 具有球面对称性，涉及 $\dfrac{\partial}{\partial \theta}$ 和 $\dfrac{\partial}{\partial \varphi}$ 的项消失，方程变为

$$V_{tt} = a^2 \left[\frac{1}{r^2}\frac{\partial}{\partial r}\left(r^2\frac{\partial V}{\partial r}\right) \right] \tag{3.2.2}$$

由 $\dfrac{\partial^2(rV)}{\partial r^2} = \dfrac{1}{r}\dfrac{\partial}{\partial r}\left(r^2\dfrac{\partial V}{\partial r}\right)$，方程（3.2.2）可改写为

$$\frac{\partial^2(rV)}{\partial t^2} = a^2\frac{\partial^2(rV)}{\partial r^2}$$

由上节可知该方程的通解为

$$rV(r,t) = f_1(r-at) + f_2(r+at) \tag{3.2.3}$$

当 $r \neq 0$ 时

$$V(r,t) = \frac{f_1(r-at) + f_2(r+at)}{r} \tag{3.2.4}$$

问题：初值条件中的 $\varphi(x,y,z)$ 和 $\psi(x,y,z)$ 未必具有球面对称性，因此解也不能保证有球面对称性。

解决问题的思路：设法把非球面对称的未知函数变为球面对称函数的极限。

任取一定点 $M_0(x_0, y_0, z_0) \in \mathbf{R}^3$，引入集合

$$S_r^{M_0} = \{(x,y,z) \mid (x-x_0)^2 + (y-y_0)^2 + (z-z_0)^2 = r^2\}$$
$$T_r^{M_0} = \{(x,y,z) \mid (x-x_0)^2 + (y-y_0)^2 + (z-z_0)^2 \leqslant r^2\}$$

引入函数

$$\overline{V}(r,t) = \frac{1}{4\pi r^2} \iint\limits_{S_r^{M_0}} u(x,y,z,t) \mathrm{d}S$$

$$\begin{cases} x = x_0 + r\sin\theta\cos\varphi \\ y = y_0 + r\sin\theta\sin\varphi \\ z = z_0 + r\cos\theta \end{cases}$$

$$= \frac{1}{4\pi r^2} \int_0^\pi \mathrm{d}\theta \int_0^{2\pi} u(x_0 + r\sin\theta\cos\varphi, y_0 + r\sin\theta\sin\varphi, z_0 + r\cos\theta, t) r^2 \sin\theta \mathrm{d}\varphi$$

$$= \frac{1}{4\pi} \int_0^\pi \mathrm{d}\theta \int_0^{2\pi} u(x_0 + r\sin\theta\cos\varphi, y_0 + r\sin\theta\sin\varphi, z_0 + r\cos\theta, t) \sin\theta \mathrm{d}\varphi$$

$$= \frac{1}{4\pi} \iint\limits_{S_1^O} u(x_0 + rx, y_0 + ry, z_0 + rz, t) \mathrm{d}S \tag{3.2.5}$$

其中，S_1^O 为以原点为球心的单位球面。令 r 趋于 0 得

$$\lim_{r \to 0} \overline{V}(r,t) = u(x_0, y_0, z_0, t) \cdot \frac{1}{4\pi} \int_0^\pi \sin\theta \mathrm{d}\theta \int_0^{2\pi} \mathrm{d}\varphi = u(x_0, y_0, z_0, t) \tag{3.2.6}$$

所以

$$\lim_{r \to 0} \overline{V}(r,t) = u(M_0, t)$$

此外，由方程 (3.2.5) 可得，对任意连续函数 $h(x,y,z)$，展布在球面 $S_r^{M_0}$ 和 S_1^O 上的曲面积分关系为

$$\iint\limits_{S_r^{M_0}} h(x,y,z) \mathrm{d}S = r^2 \iint\limits_{S_1^O} h(x_0 + rx, y_0 + ry, z_0 + rz) \mathrm{d}S \tag{3.2.7}$$

对方程式 (3.2.1a) 两边在 $T_r^{M_0}$ 上求三重积分

$$\iiint\limits_{T_r^{M_0}} \frac{\partial^2 u}{\partial t^2} \mathrm{d}x\mathrm{d}y\mathrm{d}z = a^2 \iiint\limits_{T_r^{M_0}} \Delta u \mathrm{d}x\mathrm{d}y\mathrm{d}z \xlongequal{\text{高斯公式}} a^2 \iint\limits_{S_r^{M_0}} \nabla u \cdot \boldsymbol{n} \mathrm{d}S$$

（$\boldsymbol{n}$ 为 $S_r^{M_0}$ 的单位外法向量）

$$= a^2 \iint\limits_{S_r^{M_0}} \frac{\partial u}{\partial n} \mathrm{d}S = a^2 \iint\limits_{S_r^{M_0}} \frac{\partial u}{\partial r} \mathrm{d}S$$

$$\underline{\text{由方程}(3.2.7)} a^2 r^2 \iint\limits_{S_1^O} \frac{\partial u(x_0 + rx, y_0 + ry, z_0 + rz, t)}{\partial r} \mathrm{d}S$$

$$= a^2 r^2 \frac{\partial}{\partial r} \iint\limits_{S_1^O} u(x_0 + rx, y_0 + ry, z_0 + rz, t) \mathrm{d}\omega = 4\pi a^2 r^2 \frac{\partial \overline{V}}{\partial r}$$

这里用到

$$\frac{\partial x}{\partial r} = \sin\theta\cos\varphi = \frac{x - x_0}{r}, \quad \frac{\partial y}{\partial r} = \sin\theta\sin\varphi = \frac{y - y_0}{r}, \quad \frac{\partial z}{\partial r} = \cos\theta = \frac{z - z_0}{r}$$

$$\boldsymbol{n} = \left(\frac{x - x_0}{r}, \frac{y - y_0}{r}, \frac{z - z_0}{r} \right)$$

所以

$$\frac{\partial u}{\partial r} = \frac{\partial u}{\partial x} \frac{\partial x}{\partial r} + \frac{\partial u}{\partial y} \frac{\partial y}{\partial r} + \frac{\partial u}{\partial z} \frac{\partial z}{\partial r} = \nabla u \cdot \boldsymbol{n} = \frac{\partial u}{\partial n}$$

再由

$$\iiint\limits_{T_r^{M_0}} \frac{\partial^2 u}{\partial t^2} \mathrm{d}x\,\mathrm{d}y\,\mathrm{d}z = \frac{\partial^2}{\partial t^2} \iiint\limits_{T_r^{M_0}} u\,\mathrm{d}x\,\mathrm{d}y\,\mathrm{d}z$$

$$= \frac{\partial^2}{\partial t^2} \int_0^r \mathrm{d}\rho \iint\limits_{S_\rho^{M_0}} u(x, y, z, t) \mathrm{d}S = \frac{\partial^2}{\partial t^2} \int_0^r 4\pi\rho^2 \overline{V}(\rho, t) \mathrm{d}\rho$$

可得

$$\frac{\partial^2}{\partial t^2} \int_0^r 4\pi\rho^2 \overline{V}(\rho, t) \mathrm{d}\rho = 4\pi a^2 r^2 \frac{\partial \overline{V}}{\partial r}$$

两边对 r 求导得

$$\frac{\partial^2}{\partial t^2} \left[4\pi r^2 \overline{V}(r, t) \right] = 4\pi a^2 \frac{\partial}{\partial r} \left(r^2 \frac{\partial \overline{V}}{\partial r} \right)$$

即

$$\frac{\partial^2}{\partial t^2} \overline{V}(r, t) = a^2 \frac{1}{r^2} \frac{\partial}{\partial r} \left(r^2 \frac{\partial \overline{V}}{\partial r} \right)$$

由方程（3.2.2）的求解得该方程的通解为

$$r\overline{V}(r, t) = f_1(r - at) + f_2(r + at) \tag{3.2.8}$$

在式（3.2.8）中，令 $r = 0$ 得

$$f_1(-at) + f_2(at) = 0 \tag{3.2.9}$$

对 t 求导得

$$-af'_1(-at)+af'_2(at)=0$$

从而

$$f'_1(-at)=f'_2(at)$$

由式 (3.2.6) 和式 (3.2.8) 得

$$u(M_0,t)=\lim_{r\to 0}\overline{V}(r,t)=\lim_{r\to 0}\frac{f_1(r-at)+f_2(r+at)}{r}$$

$$\underline{\text{洛必达法则}}\lim_{r\to 0}\left[f'_1(r-at)+f'_2(r+at)\right]$$

当 f'_1 和 f'_2 在 $r=0$ 处连续时,有 $f'_1(-at)+f'_2(at)=2f'_2(at)$,从而

$$u(M_0,t)=2f'_2(at)$$

另一方面,由方程 (3.2.8) 得

$$\frac{\partial}{\partial r}\left[r\overline{V}(r,t)\right]=f'_1(r-at)+f'_2(r+at)$$

$$\frac{\partial}{\partial t}\left[r\overline{V}(r,t)\right]=-af'_1(r-at)+af'_2(r+at)$$

两式联立求解得

$$2f'_2(r+at)=\frac{\partial}{\partial r}\left[r\overline{V}(r,t)\right]+\frac{1}{a}\frac{\partial}{\partial t}\left[r\overline{V}(r,t)\right]$$

令 $t=0$ 得

$$2f'_2(r)=\left\{\frac{\partial}{\partial r}\left[r\overline{V}(r,t)\right]\right\}_{t=0}+\frac{1}{a}\left\{\frac{\partial}{\partial t}\left[r\overline{V}(r,t)\right]\right\}_{t=0}$$

$$=\frac{\partial}{\partial r}\left\{\frac{1}{4\pi r}\iint\limits_{S_r^{M_0}}u(x,y,z,0)\mathrm{d}S\right\}+\frac{1}{a}\left\{\frac{1}{4\pi r}\iint\limits_{S_r^{M_0}}\left.\frac{\partial u}{\partial t}\right|_{t=0}\mathrm{d}S\right\}$$

$$=\frac{1}{4\pi}\frac{\partial}{\partial r}\iint\limits_{S_r^{M_0}}\frac{\varphi(x,y,z)}{r}\mathrm{d}S+\frac{1}{4\pi a}\iint\limits_{S_r^{M_0}}\frac{\psi(x,y,z)}{r}\mathrm{d}S$$

令 $r=at$,注意到 $u(M_0,t)=2f'_2(at)$ 和 $\frac{\partial}{\partial r}=\frac{1}{a}\frac{\partial}{\partial t}$,可得

$$u(M_0,t)=\frac{1}{4\pi a^2}\frac{\partial}{\partial t}\iint\limits_{S_{at}^{M_0}}\frac{\varphi(x,y,z)}{t}\mathrm{d}S+\frac{1}{4\pi a^2}\iint\limits_{S_{at}^{M_0}}\frac{\psi(x,y,z)}{t}\mathrm{d}S$$

由 $M_0(x_0,y_0,z_0)$ 的任意性,可把 $M_0(x_0,y_0,z_0)$ 换为任一点 $M(x,y,z)$,同时把积分变量改变为 (X,Y,Z),则上式可表示为

三维齐次泊松公式:

$$u(M,t)=\frac{1}{4\pi a^2}\frac{\partial}{\partial t}\iint\limits_{S_{at}^{M}}\frac{\varphi(X,Y,Z)}{t}\mathrm{d}S+\frac{1}{4\pi a^2}\iint\limits_{S_{at}^{M}}\frac{\psi(X,Y,Z)}{t}\mathrm{d}S$$

其中

$$S_{at}^M = \{(X,Y,Z) \mid (X-x)^2 + (Y-y)^2 + (Z-z)^2 = (at)^2\}$$

这就是三维齐次波动问题的泊松（Poisson）公式。

【例 3.2.1】 求解柯西问题

$$\begin{cases} u_{tt} = a^2 \Delta u, & (x,y,z) \in \mathbf{R}^3, \quad t > 0 \\ u\big|_{t=0} = x+y+z, & u_t\big|_{t=0} = 0, \quad (x,y,z) \in \mathbf{R}^3 \end{cases}$$

解 由三维齐次泊松公式得

$$u(x,y,z,t) = \frac{1}{4\pi a^2} \frac{\partial}{\partial t} \iint\limits_{S_{at}^M} \frac{X+Y+Z}{t} \mathrm{d}S$$

$$S_{at}^M : \begin{cases} X = x + at\sin\theta\cos\varphi \\ Y = y + at\sin\theta\sin\varphi \qquad (0 \leqslant \varphi \leqslant 2\pi, 0 \leqslant \theta \leqslant \pi) \\ Z = z + at\cos\theta \end{cases}$$

$$= \frac{1}{4\pi a^2} \frac{\partial}{\partial t} \int_0^{2\pi} \int_0^{\pi} \frac{x + at\sin\theta\cos\varphi + y + at\sin\theta\sin\varphi + z + at\cos\theta}{t}$$

$$(at)^2 \sin\theta \mathrm{d}\theta \mathrm{d}\varphi$$

$$= \frac{1}{4\pi a^2} \frac{\partial}{\partial t} \left\{ \left[(x+y+z)a^2 t \right] \int_0^{2\pi} \mathrm{d}\varphi \int_0^{\pi} \sin\theta \mathrm{d}\theta + \right.$$

$$\left. a^3 t^2 \int_0^{2\pi} (\sin\varphi + \cos\varphi)\mathrm{d}\varphi \int_0^{\pi} \sin^2\theta \mathrm{d}\theta + a^3 t^2 \int_0^{2\pi} \mathrm{d}\varphi \int_0^{\pi} \sin\theta\cos\theta \mathrm{d}\theta \right\}$$

$$= x+y+z$$

（2）二维齐次波动问题的泊松公式

以下从三维波动方程的泊松公式导出二维齐次波动初值问题的求解公式。
考虑二维齐次波动问题

$$\begin{cases} u_{tt} = a^2(u_{xx} + u_{yy}), & (x,y) \in \mathbf{R}^2, \quad t > 0 \\ u\big|_{t=0} = \varphi(x,y), & u_t\big|_{t=0} = \psi(x,y), \quad (x,y) \in \mathbf{R}^2 \end{cases}$$

我们通过假设三维波动问题中的未知函数及初始条件与变量 z 无关，把二维波动问题看成三维波动问题的特殊情况，利用附录Ⅰ中曲面积分的计算公式来计算下列两个曲面积分

$$\frac{1}{4\pi a^2} \frac{\partial}{\partial t} \iint\limits_{S_{at}^M} \frac{\varphi(X,Y)}{t} \mathrm{d}S \quad \text{和} \quad \frac{1}{4\pi a^2} \iint\limits_{S_{at}^M} \frac{\psi(X,Y)}{t} \mathrm{d}S$$

设 C_{at}^M 为 S_{at}^M 在 XOY 面上的投影，从而

$$C_{at}^M = \{(X,Y) \mid (X-x)^2 + (Y-y)^2 \leqslant (at)^2\}$$

由 $S_{at}^M : Z = z \pm \sqrt{(at)^2 - (X-x)^2 - (Y-y)^2}$ 可知

$$\sqrt{1+(Z'_X)^2+(Z'_Y)^2}=\frac{at}{\sqrt{(at)^2-(X-x)^2-(Y-y)^2}}$$

所以

$$\frac{1}{4\pi a^2}\iint\limits_{S_{at}^M}\frac{\psi(X,Y)}{t}\mathrm{d}S=\frac{1}{4\pi a^2}\left\{\iint\limits_{(S_{at}^M)_\text{上}}\frac{\psi(X,Y)}{t}\mathrm{d}S+\iint\limits_{(S_{at}^M)_\text{下}}\frac{\psi(X,Y)}{t}\mathrm{d}S\right\}$$

其中

$$(S_{at}^M)_\text{上}:Z=z+\sqrt{(at)^2-(X-x)^2-(Y-y)^2}$$
$$(S_{at}^M)_\text{下}:Z=z-\sqrt{(at)^2-(X-x)^2-(Y-y)^2}$$

由于 ψ 与 Z 无关，则

$$\frac{1}{4\pi a^2}\iint\limits_{S_{at}^M}\frac{\psi(X,Y)}{t}\mathrm{d}S=\frac{2}{4\pi a^2}\iint\limits_{(S_{at}^M)_\text{上}}\frac{\psi(X,Y)}{t}\mathrm{d}S$$

$$=\frac{1}{2\pi a}\iint\limits_{C_{at}^M}\frac{\psi(X,Y)}{\sqrt{(at)^2-(X-x)^2-(Y-y)^2}}\mathrm{d}X\,\mathrm{d}Y$$

同理可求得

$$\frac{1}{4\pi a^2}\frac{\partial}{\partial t}\iint\limits_{S_{at}^M}\frac{\varphi(X,Y)}{t}\mathrm{d}S=\frac{1}{2\pi a}\frac{\partial}{\partial t}\iint\limits_{C_{at}^M}\frac{\varphi(X,Y)}{\sqrt{(at)^2-(X-x)^2-(Y-y)^2}}\mathrm{d}X\,\mathrm{d}Y$$

所以原问题的解为

> **二维齐次泊松公式：**
> $$u(x,y,t)=\frac{1}{2\pi a}\frac{\partial}{\partial t}\iint\limits_{C_{at}^M}\frac{\varphi(X,Y)}{\sqrt{(at)^2-(X-x)^2-(Y-y)^2}}\mathrm{d}X\,\mathrm{d}Y$$
> $$+\frac{1}{2\pi a}\iint\limits_{C_{at}^M}\frac{\psi(X,Y)}{\sqrt{(at)^2-(X-x)^2-(Y-y)^2}}\mathrm{d}X\,\mathrm{d}Y$$

这就是二维齐次波动问题的泊松公式。这种由高维求解公式导出低维求解公式的方法称为**降维法**。

【例 3.2.2】 求解柯西问题

$$\begin{cases}u_{tt}=a^2(u_{xx}+u_{yy}),&(x,y)\in\mathbf{R}^2,\quad t>0\\u\big|_{t=0}=x^2(x+y),&u_t\big|_{t=0}=0,\quad(x,y)\in\mathbf{R}^2\end{cases}$$

解 解法一 由二维齐次泊松公式得

$$u(x,y,t)=\frac{1}{2\pi a}\frac{\partial}{\partial t}\iint\limits_{C_{at}^M}\frac{\varphi(X,Y)}{\sqrt{(at)^2-(X-x)^2-(Y-y)^2}}\mathrm{d}X\,\mathrm{d}Y$$

$$\begin{cases}X-x=\rho\cos\theta\\Y-y=\rho\sin\theta\end{cases}(0\leqslant\rho\leqslant at,0\leqslant\theta\leqslant2\pi)$$

$$= \frac{1}{2\pi a} \frac{\partial}{\partial t} \int_0^{at} \int_0^{2\pi} \frac{(x+\rho\cos\theta)^2(x+\rho\cos\theta+y+\rho\sin\theta)}{\sqrt{a^2t^2-\rho^2}} \rho\,\mathrm{d}\rho\,\mathrm{d}\theta$$

$$= \frac{1}{2\pi a} \left(\frac{\partial}{\partial t} \int_0^{at} \frac{\rho\,\mathrm{d}\rho}{\sqrt{a^2t^2-\rho^2}} \right) \int_0^{2\pi} \left[x^2(x+y) + x^2(\rho\cos\theta+\rho\sin\theta) + \right.$$

$$+2x(x+y)\rho\cos\theta + 2x\rho^2\cos^2\theta + 2x\rho^2\sin\theta\cos\theta + (x+y)\rho^2\cos^2\theta +$$

$$\left. \rho^3\cos^3\theta + \rho^3\cos^2\theta\sin\theta \right]\mathrm{d}\theta$$

$$= \frac{1}{2\pi a} \frac{\partial}{\partial t} \int_0^{at} \frac{2\pi x^2(x+y)+2\pi x\rho^2+\pi\rho^2(x+y)}{\sqrt{a^2t^2-\rho^2}} \rho\,\mathrm{d}\rho$$

$$= \frac{1}{2\pi a} \frac{\partial}{\partial t} \left[2\pi x^2(x+y)at + \pi\frac{2}{3}(at)^3(3x+y) \right]$$

$$= x^2(x+y) + a^2t^2(3x+y)$$

解法二 若把变量 y 看成参数，定解问题化为一维的定解问题

$$\begin{cases} u_{tt}=a^2u_{xx}, & x\in\mathbf{R}, \quad t>0 \\ u\big|_{t=0}=\varphi(x)=x^2(x+y), \quad u_t\big|_{t=0}=0, \quad x\in\mathbf{R} \end{cases}$$

再利用达朗贝尔公式可得

$$u(x,y,t) = \frac{1}{2}\left[\varphi(x+at)+\varphi(x-at)\right]$$

$$= \frac{1}{2}\left[(x+at)^2(x+at+y)+(x-at)^2(x-at+y)\right]$$

$$= x^2(x+y)+a^2t^2(3x+y)$$

3.2.3 非齐次波动问题的 Kirchhoff 公式

3.2.3.1 三维非齐次波动问题的 Kirchhoff 公式

考虑非齐次三维波动问题

$$\begin{cases} u_{tt}=a^2\Delta u+f(M,t), & M(x,y,z)\in\mathbf{R}^3, \quad t>0 \\ u\big|_{t=0}=\varphi(M), \quad u_t\big|_{t=0}=\psi(M), \quad M\in\mathbf{R}^3 \end{cases} \tag{3.2.10}$$

定解问题 (3.2.10) 的解 u 可表示成下列两个定解问题解的叠加，即 $u = u^{(1)}+u^{(2)}$

$$\begin{cases} u_{tt}^{(1)}=a^2\Delta u^{(1)}+f(M,t) \\ u^{(1)}\big|_{t=0}=0, \quad u_t^{(1)}\big|_{t=0}=0 \end{cases} \tag{3.2.11}$$

$$\begin{cases} u_{tt}^{(2)}=a^2\Delta u^{(2)} \\ u^{(2)}\big|_{t=0}=\varphi(M), \quad u_t^{(2)}\big|_{t=0}=\psi(M) \end{cases} \tag{3.2.12}$$

由 Duhamel 原理，定解问题 (3.2.11) 的解为

$$u^{(1)} = \int_0^t w(M, t, \tau) d\tau$$

其中 $w(M, t, \tau)$ 是以下定解问题的解

$$\begin{cases} w_{tt} = a^2 \Delta w, & M \in \mathbf{R}^3, \quad t > \tau \\ w|_{t=\tau} = 0, & w_t|_{t=\tau} = f(M, \tau), \quad M \in \mathbf{R} \end{cases}$$

作代换 $\bar{t} = t - \tau$，令 $\overline{w}(M, \bar{t}, \tau) = w(M, \bar{t} + \tau, \tau)$，则

$$w(M, t, \tau) = \overline{w}(M, t - \tau, \tau)$$

上述定解问题变为

$$\begin{cases} \overline{w}_{\bar{t}\bar{t}} = a^2 \Delta \overline{w}, & M \in \mathbf{R}^3, \quad \bar{t} > 0 \\ \overline{w}|_{\bar{t}=0} = 0, & \overline{w}_{\bar{t}}|_{\bar{t}=0} = f(M, \tau), \quad M \in \mathbf{R}^3 \end{cases}$$

由泊松公式得该定解问题的解为

$$\overline{w}(M, \bar{t}, \tau) = \frac{1}{4\pi a^2} \iint_{S_{a\bar{t}}^M} \frac{f(X, Y, Z, \tau)}{\bar{t}} dS$$

于是

$$w(M, t, \tau) = \overline{w}(M, t - \tau, \tau) = \frac{1}{4\pi a^2} \iint_{S_{a(t-\tau)}^M} \frac{f(X, Y, Z, \tau)}{t - \tau} dS$$

所以

$$u^{(1)} = \int_0^t w(M, t, \tau) d\tau = \frac{1}{4\pi a^2} \int_0^t \left[\frac{1}{t-\tau} \iint_{S_{a(t-\tau)}^M} f(X, Y, Z, \tau) dS \right] d\tau$$

令 $(t - \tau)a = r$，即 $\tau = t - \dfrac{r}{a}$，$d\tau = -\dfrac{1}{a} dr$，则有

$$u^{(1)} = \frac{1}{4\pi a^2} \int_0^{at} dr \iint_{S_r^M} \frac{f\left(X, Y, Z, t - \dfrac{r}{a}\right)}{r} dS$$

$$= \frac{1}{4\pi a^2} \iiint_{T_{at}^M} \frac{f\left(X, \ Y, \ Z, \ t - \dfrac{r}{a}\right)}{r} dX dY dZ \tag{3.2.13}$$

另外，由泊松公式可得方程（3.2.12）的解，于是定解问题（3.2.10）的解为

三维非齐次 Kirchhoff 公式：

$$u(M, t) = \frac{1}{4\pi a^2} \frac{\partial}{\partial t} \iint_{S_{at}^M} \frac{\varphi(X, Y, Z)}{t} dS + \frac{1}{4\pi a^2} \iint_{S_{at}^M} \frac{\psi(X, Y, Z)}{t} dS$$

$$+ \frac{1}{4\pi a^2} \iiint_{T_{at}^M} \frac{f\left(X, Y, Z, t - \dfrac{r}{a}\right)}{r} dX dY dZ$$

该式称为三维非齐次波动问题的 Kirchhoff 公式。该公式的第三项由外力（或称为"源"）引起，其中 $t-\dfrac{r}{a}$ 表明，M 点处受到外力影响的时刻 t，比外力发出的时刻晚了 $\dfrac{r}{a}$。

【例 3.2.3】 求解定解问题

$$
\begin{cases}
u_{tt}=a^2\Delta u+A_0\cos\omega t, & (x,y,z)\in\mathbf{R}^3,\quad t>0,\ A_0\text{为常数}\\
u\big|_{t=0}=0,\quad u_t\big|_{t=0}=0, & (x,y,z)\in\mathbf{R}^3
\end{cases}
$$

解　由 Kirchhoff 公式得

$$
\begin{aligned}
u(M,t)&=\frac{1}{4\pi a^2}\iiint_{T_{at}^M}\frac{A_0\cos\omega\left(t-\dfrac{r}{a}\right)}{r}\mathrm{d}X\mathrm{d}Y\mathrm{d}Z\\[2mm]
&=\frac{1}{4\pi a^2}\mathrm{Re}\iiint_{T_{at}^M}\frac{A_0\mathrm{e}^{-\mathrm{i}\omega\left(t-\frac{r}{a}\right)}}{r}\mathrm{d}X\mathrm{d}Y\mathrm{d}Z\\[2mm]
&=\frac{A_0}{4\pi a^2}\mathrm{Re}\int_0^{2\pi}\mathrm{d}\varphi\int_0^{\pi}\mathrm{d}\theta\int_0^{at}\frac{\mathrm{e}^{-\mathrm{i}\omega\left(t-\frac{r}{a}\right)}}{r}r^2\sin\theta\mathrm{d}r\\[2mm]
&=\frac{A_0}{a^2}\mathrm{Re}\left(\mathrm{e}^{-\mathrm{i}\omega t}\int_0^{at}\mathrm{e}^{\frac{\mathrm{i}\omega r}{a}}r\mathrm{d}r\right)=\frac{A_0}{\omega^2}(1-\cos\omega t)
\end{aligned}
$$

3.2.3.2　二维非齐次波动问题的 Kirchhoff 公式

考虑非齐次二维波动问题

$$
\boxed{
\begin{cases}
u_{tt}=a^2(u_{xx}+u_{yy})+f(x,y,t), & (x,y)\in\mathbf{R}^2,\quad t>0\\
u\big|_{t=0}=\varphi(x,y),\quad u_t\big|_{t=0}=\psi(x,y), & (x,y)\in\mathbf{R}^2
\end{cases}}
\tag{3.2.14}
$$

定解问题（3.2.14）的解 u 可表示成下列两个定解问题解的叠加，即 $u=u^{(1)}+u^{(2)}$

$$
\begin{cases}
u_{tt}^{(1)}=a^2(u_{xx}^{(1)}+u_{yy}^{(1)})+f(x,y,t)\\
u^{(1)}\big|_{t=0}=0,\quad u_t^{(1)}\big|_{t=0}=0
\end{cases}
\tag{3.2.15}
$$

$$
\begin{cases}
u_{tt}^{(2)}=a^2(u_{xx}^{(2)}+u_{yy}^{(2)})\\
u^{(2)}\big|_{t=0}=\varphi(x,y),\quad u_t^{(2)}\big|_{t=0}=\psi(x,y)
\end{cases}
\tag{3.2.16}
$$

利用式（3.2.13），由上节的降维法可得定解问题（3.2.15）的解，再由二维齐次波动问题的泊松公式可得定解问题（3.2.16）的解，二者叠加便可得方程（3.2.14）的解为二维非齐次 Kirchhoff 公式：

$$u(x,y,t) = \frac{1}{2\pi a} \frac{\partial}{\partial t} \iint\limits_{C_{at}^M} \frac{\varphi(X,Y)}{\sqrt{(at)^2 - (X-x)^2 - (Y-y)^2}} \mathrm{d}X\,\mathrm{d}Y$$

$$+ \frac{1}{2\pi a} \iint\limits_{C_{at}^M} \frac{\psi(X,Y)}{\sqrt{(at)^2 - (X-x)^2 - (Y-y)^2}} \mathrm{d}X\,\mathrm{d}Y$$

$$+ \frac{1}{2\pi a^2} \int_0^{at} \mathrm{d}r \iint\limits_{C_r^M} \frac{f\left(X,Y,t-\dfrac{r}{a}\right)}{\sqrt{(at)^2 - (X-x)^2 - (Y-y)^2}} \mathrm{d}X\,\mathrm{d}Y$$

该式称为二维非齐次波动问题的 Kirchhoff 公式。

3.2.4　波动问题解的物理意义

（1）三维泊松公式的物理意义

三维齐次波动问题解的泊松公式为

$$u(M,t) = \frac{1}{4\pi a^2} \frac{\partial}{\partial t} \iint\limits_{S_{at}^M} \frac{\varphi(X,Y,Z)}{t} \mathrm{d}S + \frac{1}{4\pi a^2} \iint\limits_{S_{at}^M} \frac{\psi(X,Y,Z)}{t} \mathrm{d}S$$

为简单起见，不妨设 φ，ψ 在某有界闭区域 Ω（$\subset \mathbf{R}^3$）内大于零，在 Ω 外为零。由以上泊松公式可得 $u(M,t)$ 在 $M(x,y,z)$ 处 t 时刻的值，与以 M 为中心，at 为半径的球面上的初值有关。设 M 与 Ω 的近点距离为 d_1，远点距离为 d_2，当 $M \in \Omega$ 时，$d_1 = 0$，如图 3.2.1 所示。

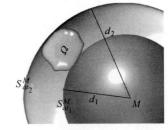

① 当 $d_1 > at$ 时，球面 S_{at}^M 与 Ω 的交集为空集，S_{at}^M 上的初值为零，故 $u(M,t) = 0$。表明，当 $t < \dfrac{d_1}{a}$ 时波的扰动"前峰"尚未到达 M。

图 3.2.1

② 当 $d_1 \leqslant at \leqslant d_2$ 时，即 t 增大到满足 $\dfrac{d_1}{a} \leqslant t \leqslant \dfrac{d_2}{a}$ 时，球面 S_{at}^M 与 Ω 的交集为非空集，初始值在 S_{at}^M 上不恒为零，则 $u(M,t) \neq 0$。表明波的扰动在 $t_1 = \dfrac{d_1}{a}$ 时刻开始对 M 有影响，即扰动来时有清晰的"波前"。

③ 当 $at > d_2$ 时，球面 S_{at}^M 与 Ω 的交集又成为空集，S_{at}^M 上的初值又变为零，此时 $u(M,t) = 0$，即从时刻 $t_2 = \dfrac{d_2}{a}$ 起初始扰动在点 M 处无影响，表明扰动离开时有清晰的"波后"。

（2）二维泊松公式的物理意义

二维波动问题解的泊松公式为

$$u(x,y,t)=\frac{1}{2\pi a}\frac{\partial}{\partial t}\iint\limits_{C_{at}^{M}}\frac{\varphi(X,Y)}{\sqrt{(at)^{2}-(X-x)^{2}-(Y-y)^{2}}}\mathrm{d}X\mathrm{d}Y$$

$$+\frac{1}{2\pi a}\iint\limits_{C_{at}^{M}}\frac{\psi(X,Y)}{\sqrt{(at)^{2}-(X-x)^{2}-(Y-y)^{2}}}\mathrm{d}X\mathrm{d}Y$$

同样，假设 $\varphi(x,y)$ 和 $\psi(x,y)$ 在某有界闭区域 Ω（$\subset\mathbf{R}^{2}$）内大于零，在 Ω 外为

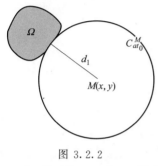

图 3.2.2

零。由泊松公式可得 $u(x,y,t)$ 在 $M(x,y)$ 处 t 时刻的值，与以 M 为中心，at 为半径的圆域 C_{at}^{M} 上的初值有关。设 M 与 Ω 的近点距离为 d_1，远点距离为 d_2，当 $M\in\Omega$ 时 $d_1=0$，如图 3.2.2 所示。

① 当 $at<d_1$ 时，圆域 C_{at}^{M} 与 Ω 的交集为空集，此时，在 C_{at}^{M} 上有 $\varphi(x,y)=\psi(x,y)=0$，从而 $u(x,y,t)=0$，表明初始扰动"前峰"尚未到达 M 点。

② 当 $at\geqslant d_1$ 时，C_{at}^{M} 与 Ω 永远有公共部分，则 $u(M,t)\neq0$，表明从 $t_0=\frac{d_1}{a}$ 时刻开始，扰动对 M 有影响，即扰动有清晰的"波前"。另外，一旦扰动到达 M，对 M 的影响永远不会消失，但分母中有 t 出现，当 $t\to+\infty$ 时，影响会越来越小。

（3）二维与三维泊松公式物理意义的比较

在三维空间里，局部的初始扰动既有波前又有波后，而二维情形局部初始扰动具有清晰的波前，但无波后，前后信息会重叠起来。水面波大体为二维波，人们不利用二维波传递信息。举一个形象的例子，在雷雨天，当我们作为观察者看到闪电时，表明发生闪电处有个扰动，即产生雷声。但由于光速远大于声速，此时观察者还听不到雷声，表明扰动的波前还没有到达观察者。随着时间的增加，观察者开始听到雷声，表明扰动的波前到达观察者。该雷声在观察者的耳朵可持续一会，此间会随着时间的增加开始时雷声会越来越大，后来会越来越弱，直至雷声远离观察者而去，留下清晰的波后。假设我们生活在二维空间，情形则完全不同。同样以打雷为例，当观察者从看到闪电到听到雷声，有清晰的波前。但是由泊松公式可以看出，一旦雷声到了我们耳朵，雷声将永远不会消失，不会远离我们而去，即扰动没有清晰的波后。但是，由于泊松公式中的分母出现时间 t，那么当 $t\to+\infty$ 时，雷声会越来越弱。

习题3.2

3.2.1 求解下列定解问题

(1) $\begin{cases} u_{tt}=a^2\Delta u，\quad (x,y,z)\in \mathbf{R}^3，\quad t>0 \\ u\mid_{t=0}=x^3+y^2z，\quad u_t\mid_{t=0}=0，\quad (x,y,z)\in \mathbf{R}^3 \end{cases}$

(2) $\begin{cases} u_{tt}=a^2\Delta u，\quad (x,y,z)\in \mathbf{R}^3，\quad t>0 \\ u\mid_{t=0}=yz，\quad (x,y,z)\in \mathbf{R}^3 \\ u_t\mid_{t=0}=xz，\quad (x,y,z)\in \mathbf{R}^3 \end{cases}$

(3) $\begin{cases} u_{tt}=a^2(u_{xx}+u_{yy})，\quad (x,y)\in \mathbf{R}^2，\quad t>0 \\ u\mid_{t=0}=0，\quad u_t\mid_{t=0}=x+y，\quad (x,y)\in \mathbf{R}^2 \end{cases}$

(4) $\begin{cases} u_{tt}=a^2(u_{xx}+u_{yy})，\quad (x,y)\in \mathbf{R}^2，\quad t>0 \\ u\mid_{t=0}=\varphi(r)，\quad u_t\mid_{t=0}=\psi(r)，\quad (x,y)\in \mathbf{R}^2 \\ r=\sqrt{x^2+y^2} \end{cases}$

3.2.2　证明球面波问题

$$\begin{cases} u_{tt}=a^2(u_{xx}+u_{yy}+u_{zz})，\quad (x,y,z)\in \mathbf{R}^3，\quad t>0 \\ u\mid_{t=0}=\varphi(r), u_t\mid_{t=0}=\psi(r)，\quad (x,y,z)\in \mathbf{R}^3 \\ r=\sqrt{x^2+y^2+z^2} \end{cases}$$

的解为

$$V(r,t)=\frac{(r+at)\varphi(r+at)+(r-at)\varphi(\mid r-at\mid)}{2r}+\frac{1}{2ar}\int_{\mid r-at\mid}^{r+at}\xi\psi(\xi)\mathrm{d}\xi$$

$$V(r,t)=u(r\sin\theta\cos\phi,r\sin\theta\sin\phi,r\cos\theta,t)$$

3.2.3　试用降维法从三维齐次泊松公式导出无限长弦的自由振动的达朗贝尔公式。

3.2.4　思考题：如果把例 3.2.2 中初始条件换成 $u\mid_{t=0}=x^2(x+y^2)$，按解法二得不出正确解，为什么？与微分方程解的哪一条性质矛盾？另外，能否把 x 看成参数呢？为什么？

第4章

分离变量法

本章要求

（1）掌握分离变量法的基本思想和适用范围；

（2）牢记几类常见定解问题的本征值和本征函数，熟练用本征函数展开法求解常见的典型定解问题；

（3）掌握常见几类非齐次边界条件的齐次化方法；

（4）掌握圆域和矩形区域内二维拉普拉斯方程第一边值问题的求解方法。

第3章介绍了求解波动初值问题的求解方法，即行波法，本章将介绍用分离变量法求解定解问题。分离变量法又称本征函数展开法或驻波法。

4.1 Sturm-Liouville 本征值问题

本节介绍一类常微分方程的本征值问题，即 Sturm-Liouville 本征值问题，它在工程上有广泛应用，是分离变量法的基础。

【**定义 4.1.1**】 设 $p(x) \in C^1[a,b]$，$q(x) \in C[a,b]$，$p(x) > 0, x \in [a,b]$，设 c_1，c_2，d_1，d_2 为实常数，且 $c_1^2 + c_2^2 > 0$，$d_1^2 + d_2^2 > 0$，即 c_1 和 c_2 且 d_1 和 d_2 不同时为零。使得边值问题

$$\begin{cases} -\dfrac{\mathrm{d}}{\mathrm{d}x}\left(p(x)\dfrac{\mathrm{d}X}{\mathrm{d}x}\right) + q(x)X - \lambda X = 0 & (4.1.1) \\[2mm] c_1 X(a) + c_2 X'(a) = 0 & (4.1.2) \\[2mm] d_1 X(b) + d_2 X'(b) = 0 & (4.1.3) \end{cases}$$

有非零解的那些 λ 的值称为边值问题的本征值，对应的非零解称为该本征值问题的属于 λ 的本征函数。寻求边值问题式（4.1.1）～式（4.1.3）的本征值和本征函数的过程，称为求解本征值问题，又称为求解 Sturm-Liouville 本征值问题。

4.1.1 第一边值条件的本征值问题

考虑第一齐次边值问题

$$\begin{cases} X''(x)+\lambda X(x)=0 & (4.1.4a) \\ X(0)=X(l)=0 & (4.1.4b) \end{cases}$$

这是一个 Sturm-Liouville 本征值问题，其中，$p=1$，$c_1=d_1=1$，$q(x)=c_2=d_2=0$。

① 当 $\lambda<0$ 时，方程（4.1.4a）的通解为 $X(x)=Ae^{\sqrt{-\lambda}x}+Be^{-\sqrt{-\lambda}x}$。由边界条件可得 $A=B=0$，从而 $X(x)\equiv 0$，本征值问题无非零解，本征值问题（4.1.4）无负本征值；

② 当 $\lambda=0$ 时，方程（4.1.4a）的通解为 $X(x)=Ax+B$。由边界条件可得 $A=B=0$，所以 $\lambda=0$ 不是本征值；

③ 当 $\lambda>0$ 时，方程（4.1.4a）的通解为 $X(x)=A\cos\sqrt{\lambda}x+B\sin\sqrt{\lambda}x$。由 $X(0)=0$ 得 $A=0$，由 $X(l)=0$ 和 $B\neq 0$（求非零解）得 $\sin\sqrt{\lambda}l=0$，即 $\sqrt{\lambda}l=n\pi$（$n=1,2,\cdots$），所以 $\lambda=\left(\dfrac{n\pi}{l}\right)^2$，$(n=1,2,\cdots)$。从而，本征值为

$$\lambda_n=\left(\frac{n\pi}{l}\right)^2, \quad n=1,2,\cdots$$

本征函数为

$$X_n(x)=\sin\frac{n\pi x}{l}, \quad n=1,2,\cdots$$

4.1.2　混合边值条件的本征值问题

考虑混合齐次边值问题

$$\begin{cases} X''(x)+\lambda X(x)=0 & (4.1.5a) \\ X(0)=0, \quad X'(l)=0 & (4.1.5b) \end{cases}$$

这是一个 Sturm-Liouville 本征值问题，其中，$p=1$，$c_1=d_2=1$，$q(x)=c_2=d_1=0$。

① 当 $\lambda<0$ 时，方程（4.1.5a）的通解为 $X(x)=Ae^{\sqrt{-\lambda}x}+Be^{-\sqrt{-\lambda}x}$，由边界条件可得 $A=B=0$，从而 $X(x)\equiv 0$，本征值问题无非零解，本征值问题（4.1.5）无负本征值；

② 当 $\lambda=0$ 时，方程（4.1.5a）的通解为 $X(x)=Ax+B$，由边界条件可得 $A=B=0$，所以 $\lambda=0$ 不是本征值；

③ 当 $\lambda>0$ 时，方程（4.1.5a）的通解为 $X(x)=A\cos\sqrt{\lambda}x+B\sin\sqrt{\lambda}x$。由 $X(0)=0$ 得 $A=0$，由 $X'(l)=0$ 得 $B\sqrt{\lambda}\cos\sqrt{\lambda}l=0$，则 $\sqrt{\lambda}l=\dfrac{\pi}{2}+n\pi=\dfrac{(2n+1)\pi}{2}$，所以 $\lambda=\left[\dfrac{(2n+1)\pi}{2l}\right]^2$，$n=0,1,2,\cdots$，从而得本征值为

$$\lambda_n = \left[\frac{(2n+1)\pi}{2l}\right]^2, \quad n=0,1,\cdots$$

本征函数为
$$\sin\frac{(2n+1)\pi}{2l}x, \quad n=0,1,\cdots$$

4.1.3　各类本征值问题小结及级数展开

以上只求解了两种边值条件的本征值问题，还有第二边值本征值问题，周期边值问题等。表 4.1.1 列出了对应于方程 $X''(x)+\lambda X(x)=0$ 常见的几类本征值问题的本征值、本征函数、本征函数的正交性及其级数展开。

表 4.1.1

边值条件	$X(0)=X(l)=0$	$X'(0)=0,X'(l)=0$	$X(0)=0,X'(l)=0$
本征值	$\lambda_n=\left(\frac{n\pi}{l}\right)^2,$ $n=1,2,\cdots$	$\lambda_n=\left(\frac{n\pi}{l}\right)^2,$ $n=0,1,2,\cdots$	$\lambda_n=\left[\frac{(2n+1)\pi}{2l}\right]^2,n=0,1,\cdots$
本征函数	$\sin\frac{n\pi x}{l}$ $n=1,2,\cdots$	$\cos\frac{n\pi x}{l}$ $n=0,1,2,\cdots$	$\sin\frac{(2n+1)\pi}{2l}x$ $n=0,1,\cdots$
本征函数的正交性	$\int_0^l \sin\frac{n\pi x}{l}\sin\frac{m\pi x}{l}\mathrm{d}x=$ $\begin{cases}0,m\neq n\\ l/2,m=n\end{cases}$	$\int_0^l \cos\frac{n\pi x}{l}\cos\frac{m\pi x}{l}\mathrm{d}x=$ $\begin{cases}0,&m\neq n\\ l/2,&m=n\neq 0\\ l,&m=n=0\end{cases}$	$\int_0^l \sin\frac{(2n+1)\pi x}{2l}\sin\frac{(2m+1)\pi x}{2l}\mathrm{d}x$ $=\begin{cases}0,m\neq n\\ l/2,m=n\end{cases}$
级数	$f(x)=\sum\limits_{n=1}^{\infty}A_n\sin\frac{n\pi x}{l}$	$f(x)=\sum\limits_{n=0}^{\infty}A_n\cos\frac{n\pi x}{l}$	$f(x)=$ $\sum\limits_{n=0}^{\infty}A_n\sin\frac{(2n+1)\pi}{2l}x$
系　数	$A_n=\frac{2}{l}\int_0^l f(x)\sin\frac{n\pi x}{l}\mathrm{d}x$	$A_0=\frac{1}{l}\int_0^l f(x)\mathrm{d}x$ $A_n=\frac{2}{l}\int_0^l f(x)\cos\frac{n\pi x}{l}\mathrm{d}x$	$A_n=\frac{2}{l}\int_0^l f(x)\sin\frac{(2n+1)\pi x}{2l}\mathrm{d}x$
边值条件	$X'(0)=X(l)=0$	$X(-l)=X(l)$ $X'(-l)=X'(l)$	周期边值条件 $X(x)=X(x+2\pi)$
本征值	$\lambda_n=\left[\frac{(2n+1)\pi}{2l}\right]^2$ $n=0,1,\cdots$	$\lambda_n=\left(\frac{n\pi}{l}\right)^2$ $n=0,1,2,\cdots$	$\lambda_n=n^2,$ $n=0,1,\cdots$

边值条件	$X'(0)=X(l)=0$	$X(-l)=X(l)$ $X'(-l)=X'(l)$	周期边值条件 $X(x)=X(x+2\pi)$
本征函数	$\cos\dfrac{(2n+1)\pi}{2l}x$ $n=0,1,\cdots$	$\sin\dfrac{n\pi x}{l},\cos\dfrac{n\pi x}{l}$ $n=0,1,2,\cdots$	$\sin nx,n=1,2,\cdots$ $\cos nx,n=0,1,2,\cdots$
本征函数的正交性	$\displaystyle\int_0^l\cos\dfrac{(2n+1)\pi x}{2l}\cos\dfrac{(2m+1)\pi x}{2l}\mathrm{d}x$ $=\begin{cases}0,& m\neq n\\ l/2,& m=n\end{cases}$	$\displaystyle\int_{-l}^l\cos\dfrac{n\pi x}{l}\cos\dfrac{m\pi x}{l}\mathrm{d}x$ $=\begin{cases}0,m\neq n\\ l,m=n\neq0\\ 2l,m=n=0\end{cases}$ $\displaystyle\int_{-l}^l\sin\dfrac{n\pi x}{l}\sin\dfrac{m\pi x}{l}\mathrm{d}x$ $=\begin{cases}0,m\neq n\\ l,m=n\neq0\end{cases}$ $\displaystyle\int_{-l}^l\sin\dfrac{n\pi x}{l}\cos\dfrac{m\pi x}{l}\mathrm{d}x=0$	$\displaystyle\int_0^{2\pi}\cos mx\cos nx\,\mathrm{d}x=\begin{cases}0,m\neq n\\ \pi,m=n\neq0\\ 2\pi,m=n=0\end{cases}$ $\displaystyle\int_0^{2\pi}\sin mx\sin nx\,\mathrm{d}x=\begin{cases}0,m\neq n\\ \pi,m=n\neq0\end{cases}$ $\displaystyle\int_0^{2\pi}\sin mx\cos nx\,\mathrm{d}x=0$
级数	$f(x)=$ $\displaystyle\sum_{n=0}^{\infty}A_n\cos\dfrac{(2n+1)\pi}{2l}x$	$f(x)=\displaystyle\sum_{n=0}^{\infty}A_n\cos\dfrac{n\pi x}{l}$ $+\displaystyle\sum_{n=1}^{\infty}B_n\sin\dfrac{n\pi x}{l}$	$f(x)=\displaystyle\sum_{n=0}^{\infty}A_n\cos nx$ $+\displaystyle\sum_{n=1}^{\infty}B_n\sin nx$
系数	$A_n=\dfrac{2}{l}\displaystyle\int_0^l f(x)\cos\dfrac{(2n+1)\pi x}{2l}\mathrm{d}x$	$A_0=\dfrac{1}{2l}\displaystyle\int_{-l}^l f(x)\mathrm{d}x$ $A_n=\dfrac{1}{l}\displaystyle\int_{-l}^l f(x)\cos\dfrac{n\pi x}{l}\mathrm{d}x$ $B_n=\dfrac{1}{l}\displaystyle\int_{-l}^l f(x)\sin\dfrac{n\pi x}{l}\mathrm{d}x$	$A_0=\dfrac{1}{2\pi}\displaystyle\int_0^{2\pi}f(x)\mathrm{d}x$ $A_n=\dfrac{1}{\pi}\displaystyle\int_0^{2\pi}f(x)\cos nx\,\mathrm{d}x$ $B_n=\dfrac{1}{\pi}\displaystyle\int_0^{2\pi}f(x)\sin nx\,\mathrm{d}x$

注：由于第三类边值问题比较复杂，本表没列出相关结果，本书将在随后的举例中具体问题具体分析。

习题4.1

求下列本征值问题的本征值和本征函数，并证明表4.1.1中对应的正交性和傅里叶级数展开。

(1) $\begin{cases}X''(x)+\lambda X(x)=0,& 0<x<l\\ X'(0)=0,& X'(l)=0\end{cases}$

(2) $\begin{cases}X''(x)+\lambda X(x)=0,& 0<x<l\\ X'(0)=0,X(l)=0\end{cases}$

(3) $\begin{cases}X''(\theta)+\lambda X(\theta)=0\\ X(\theta)=X(\theta+2\pi)\ (\text{周期边界条件})\end{cases}$

(4) $\begin{cases}X''(x)+\lambda X(x)=0\\ X(-l)=X(l)\\ X'(-l)=X'(l)\end{cases}$

4.2 波动方程的定解问题

4.2.1 齐次方程的齐次边值问题

考虑第一齐次边值问题

$$\begin{cases} \dfrac{\partial^2 u}{\partial t^2} = a^2 \dfrac{\partial^2 u}{\partial x^2}, & 0 < x < l, \quad t > 0 & (4.2.1a) \\[3mm] u\big|_{x=0} = u\big|_{x=l} = 0, & t > 0 & (4.2.1b) \\[3mm] u\big|_{t=0} = \varphi(x), \quad \dfrac{\partial u}{\partial t}\Big|_{t=0} = \psi(x), & 0 \leqslant x \leqslant l & (4.2.1c) \end{cases}$$

物理启发：弦乐器发出的声音可分解为不同频率单音，每个单音振动时形成正弦曲线，振幅依赖于 t，每个单音可表成

$$u(x,t) = A(t)\sin\omega x$$

即两变量可分离。

试求方程 (4.2.1a) 形如 $u(x,t) = X(x)T(t)$ 的解，代入方程 (4.2.1a) 得

$$X(x)T''(t) = a^2 X''(x)T(t)$$

两边同除 $a^2 X(x)T(t)$ 得

$$\frac{X''(x)}{X(x)} = \frac{T''(t)}{a^2 T(t)}$$

该等式的左边是 x 的函数，右边是 t 的函数，只有等于同一常数才有可能相等，令该常数为 $-\lambda$，则得关于 $X(x)$ 和 $T(t)$ 的微分方程

$$\begin{cases} X''(x) + \lambda X(x) = 0 & (4.2.2a) \\ T''(t) + \lambda a^2 T(t) = 0 & (4.2.2b) \end{cases}$$

由边值条件可得 $X(0)T(t) = X(l)T(t) = 0$。我们的目标是求非零解，则 $T(t) \not\equiv 0$，从而 $X(0) = X(l) = 0$，于是有

$$\begin{cases} X''(x) + \lambda X(x) = 0 \\ X(0) = X(l) = 0 \end{cases}$$

由表 4.1.1 得该本征值问题的本征值为 $\lambda_n = \left(\dfrac{n\pi}{l}\right)^2$ $(n = 1, 2, \cdots)$，本征函数为

$$X_n(x) = \sin\frac{n\pi x}{l}, \quad n = 1, 2, \cdots$$

把 λ_n 代入方程 (4.2.2b) 得

$$T_n''(t) + \left(\frac{n\pi a}{l}\right)^2 T_n(t) = 0$$

其通解为

$$T_n(t) = C_n \cos\frac{n\pi a}{l}t + D_n \sin\frac{n\pi a}{l}t, \quad n=1,2,\cdots$$

其中 C_n 和 D_n 为任意常数。对于任何 n，函数列

$$u_n(x,t) = \sin\frac{n\pi}{l}x\left(C_n \cos\frac{n\pi a}{l}t + D_n \sin\frac{n\pi a}{l}t\right)$$

满足方程（4.2.1a）和边值条件（4.2.1b），为了求得满足初始条件的解，把上述函数列叠加得

$$u(x,t) = \sum_{n=1}^{\infty} u_n(x,t) = \sum_{n=1}^{\infty} \sin\frac{n\pi x}{l}\left(C_n \cos\frac{n\pi a}{l}t + D_n \sin\frac{n\pi a}{l}t\right)$$

$$(4.2.3)$$

$u(x,t)$ 满足边值条件（4.2.1b）。若式（4.2.3）的右端收敛，且能逐项对 x 和 t 微分两次，则方程（4.2.1a）和边界条件（4.2.1b）得到满足。由初值条件（4.2.1c）得

$$u(x,0) = \sum_{n=1}^{\infty} C_n \sin\frac{n\pi}{l}x = \varphi(x)$$

$$u_t(x,0) = \sum_{n=1}^{\infty} D_n \frac{n\pi a}{l} \sin\frac{n\pi}{l}x = \psi(x)$$

其中 $x \in [0,l]$。由上节的本征值问题表 4.1.1 中的傅里叶级数展开可得

$$C_n = \frac{2}{l}\int_0^l \varphi(x)\sin\frac{n\pi x}{l}\mathrm{d}x, \quad D_n = \frac{2}{n\pi a}\int_0^l \psi(x)\sin\frac{n\pi x}{l}\mathrm{d}x$$

把 C_n，D_n 代入式（4.2.3）便得到所求定解问题的形式解。该形式解是否是定解问题的古典解，下面定理回答了这个问题。

定理 4.2.1　设 $\varphi(x) \in C^3[0,l]$，$\psi(x) \in C^2[0,l]$，且满足相容性条件 $\varphi(0)=\varphi(l)=\varphi''(0)=\varphi''(l)=0$，$\psi(0)=\psi(l)=0$，则级数（4.2.3）所确定的函数为定解问题（4.2.1）的解。

定理条件中的 $\varphi(x)$ 三阶连续可导和 $\psi(x)$ 二阶连续可导是为了确保级数（4.2.3）分别对 x 和 t 逐项求一阶、二阶偏导数，且所得的级数均为一致收敛。从而级数（4.2.3）的右端可以关于 x 和 t 逐项求一阶和二阶偏导数，这样把式（4.2.3）代入方程（4.2.1a）可得恒等式，从而可得级数（4.2.3）是定解问题（4.2.1）的解。详细证明过程超出本书的范围，这里从略。

【例 4.2.1】　求解定解问题

$$\begin{cases} u_{tt} = a^2 u_{xx}, & 0 < x < \pi, \quad t > 0 \\ u|_{x=0} = 0, \quad u|_{x=\pi} = 0, & t > 0 \\ u|_{t=0} = 3\sin 2x, \quad u_t|_{t=0} = 0, & 0 \leqslant x \leqslant \pi \end{cases}$$

解　对照定解问题（4.2.1），这里 $l=\pi$，$\varphi(x)=3\sin 2x$，$\psi(x)=0$。由此得

$$D_n = \frac{2}{n\pi a}\int_0^\pi \psi(x)\sin nx\,\mathrm{d}x = 0$$

$$C_n = \frac{2}{\pi}\int_0^\pi \varphi(x)\sin nx\,dx = \begin{cases} 3, & n=2 \\ 0, & n\neq 2 \end{cases}$$

由式（4.2.3）得定解问题的解为

$$u(x,t) = 3\cos 2at\sin 2x$$

对于其他齐次边值条件，方法与上面完全类似。以下考虑一混合边值问题。

【例 4.2.2】 求解定解问题

$$\begin{cases} u_{tt} = a^2 u_{xx}, & 0 < x < l, \quad t > 0 \\ u\big|_{x=0} = 0, \quad u_x\big|_{x=l} = 0, \quad t > 0 \\ u\big|_{t=0} = x^2 - 2lx, \quad u_t\big|_{t=0} = 0, \quad 0 \leqslant x \leqslant l \end{cases}$$

解 这是一个混合边值问题。令 $u(x,t) = X(x)T(t)$，代入方程得

$$X(x)T''(t) = a^2 X''(x)T(t)$$

两边除以 $a^2 X(x)T(t)$ 可得

$$\frac{X''(x)}{X(x)} = \frac{T''(t)}{a^2 T(t)}$$

该等式的左边是 x 的函数，右边是 t 的函数，则必等于同一常数。令该常数为 $-\lambda$，则有

$$\begin{cases} X''(x) + \lambda X(x) = 0 & \text{(4.2.4a)} \\ T''(t) + \lambda a^2 T(t) = 0 & \text{(4.2.4b)} \end{cases}$$

类似前面的讨论，利用边界条件可得 $X(0) = 0$，$X'(l) = 0$，于是可得本征值问题

$$\begin{cases} X''(x) + \lambda X(x) = 0 \\ X(0) = 0, \quad X'(l) = 0 \end{cases}$$

由表 4.1.1 可得本征值和本征函数分别为

$$\lambda_n = \left[\frac{(2n+1)\pi}{2l}\right]^2, \quad \sin\frac{(2n+1)\pi}{2l}x, \quad n = 0,1,\cdots$$

把 λ_n 代入式（4.2.4b）得

$$T''(t) + \left[\frac{(2n+1)\pi a}{2l}\right]^2 T(t) = 0$$

该方程有通解 $\quad T_n(t) = C_n\cos\dfrac{(2n+1)\pi a}{2l}t + D_n\sin\dfrac{(2n+1)\pi a}{2l}t$

所以

$$u_n(x,t) = \sin\frac{(2n+1)\pi x}{2l}\left[C_n\cos\frac{(2n+1)\pi a}{2l}t + D_n\sin\frac{(2n+1)\pi a}{2l}t\right]$$

叠加 $u_n(x,t)$，求满足初始条件的解

$$u(x,t) = \sum_{n=0}^{\infty} u_n(x,t) = \sum_{n=0}^{\infty} \sin\frac{(2n+1)\pi x}{2l}\left[C_n\cos\frac{(2n+1)\pi at}{2l} + D_n\sin\frac{(2n+1)\pi at}{2l}\right]$$

由 $u(x,0)$ 得

$$\sum_{n=0}^{\infty} C_n\sin\frac{(2n+1)\pi}{2l}x = x^2 - 2lx$$

从而

$$C_n = \frac{2}{l}\int_0^l (x^2 - 2lx)\sin\frac{(2n+1)\pi}{2l}x\,\mathrm{d}x = -\frac{32l^2}{(2n+1)^3\pi^3}$$

由 $u_t(x,0)=0$ 得

$$\sum_{n=0}^{\infty} \frac{(2n+1)\pi a}{2l}D_n\sin\frac{(2n+1)\pi}{2l}x = 0$$

由表 4.1.1 中的系数得 $D_n = 0$，所以

$$u(x,t) = -\frac{32l^2}{\pi^3}\sum_{n=0}^{\infty}\frac{1}{(2n+1)^3}\cos\frac{(2n+1)\pi a}{2l}t\sin\frac{(2n+1)}{2l}\pi x$$

分离变量法求解齐次方程和齐次边值问题的步骤如下。

第一步，分离变量，化偏微分方程为常微分方程。

第二步，解本征值问题和常微分方程可得一列满足方程和边值条件的特解（事实上，可直接由边值条件查表 4.1.1 得本征值和本征函数）。

第三步，将特解列叠加得傅里叶级数，利用初始条件求傅里叶系数，把系数代入级数即得形式解。

4.2.2 级数形式解的物理意义

级数解（4.2.3）为

$$u(x,t) = \sum_{n=1}^{\infty}\left(C_n\cos\frac{n\pi a}{l}t + D_n\sin\frac{n\pi a}{l}t\right)\sin\frac{n\pi x}{l} = \sum_{n=1}^{\infty} u_n(x,t)$$

令 $\alpha_n = \arctan\dfrac{C_n}{D_n}$，$A_n = \sqrt{C_n^2 + D_n^2}$，$\tan\alpha_n = \dfrac{C_n}{D_n}$。

$$u_n(x,t) = A_n\left(\frac{C_n}{A_n}\cos\frac{n\pi a}{l}t + \frac{D_n}{A_n}\sin\frac{n\pi a}{l}t\right)\sin\frac{n\pi x}{l}$$

$$= A_n\sin\left(\frac{n\pi a}{l}t + \alpha_n\right)\sin\frac{n\pi x}{l} = A_n\sin\frac{n\pi x}{l}\sin(\omega_n t + \alpha_n)$$

其中，$\omega_n = \dfrac{n\pi a}{l}$。

一方面，对给定一点 x_0，$u_n(x_0,t)$ 描述一个简谐振动，振幅为 $N_n = A_n\sin$

$\dfrac{n\pi}{l}x_0$；角频率为 $\omega_n=\dfrac{n\pi a}{l}=a\sqrt{\lambda_n}$，初位相 α_n。若 x 取另外一点时，情况一样，只是振幅 N_n 不同。

另一方面，对固定时间 $t=t_0$ 有：

对 $u_1(x,t)$，由 $\sin\dfrac{\pi}{l}x=0$，得 $x=0,l$，即 N_1 在 $x=0,l$ 点等于零；

对 $u_2(x,t)$，由 $\sin\dfrac{2\pi}{l}x=0$，得 $x=0,\dfrac{l}{2},l$，即 N_2 在 $x=0,\dfrac{l}{2},l$ 点等于零；

……

对 $u_n(x,t)$，由 $\sin\dfrac{n\pi}{l}x=0$，得 $x=0,\dfrac{l}{n},\dfrac{2l}{n},\cdots,\dfrac{(n-1)l}{n},l$，即 N_n 在 $x=0,\dfrac{l}{n},\dfrac{2l}{n},\cdots,\dfrac{(n-1)l}{n},l$ 点等于零，称这些点为**节点**。当 x 处于相邻节点中点时，$N_n=\pm A_n$，振幅达到最大，称为"**波腹**"。这种形式的振动物理上称为**驻波**，每段相当于一个独立的振动。称 $u_n(x,t)$ 为 n 次**谐波**，波长为 $\dfrac{2l}{n}$，频率为 $\dfrac{na}{2l}$。$n=1$ 时，称为**基波**。

结论：解为一列驻波的叠加，这列驻波满足频率成倍增加，位相不同。驻波的波形与本征函数有关，频率与特征值有关。

如果用弦振动来描述弦乐器的演奏，此时解 $u(x,t)$ 就表示乐器发出的声音，基波决定声音的音调，谐波决定声音的音色。不同的弦乐器之所以在同一个音调下发出的声音完全不同，是因为它们虽然具有同一个基音频率，但有完全不同的谐音。例如，同为 C 音，钢琴同胡琴发出的音色完全不同，这是因为它们包含不同的高次简谐振动。在第 1 章中，我们导出了弦振动方程中系数 $a^2=\dfrac{T}{\rho}$，所以基波的频率为 $\dfrac{a}{2l}=\dfrac{1}{2l}\sqrt{\dfrac{T}{\rho}}$，从这个表达式可以看出，如果受振动的弦长缩小，基音频率就增大，音调随之升高，表演时通过用手指按住弦的不同位置来改变弦的长度。另外，当人们通过拧紧（松）弦线的方法来调音调时，就是通过改变弦的张力 T 来调整频率，改变音调。同时，从频率的表达式可以看出，弦的密度 ρ 对音调也有影响，在 l 和 T 不变的情况下，弦越细，密度 ρ 越小（因为在方程的推导过程中，弦的密度为线密度），音调就越高，反之，弦越粗，密度 ρ 越大，音调就越低。

4.2.3　非齐次方程的齐次边值问题

前面所讨论的定解问题是方程和边值条件均为齐次的情形。以下将讨论方程为非齐次、边值条件为齐次的情形。

4.2.3.1　第一齐次边值条件

考虑弦受迫振动的齐次边值问题

$$
\begin{cases}
\dfrac{\partial^2 u}{\partial t^2} = a^2 \dfrac{\partial^2 u}{\partial x^2} + f(x,t), & 0 < x < l, \quad t > 0 & (4.2.5a) \\[2mm]
u\big|_{x=0} = 0, \quad u\big|_{x=l} = 0, \quad t > 0 & & (4.2.5b) \\[2mm]
u\big|_{t=0} = \varphi(x), \quad \dfrac{\partial u}{\partial t}\bigg|_{t=0} = \psi(x), \quad 0 \leqslant x \leqslant l & & (4.2.5c)
\end{cases}
$$

由边值条件查表 4.1.1 得本征函数

$$
\sin\frac{n\pi x}{l}, \quad n = 1, 2, \cdots
$$

把 $f(x,t), \varphi(x), \psi(x)$ 及未知函数 $u(x,t)$ 按本征函数系展成傅里叶级数，即

$$
u(x,t) = \sum_{n=1}^{\infty} T_n(t) \sin\frac{n\pi}{l}x \quad [T_n(t) \text{ 待求}] \tag{4.2.6}
$$

$$
f(x,t) = \sum_{n=1}^{\infty} f_n(t) \sin\frac{n\pi}{l}x, \quad f_n(t) = \frac{2}{l}\int_0^l f(\xi,t)\sin\frac{n\pi\xi}{l}\mathrm{d}\xi
$$

$$
\varphi(x) = \sum_{n=1}^{\infty} \varphi_n \sin\frac{n\pi}{l}x, \quad \varphi_n = \frac{2}{l}\int_0^l \varphi(\xi)\sin\frac{n\pi\xi}{l}\mathrm{d}\xi
$$

$$
\psi(x) = \sum_{n=1}^{\infty} \psi_n \sin\frac{n\pi}{l}x, \quad \psi_n = \frac{2}{l}\int_0^l \psi(\xi)\sin\frac{n\pi\xi}{l}\mathrm{d}\xi
$$

通过简单代入可验证 $u(x,t)$ 满足边值条件（4.2.5b），把上述表达式代入定解问题（4.2.5）的方程和初始条件可得

$$
\begin{cases}
\displaystyle\sum_{n=1}^{\infty} T_n''(t)\sin\frac{n\pi}{l}x = -\sum_{n=1}^{\infty}\left(\frac{n\pi a}{l}\right)^2 T_n(t)\sin\frac{n\pi}{l}x + \sum_{n=1}^{\infty} f_n(t)\sin\frac{n\pi}{l}x \\[3mm]
\displaystyle\sum_{n=1}^{\infty} T_n(0)\sin\frac{n\pi}{l}x = \sum_{n=1}^{\infty} \varphi_n \sin\frac{n\pi}{l}x \\[3mm]
\displaystyle\sum_{n=1}^{\infty} T_n'(0)\sin\frac{n\pi}{l}x = \sum_{n=1}^{\infty} \psi_n \sin\frac{n\pi}{l}x
\end{cases}
$$

比较系数得

$$\begin{cases} T''_n(t) = -\left(\dfrac{n\pi a}{l}\right)^2 T_n(t) + f_n(t)\,, \quad n=1,2,\cdots & (4.2.7\mathrm{a}) \\[2mm] T_n(0) = \varphi_n & (4.2.7\mathrm{b}) \\[2mm] T'_n(0) = \psi_n & (4.2.7\mathrm{c}) \end{cases}$$

这是常微分方程的定解问题，对应齐次方程的通解为

$$T_n(t) = a_n \cos\frac{n\pi a}{l}t + b_n \sin\frac{n\pi a}{l}t$$

其中 a_n，b_n 为常数。以下用常数变易法求解定解问题 (4.2.7)。令

$$T_n(t) = a_n(t)\cos\frac{n\pi a}{l}t + b_n(t)\sin\frac{n\pi a}{l}t$$

则

$$T'_n(t) = a'_n(t)\cos\frac{n\pi a}{l}t + a_n(t)\left(\cos\frac{n\pi a}{l}t\right)' + b'_n(t)\sin\frac{n\pi a}{l}t + b_n(t)\left(\sin\frac{n\pi a}{l}t\right)'\,,$$

$$T''_n(t) = \left[a'_n(t)\cos\frac{n\pi a}{l}t + b'_n(t)\sin\frac{n\pi a}{l}t\right]' + a'_n(t)\left(\cos\frac{n\pi a}{l}t\right)' +$$

$$b'_n(t)\left(\sin\frac{n\pi a}{l}t\right)' + a_n(t)\left(\cos\frac{n\pi a}{l}t\right)'' + b_n(t)\left(\sin\frac{n\pi a}{l}t\right)''$$

（注意：不要把导数全部展开，否则不易整理结果。）

代入方程 (4.2.7a) 得

$$\left[a'_n(t)\cos\frac{n\pi a}{l}t + b'_n(t)\sin\frac{n\pi a}{l}t\right]' + a'_n(t)\left(\cos\frac{n\pi a}{l}t\right)' + b'_n(t)\left(\sin\frac{n\pi a}{l}t\right)' = f_n(t)$$

$$\begin{cases} a'_n(t)\cos\dfrac{n\pi a}{l}t + b'_n(t)\sin\dfrac{n\pi a}{l}t = 0 \\[3mm] a'_n(t)\left(\cos\dfrac{n\pi a}{l}t\right)' + b'_n(t)\left(\sin\dfrac{n\pi a}{l}t\right)' = f_n(t) \end{cases}$$

解之得

$$\begin{cases} a'_n(t) = -\dfrac{l}{n\pi a}f_n(t)\sin\dfrac{n\pi a}{l}t \\[3mm] b'_n(t) = \dfrac{l}{n\pi a}f_n(t)\cos\dfrac{n\pi a}{l}t \end{cases} \qquad (4.2.8)$$

利用初始条件 $T_n(0) = \varphi_n$，$T'_n(0) = \psi_n$ 可得

$$\begin{cases} a_n(0) = \varphi_n \\[3mm] b_n(0) = \dfrac{l}{n\pi a}\psi_n \end{cases}$$

对方程组 (4.2.8) 中的两个等式两边在 $[0,t]$ 上积分得

$$\begin{cases} a_n(t) = \varphi_n - \dfrac{l}{n\pi a}\displaystyle\int_0^t f_n(\tau)\sin\dfrac{n\pi a}{l}\tau\,\mathrm{d}\tau \\[4mm] b_n(t) = \dfrac{l}{n\pi a}\psi_n + \dfrac{l}{n\pi a}\displaystyle\int_0^t f_n(\tau)\cos\dfrac{n\pi a}{l}\tau\,\mathrm{d}\tau \end{cases}$$

代入 $T_n(t)$ 得

$$T_n(t) = \varphi_n\cos\frac{n\pi a}{l}t + \frac{l}{n\pi a}\psi_n\sin\frac{n\pi a}{l}t + \frac{l}{n\pi a}\int_0^t f_n(\tau)\sin\frac{n\pi a}{l}(t-\tau)\,\mathrm{d}\tau$$

$$(4.2.9)$$

实际上，求解定解问题（4.2.7）比较简单的方法是把解表示为以下两个定解问题解的叠加，即定解问题

$$\begin{cases} T_n''(t) = -\left(\dfrac{n\pi a}{l}\right)^2 T_n(t), \quad n=1,2,\cdots \\[3mm] T_n(0) = \varphi_n \\[2mm] T_n'(0) = \psi_n \end{cases}$$

和定解问题

$$\begin{cases} T_n''(t) = -\left(\dfrac{n\pi a}{l}\right)^2 T_n(t) + f_n(t), \quad n=1,2,\cdots \\[3mm] T_n(0) = 0 \\[2mm] T_n'(0) = 0 \end{cases}$$

这里的第二个定解问题可利用 Duhamel 原理进行求解，参照习题 3.1.5。另外，利用第 7 章的拉普拉斯变换求解式（4.2.7）更简便。

把式（4.2.9）代入式（4.2.6）可得形式解

$$\begin{aligned} u(x,t) = &\sum_{n=1}^{\infty}\left[\varphi_n\cos\frac{n\pi a}{l}t + \frac{l}{n\pi a}\psi_n\sin\frac{n\pi a}{l}t\right]\sin\frac{n\pi}{l}x \\ &+ \sum_{n=1}^{\infty}\frac{l}{n\pi a}\sin\frac{n\pi x}{l}\int_0^t f_n(\tau)\sin\frac{n\pi a}{l}(t-\tau)\,\mathrm{d}\tau \end{aligned}$$

$$(4.2.10)$$

该形式解是否定解问题的古典解，下面定理回答了这个问题。

定理 4.2.2 设 $\varphi(x)\in C^3[0,l]$，$\psi(x)\in C^2[0,l]$，$f(x,t)$ 有二阶连续偏导数，且满足相容性条件 $\varphi(0)=\varphi(l)=\varphi''(0)=\varphi''(l)=0$，$\psi(0)=\psi(l)=0$，$f(0,t)=f(l,t)=0$，则式（4.2.10）是定解问题（4.2.5）的古典解。

该定理的证明过程与定理 4.2.1 的证明过程完全类似，不属本书讨论的内容，这里从略。

注意：由解（4.2.10）可以看出，第一项是自由振动对应的齐次边值定解问题的解（4.2.3），第二项是由外力引起的项。总结以上求解过程可得求解齐次边值问题的步骤：

第一步，由边值条件查表 4.1.1 得本征函数；

第二步，把未知函数、非齐次项 $f(x,t)$ 和初始函数按本征函数展开，其中未知函数的展开式中系数待定；

第三步，将以上展开代入定解问题可得未知函数的展开系数应满足的定解问题；

第四步，求解未知函数的展开系数对应的定解问题，然后代入未知函数的展开式即得解。

4.2.3.2　第二齐次边值条件

考虑弦受迫振动的第二齐次边值问题

$$\frac{\partial^2 u}{\partial t^2} = a^2 \frac{\partial^2 u}{\partial x^2} + f(x,t), \quad 0 < x < l, \quad t > 0 \tag{4.2.11a}$$

$$u_x \big|_{x=0} = 0, \quad u_x \big|_{x=l} = 0, \quad t > 0 \tag{4.2.11b}$$

$$u \big|_{t=0} = \varphi(x), \quad \frac{\partial u}{\partial t} \bigg|_{t=0} = \psi(x), \quad 0 \leqslant x \leqslant l \tag{4.2.11c}$$

由边值条件查表 4.1.1 得本征函数

$$\cos \frac{n\pi x}{l}, \quad n = 0, 1, 2, \cdots$$

把 $f(x,t), \varphi(x), \psi(x)$ 及未知函数 $u(x,t)$ 按本征函数系展成傅里叶级数，即

$$u(x,t) = \frac{T_0(t)}{2} + \sum_{n=1}^{\infty} T_n(t) \cos \frac{n\pi}{l}x, \quad T_n(t) \text{ 待求}$$

$$\tag{4.2.12}$$

$$f(x,t) = \frac{f_0(t)}{2} + \sum_{n=1}^{\infty} f_n(t) \cos \frac{n\pi}{l}x, \quad f_n(t) = \frac{2}{l} \int_0^l f(\xi,t) \cos \frac{n\pi\xi}{l} d\xi$$

$$\varphi(x) = \frac{\varphi_0}{2} + \sum_{n=1}^{\infty} \varphi_n \cos \frac{n\pi}{l}x, \quad \varphi_n = \frac{2}{l} \int_0^l \varphi(\xi) \cos \frac{n\pi\xi}{l} d\xi$$

$$\psi(x) = \frac{\psi_0}{2} + \sum_{n=1}^{\infty} \psi_n \cos \frac{n\pi}{l}x, \quad \psi_n = \frac{2}{l} \int_0^l \psi(\xi) \cos \frac{n\pi\xi}{l} d\xi$$

通过简单代入可验证 $u(x,t)$ 满足边值条件 (4.2.11b)，把上述表达式代入定解问题 (4.2.11) 的方程和初始条件可得

$$\begin{cases} \dfrac{T_0''(t)}{2} + \sum_{n=1}^{\infty} T_n''(t) \cos \dfrac{n\pi}{l}x = -\sum_{n=1}^{\infty} \left(\dfrac{n\pi a}{l}\right)^2 T_n(t) \cos \dfrac{n\pi}{l}x + \dfrac{f_0(t)}{2} + \sum_{n=1}^{\infty} f_n(t) \cos \dfrac{n\pi}{l}x \\[4mm] \dfrac{T_0(0)}{2} + \sum_{n=1}^{\infty} T_n(0) \cos \dfrac{n\pi}{l}x = \dfrac{\varphi_0}{2} + \sum_{n=1}^{\infty} \varphi_n \cos \dfrac{n\pi}{l}x \\[4mm] \dfrac{T_0'(0)}{2} + \sum_{n=1}^{\infty} T_n'(0) \cos \dfrac{n\pi}{l}x = \dfrac{\psi_0}{2} + \sum_{n=1}^{\infty} \psi_n \cos \dfrac{n\pi}{l}x \end{cases}$$

比较系数得

$$\begin{cases} T''_n(t) = -\left(\dfrac{n\pi a}{l}\right)^2 T_n(t) + f_n(t), & n=0,1,2,\cdots \\ T_n(0) = \varphi_n \\ T'_n(0) = \psi_n \end{cases}$$ (4.2.13)

这是常微分方程的定解问题，形式与式（4.2.7）完全一样。

当 $n=0$ 时，可直接积分求解定解问题

$$T''_0(t) = f_0(t), \quad T_0(0) = \varphi_0, \quad T'_0(0) = \psi_0$$ (4.2.14)

当 $n=1$，2，$\cdots$时，对应齐次方程的通解为

$$T_n(t) = a_n \cos \frac{n\pi a}{l} t + b_n \sin \frac{n\pi a}{l} t$$

其中 a_n，b_n 为常数。与求解定解问题（4.2.7）完全一样，可求得式（4.2.13）的解为

$$T_n(t) = \varphi_n \cos \frac{n\pi a}{l} t + \frac{l}{n\pi a} \psi_n \sin \frac{n\pi a}{l} t + \frac{l}{n\pi a} \int_0^t f_n(\tau) \sin \frac{n\pi a}{l}(t-\tau) \mathrm{d}\tau$$

(4.2.15)

再代入式（4.2.12）可得形式解

$$u(x,t) = \frac{T_0(t)}{2} + \sum_{n=1}^{\infty} \left(\varphi_n \cos \frac{n\pi a}{l} + \frac{l}{n\pi a} \psi_n \sin \frac{n\pi a}{l} t \right) \cos \frac{n\pi}{l} x$$

$$+ \sum_{n=1}^{\infty} \frac{l}{n\pi a} \cos \frac{n\pi x}{l} \int_0^t f_n(\tau) \sin \frac{n\pi a}{l}(t-\tau) \mathrm{d}\tau$$

(4.2.16)

其中，$T_0(t)$ 由式（4.2.14）求得。

【例 4.2.3】 求解定解问题

$$\begin{cases} u_{tt} = a^2 u_{xx} + A\cos x \sin\omega t, & 0<x<\pi, \quad t>0 \\ u_x \big|_{x=0} = 0, \quad u_x \big|_{x=\pi} = 0, & t>0 \\ u \big|_{t=0} = \cos x + 2\cos 3x, \quad u_t \big|_{t=0} = 0, & 0 \leqslant x \leqslant \pi \end{cases}$$

其中，A 为常数。

解 对照定解问题（4.2.11）可得

$$f(x,t) = A\cos x \sin\omega t, \quad \varphi(x) = \cos x + 2\cos 3x, \quad \psi(x) = 0$$

把 $f(x,t)$，$\varphi(x)$，$\psi(x)$ 按本征函数系 $\{\cos nx\}_{n=0}^{\infty}$ 展开得

$$u(x,t) = \frac{T_0(t)}{2} + \sum_{n=1}^{\infty} T_n(t) \cos nx, \quad T_n(t) \text{ 待求}$$

$$f(x,t)=\frac{f_0(t)}{2}+\sum_{n=1}^{\infty}f_n(t)\cos nx$$

$$f_n(t)=\frac{2A}{\pi}\int_0^{\pi}\cos\xi\sin\omega t\cos n\xi\,\mathrm{d}\xi=\begin{cases}A\sin\omega t,&n=1\\0,&n\neq1\end{cases}$$

$$\varphi(x)=\frac{\varphi_0}{2}+\sum_{n=1}^{\infty}\varphi_n\cos nx$$

$$\varphi_n=\frac{2}{\pi}\int_0^{\pi}(\cos\xi+2\cos3\xi)\cos n\xi\,\mathrm{d}\xi=\begin{cases}1,&n=1\\2,&n=3\\0,&n\neq1,3\end{cases}$$

$$\psi(x)=\frac{\psi_0}{2}+\sum_{n=1}^{\infty}\psi_n\cos nx,\qquad\psi_n=\frac{2}{l}\int_0^{l}\psi(\xi)\cos n\xi\,\mathrm{d}\xi=0,\quad n=0,1,2,\cdots$$

由 $f_0(t)=0$ 和 $\varphi_0=\psi_0=0$ 求解式（4.2.14）可得 $T_0(t)=0$。由式（4.2.15）可得

$$T_1(t)=\cos at+\frac{1}{a}\int_0^{t}A\sin\omega\tau\sin a(t-\tau)\,\mathrm{d}\tau$$

$$=\cos at+\frac{A}{a}\int_0^{t}\frac{1}{2}\{\cos[(\omega+a)\tau-at]-\cos[(\omega-a)\tau+at]\}\,\mathrm{d}\tau$$

$$=\cos at+\frac{A}{a(\omega^2-a^2)}(\omega\sin at-a\sin\omega t)$$

同理可得　$T_3(t)=2\cos3at$，代入式（4.2.12）可得解为

$$u(x,t)=\cos at\cos x+\frac{A}{a(\omega^2-a^2)}(\omega\sin at-a\sin\omega t)\cos x+2\cos3at\cos3x$$

4.2.4　非齐次方程的第一非齐次边值问题

考虑弦受迫振动的非齐次边值问题

$$\begin{cases}u_{tt}=a^2u_{xx}+f(x,t),&0<x<l,\quad t>0\\u\big|_{x=0}=\mu(t),\quad u\big|_{x=l}=\nu(t),&t>0\\u\big|_{t=0}=\varphi(x),\quad u_t\big|_{t=0}=\psi(x),&0\leqslant x\leqslant l\end{cases}\tag{4.2.17}$$

该定解问题的边值是非齐次，不能直接用变量分离，为此作一辅助函数 $w(x,t)$ 使之满足

$$\begin{cases}w\big|_{x=0}=\mu(t)\\w\big|_{x=l}=\nu(t)\end{cases}\tag{4.2.18}$$

令 $w(x,t)=A(t)x+B(t)$，由边界条件（4.2.18）可求得

$$w(x,t)=\frac{\nu(t)-\mu(t)}{l}x+\mu(t)$$

作变换 $u=v(x,t)+w(x,t)$，代入问题（4.2.17）得定解问题

$$\begin{cases} v_{tt}=a^2v_{xx}+F(x,t) \\ v\big|_{x=0}=0, \quad v\big|_{x=l}=0 \\ v\big|_{t=0}=\widetilde{\varphi}(x), \quad v_t\big|_{t=0}=\widetilde{\psi}(x) \end{cases}$$

其中
$$F(x,t)=f(x,t)-\left(\frac{\partial^2 w}{\partial t^2}-a^2\frac{\partial^2 w}{\partial x^2}\right)$$

$$\widetilde{\varphi}(x)=\varphi(x)-w(x,0)$$

$$\widetilde{\psi}(x)=\psi(x)-w_t(x,0)$$

这样可以利用 4.2.3 节中的方法求解。对于边界条件 $u_x\big|_{x=0}=\mu(t)$, $u_x\big|_{x=l}=\nu(t)$,可令 $w(x,t)=A(t)x^2+B(t)x$。

【例 4.2.4】 求解定解问题

$$\begin{cases} u_{tt}=a^2u_{xx}+A, \quad 0<x<l, \quad t>0 \\ u\big|_{x=0}=0, \quad u\big|_{x=l}=B, \quad t>0 \\ u\big|_{t=0}=u_t\big|_{t=0}=0, \quad 0\leqslant x\leqslant l \end{cases} \qquad A \text{ 和 } B \text{ 为常数}$$

解 先把边值条件齐次化。令 $w(x,t)=A(t)x+B(t)$ 使 $w(0,t)=0$, $w(l,t)=B$,则 $w(x,t)=\dfrac{B}{l}x$。作替换 $u(x,t)=v(x,t)+w(x,t)$,可得 $v(x,t)$ 满足

$$\begin{cases} v_{tt}=a^2v_{xx}+A \\ v\big|_{x=0}=0, \quad v\big|_{x=l}=0 \\ v\big|_{t=0}=-\dfrac{B}{l}x, \quad v_t\big|_{t=0}=0 \end{cases}$$

该问题的本征函数为 $X_n(x)=\sin\dfrac{n\pi}{l}x$, $n=1, 2, \cdots$,把 $v(x,t)$ 按本征函数展开得 $v(x,t)=\displaystyle\sum_{n=1}^{\infty}T_n(t)\sin\dfrac{n\pi}{l}x$,代入定解问题得

$$\sum T''_n(t)\sin\frac{n\pi}{l}x=-\left(\frac{n\pi a}{l}\right)^2\sum T_n(t)\sin\frac{n\pi x}{l}+A$$

$$A=\sum A_n\sin\frac{n\pi x}{l}, A_n=\frac{2}{l}\int_0^l A\sin\frac{n\pi x}{l}\mathrm{d}x=\frac{2A}{n\pi}[1-(-1)^n]$$

$$-\frac{B}{l}x=\sum_{n=1}^{\infty}\varphi_n\sin\frac{n\pi x}{l}, \quad \varphi_n=\frac{2}{l}\int_0^l\left(-\frac{B}{l}x\right)\sin\frac{n\pi x}{l}\mathrm{d}x=(-1)^n\frac{2B}{n\pi}$$

所以得 $T_n(t)$ 满足定解问题

$$\begin{cases} T''_n(t)=-\left(\dfrac{n\pi a}{l}\right)^2 T_n(t)+\dfrac{2A}{n\pi}[1-(-1)^n] \\ T_n(0)=\varphi_n, \quad T'_n(0)=0 \end{cases}$$

由定解问题 (4.2.7) 的解式 (4.2.9) 可得

$$T_n(t) = (-1)^n \frac{2B}{n\pi} \cos\frac{n\pi a}{l}t + \frac{2Al^2}{n^3\pi^3 a^2}[1-(-1)^n]\left(1-\cos\frac{n\pi a}{l}t\right)$$

于是，所求定解问题的解为

$$u(x,t) = \frac{B}{l}x + \sum_{n=1}^{\infty}$$

$$\left\{(-1)^n \frac{2B}{n\pi} \cos\frac{n\pi a}{l}t + \frac{2Al^2}{n^3\pi^3 a^2}[1-(-1)^n]\left(1-\cos\frac{n\pi a}{l}t\right)\right\}\sin\frac{n\pi}{l}x$$

分离变量法求解非齐次边值问题的步骤：①求满足非齐次边值条件的函数 $w(x,t)$，$w(x,t)$ 的选取要尽可能简单；②通过未知函数替换（$u=v(x,t)+w(x,t)$）把非齐次边值问题化为关于 $v(x,t)$ 的齐次边值问题；③依照齐次边值问题的求解步骤求出 $v(x,t)$，最后代入可得原定解问题的解。

习题4.2

4.2.1　用本证函数展开方法，求解下列定解问题

(1) $\begin{cases} \dfrac{\partial^2 u}{\partial t^2} = a^2\dfrac{\partial^2 u}{\partial x^2} + \sin 3\pi x & (0<x<4,\ t>0) \\ u|_{x=0} = u|_{x=4} = 0 & (t\geqslant 0) \\ u|_{t=0} = \sin\pi x,\ u_t|_{t=0} = \sin 2\pi x & (0\leqslant x\leqslant 4) \end{cases}$

(2) $\begin{cases} \dfrac{\partial^2 u}{\partial t^2} = a^2\dfrac{\partial^2 u}{\partial x^2} + x & (0<x<1,\ t>0) \\ u|_{x=0} = u|_{x=1} = 0 & (t\geqslant 0) \\ u|_{t=0} = 0,\ u_t|_{t=0} = 0 & (0\leqslant x\leqslant 1) \end{cases}$

(3) $\begin{cases} \dfrac{\partial^2 u}{\partial x^2} + \dfrac{\partial^2 u}{\partial y^2} = 0 & (0<x<3,\ y>0) \\ u(0,y) = u(3,y) = 0 & (y\geqslant 0) \\ u(x,0) = u_0,\ \lim\limits_{y\to+\infty} u(x,y) = 0 & (0\leqslant x\leqslant 3) \end{cases}$

(4) $\begin{cases} u_{tt} = a^2 u_{xx} - \dfrac{a^2}{l}(B-A) & (0<x<l,\ t>0) \\ u_x|_{x=0} = A,\ u_x|_{x=l} = B & (t>0) \\ u|_{t=0} = \dfrac{B-A}{2l}x^2,\ u_t|_{t=0} = 0 & (0\leqslant x\leqslant l) \end{cases}$

4.2.2　设有一根两端固定，长为 l 的弦，其初始位移和初始速度均为零，求在重力的作用下弦的振动规律。

4.2.3　长为 l 的均匀细杆，两端受压后长度变为 $l(1-2\varepsilon)$，放手后自由振动，求杆的振动规律。

4.2.4 利用习题 3.1.2 的 Duhamel 原理和解的叠加原理导出解式 (4.2.10) 和式 (4.2.16)。

4.2.5 用分离变量法求解定解问题

$$\begin{cases} \dfrac{\partial^2 u}{\partial t^2} = a^2 \dfrac{\partial^2 u}{\partial x^2} & (0 < x < l, \quad t > 0) \\ u_x(0,t) = u(l,t) = 0 & (t \geq 0) \\ u(x,0) = \varphi(x), \quad u_t(x,0) = \psi(x) & (0 \leq x \leq l) \end{cases}$$

4.3 热传导方程的定解问题

本节讨论用本征函数展开法求解热传导方程的定解问题。我们将看到，由于热传导方程只含时间的一阶导数，因此求解过程比波动方程容易。

4.3.1 齐次方程的第二齐次边值问题

考虑热传导方程的第二齐次边值问题

$$u_t = a^2 u_{xx}, \quad 0 < x < l, \quad t > 0 \tag{4.3.1a}$$

$$u_x \big|_{x=0} = 0, \quad u_x \big|_{x=l} = 0, \quad t > 0 \tag{4.3.1b}$$

$$u \big|_{t=0} = \varphi(x), \quad 0 \leq x \leq l \tag{4.3.1c}$$

与上节类似，把 $u(x,t) = X(x)T(t)$ 代入齐次方程 (4.3.1a)，两边同除 $a^2 X(x) T(t)$ 得

$$\frac{X''(x)}{X(x)} = \frac{T'(t)}{a^2 T(t)} \overset{令}{=} -\lambda$$

所以

$$\begin{cases} X''(x) + \lambda X(x) = 0 \\ T'(t) + \lambda a^2 T(t) = 0 \end{cases} \tag{4.3.2}$$

由边值条件可得本征值问题

$$\begin{cases} X''(x) + \lambda X(x) = 0 \\ X'(0) = X'(l) = 0 \end{cases}$$

由表 4.1.1 得本征值 $\lambda_n = \left(\dfrac{n\pi}{l}\right)^2, n = 0, 1, 2, \cdots$，本征函数系为

$$X_n(x) = \cos \frac{n\pi x}{l}, \quad n = 0, 1, 2, \cdots$$

把 λ_n 代入到方程 (4.3.2b) 得

$$T_n'(t) + \left(\frac{n\pi a}{l}\right)^2 T_n(t) = 0$$

其通解为

$$T_n(t) = C_n \mathrm{e}^{-\left(\frac{n\pi a}{l}\right)^2 t}, \quad n = 0, 1, 2, \cdots$$

其中 C_n 为任何常数。令

$$u_n(x, t) = C_n \mathrm{e}^{-\left(\frac{n\pi a}{l}\right)^2 t} \cos \frac{n\pi}{l} x$$

　　类似于 4.2.1 节中的讨论，可以通过叠加 $u_n(x,t)$ 求得满足初始条件的解。不过这里要利用 4.2.3 节的方法求解，即把 $\varphi(x)$，$\psi(x)$ 及未知函数 $u(x,t)$ 按本征函数系展成傅里叶级数

$$u(x, t) = \frac{T_0(t)}{2} + \sum_{n-1}^{\infty} T_n(t) \cos \frac{n\pi}{l} x, \quad T_n(t) \text{ 待求} \tag{4.3.3}$$

$$\varphi(x) = \frac{\varphi_0}{2} + \sum_{n=1}^{\infty} \varphi_n \cos \frac{n\pi}{l} x, \quad \varphi_n = \frac{2}{l} \int_0^l \varphi(\xi) \cos \frac{n\pi \xi}{l} \mathrm{d}\xi, \quad n = 0, 1, 2, \cdots$$

通过简单代入可验证 $u(x,t)$ 满足边值条件 (4.3.1b)，把上述表达式代入定解问题 (4.3.1) 的方程和初始条件可得

$$\begin{cases} \dfrac{T_0'(t)}{2} + \displaystyle\sum_{n=1}^{\infty} T_n'(t) \cos \frac{n\pi}{l} x = -\displaystyle\sum_{n=1}^{\infty} \left(\frac{n\pi a}{l}\right)^2 T_n(t) \cos \frac{n\pi}{l} x \\[3mm] \dfrac{T_0(0)}{2} + \displaystyle\sum_{n=1}^{\infty} T_n(0) \cos \frac{n\pi}{l} x = \frac{\varphi_0}{2} + \displaystyle\sum_{n=1}^{\infty} \varphi_n \cos \frac{n\pi}{l} x \end{cases}$$

比较系数得

$$\begin{cases} T_n'(t) = -\left(\dfrac{n\pi a}{l}\right)^2 T_n(t) \\[3mm] T_n(0) = \varphi_n, \quad n = 0, 1, 2, \cdots \end{cases}$$

解之得　$T_n(t) = \varphi_n \mathrm{e}^{-\left(\frac{n\pi a}{l}\right)^2 t}$，代入式 (4.3.3) 得定解问题 (4.3.1) 的解为

$$u(x, t) = \frac{\varphi_0}{2} + \sum_{n=1}^{\infty} \varphi_n \mathrm{e}^{-\left(\frac{n\pi a}{l}\right)^2 t} \cos \frac{n\pi}{l} x \tag{4.3.4}$$

4.3.2　非齐次方程的第二齐次边值问题

　　考虑热传导的第二齐次边值问题

$$\begin{cases} u_t = a^2 u_{xx} + f(x, t), & 0 < x < l, \ t > 0 \\ u_x \big|_{x=0} = 0, \quad u_x \big|_{x=l} = 0, & t > 0 \\ u \big|_{t=0} = \varphi(x), & 0 \leqslant x \leqslant l \end{cases} \tag{4.3.5}$$

由表 4.1.1 可把 $f(x,t), \varphi(x), \psi(x)$ 及未知函数 $u(x,t)$ 按本征函数系展成傅里叶级数

$$u(x, t) = \frac{T_0(t)}{2} + \sum_{n=1}^{\infty} T_n(t) \cos \frac{n\pi}{l} x, \quad T_n(t) \text{ 待求} \tag{4.3.6}$$

$$f(x,t)=\frac{f_0(t)}{2}+\sum_{n=1}^{\infty}f_n(t)\cos\frac{n\pi}{l}x, \quad f_n(t)=\frac{2}{l}\int_0^l f(\xi,t)\cos\frac{n\pi\xi}{l}\mathrm{d}\xi$$

$$\varphi(x)=\frac{\varphi_0}{2}+\sum_{n=1}^{\infty}\varphi_n\cos\frac{n\pi}{l}x, \quad \varphi_n=\frac{2}{l}\int_0^l \varphi(\xi)\cos\frac{n\pi\xi}{l}\mathrm{d}\xi, \quad n=0,1,2,\cdots$$

通过简单代入可验证 $u(x,t)$ 满足边值条件 (4.3.5b)，把上述表达式代入定解问题 (4.3.5) 的方程和初始条件可得

$$\begin{cases} \dfrac{T_0'(t)}{2}+\sum_{n=1}^{\infty}T_n'(t)\cos\dfrac{n\pi}{l}x \\ =-\sum_{n=1}^{\infty}\left(\dfrac{n\pi a}{l}\right)^2 T_n(t)\cos\dfrac{n\pi}{l}x+\dfrac{f_0(t)}{2}+\sum_{n=1}^{\infty}f_n(t)\cos\dfrac{n\pi}{l}x \\ \dfrac{T_0(0)}{2}+\sum_{n=1}^{\infty}T_n(0)\cos\dfrac{n\pi}{l}x=\dfrac{\varphi_0}{2}+\sum_{n=1}^{\infty}\varphi_n\cos\dfrac{n\pi}{l}x \end{cases}$$

比较系数得

$$\begin{cases} T_n'(t)=-\left(\dfrac{n\pi a}{l}\right)^2 T_n(t)+f_n(t) \\ T_n(0)=\varphi_n, \quad n=0,1,2,\cdots \end{cases}$$

参照附录Ⅱ可求得

$$T_0(t)=\varphi_0+\int_0^t f_0(\tau)\mathrm{d}\tau, \quad T_n(t)=\varphi_n\mathrm{e}^{-\left(\frac{n\pi a}{l}\right)^2 t}+\int_0^t f_n(\tau)\mathrm{e}^{-\left(\frac{n\pi a}{l}\right)^2(t-\tau)}\mathrm{d}\tau, \quad n=1,2,\cdots$$

代入式 (4.3.6) 得定解问题 (4.3.5) 的解为

$$u(x,t)=\left\{\frac{\varphi_0}{2}+\sum_{n=1}^{\infty}\varphi_n\mathrm{e}^{-\left(\frac{n\pi a}{l}\right)^2 t}\cos\frac{n\pi}{l}x\right\}$$
$$+\left\{\frac{1}{2}\int_0^t f_0(\tau)\mathrm{d}\tau+\sum_{n=1}^{\infty}\left(\int_0^t f_n(\tau)\mathrm{e}^{-\left(\frac{n\pi a}{l}\right)^2(t-\tau)}\mathrm{d}\tau\right)\cos\frac{n\pi}{l}x\right\}$$

$$(4.3.7)$$

解 (4.3.7) 分为两部分，第一部分是齐次方程和齐次边值定解问题的解 (4.3.4)，第二部分由非齐次项引起，由热源所产生。

【例 4.3.1】 求解定解问题

$$\begin{cases} u_t=a^2 u_{xx}+t\cos 2x, \quad 0<x<\pi, \quad t>0 \\ u_x\big|_{x=0}=0, \quad u_x\big|_{x=\pi}=0, \quad t>0 \\ u\big|_{t=0}=\cos x+2\cos 3x, \quad 0\leqslant x\leqslant\pi \end{cases}$$

解 对照定解问题 (4.3.5) 得

$$f(x,t)=t\cos 2x, \quad \varphi(x)=\cos x+2\cos 3x$$

把 $f(x,t)$，$\varphi(x)$ 按本征函数展开，其中

$$f_n(t) = \frac{2}{\pi} \int_0^\pi t \cos 2\xi \cos n\xi \, d\xi = \begin{cases} t, & n=2 \\ 0, & n \neq 2 \end{cases}, \quad n=0,1,\cdots$$

$$\varphi_n = \frac{2}{\pi} \int_0^\pi (\cos x + 2\cos 3x) \cos n\xi \, d\xi = \begin{cases} 1, & n=1 \\ 2, & n=3 \\ 0, & n \neq 1,3 \end{cases}, \quad n=0,1,2,\cdots$$

代入解的表达式（4.3.7）得

$$u(x,t) = e^{-a^2 t}\cos x + \left(\int_0^t \tau e^{-4a^2(t-\tau)} \, d\tau \right) \cos 2x + 2e^{-9a^2 t}\cos 3x$$

$$= e^{-a^2 t}\cos x + \left(e^{-4a^2 t} \int_0^t \tau e^{4a^2 \tau} \, d\tau \right) \cos 2x + 2e^{-9a^2 t}\cos 3x$$

$$= e^{-a^2 t}\cos x + \left(\frac{t}{4a^2} - \frac{1}{16a^4} + \frac{1}{16a^4} e^{-4a^2 t} \right) \cos 2x + 2e^{-9a^2 t}\cos 3x$$

4.3.3　非齐次边值问题

考虑热传导第二非齐次边值问题

$$\begin{cases} u_t = a^2 u_{xx} + f(x,t), & 0 < x < l, \quad t > 0 \\ u_x \big|_{x=0} = \mu(t), \quad u_x \big|_{x=l} = \nu(t), & t > 0 \\ u \big|_{t=0} = \varphi(x), & 0 \leqslant x \leqslant l \end{cases} \tag{4.3.8}$$

为了利用本征函数展开法求解，必须首先把边值条件齐次化。作变换 $u(x,t) = v(x,t) + w(x,t)$，其中，$w(x,t)$ 为辅助函数，满足

$$w_x(0,t) = \mu(t), w_x(l,t) = \nu(t)$$

代入定解问题（4.3.8）得

$$\begin{cases} v_t = a^2 v_{xx} + f(x,t) - (w_t - a^2 w_{xx}), & 0 < x < l, \quad t > 0 \\ v_x \big|_{x=0} = 0, \quad v_x \big|_{x=l} = 0, & t > 0 \\ v \big|_{t=0} = \varphi(x) - w(x,0), & 0 \leqslant x \leqslant l \end{cases}$$

这样，问题便化为 4.3.2 节的问题。对于第二边值问题通常我们可选取辅助函数为 $w(x,t) = A(t)x^2 + B(t)x$，由边界条件 $w_x(0,t) = \mu(t)$，$w_x(l,t) = \nu(t)$ 可求得

$$w(x,t) = x\mu(t) - \frac{x^2}{2l} [\mu(t) - \nu(t)]$$

【例 4.3.2】　求解第一非齐次边值定解问题

$$\begin{cases} u_t = a^2 u_{xx}, & 0 < x < 1, \quad t > 0 \\ u \big|_{x=0} = u \big|_{x=1} = A, & t > 0 \\ u \big|_{t=0} = 0, & 0 \leqslant x \leqslant 1 \end{cases} \tag{4.3.9}$$

解　首先把非齐次边值条件化为齐次边值条件。作代换 $u(x,t) = v(x,t) +$

$w(x,t)$，其中 $w(x,t)$ 满足 $w(0,t)=w(1,t)=A$。若取 $w(x,t)=A(t)x+B(t)$，则 $w(x,t)=A$。在定解问题（4.3.9）中作代换 $u(x,t)=v(x,t)+A$ 可得定解问题

$$\begin{cases} v_t=a^2 v_{xx}, & 0<x<1, \quad t>0 & (4.3.10a) \\ v\big|_{x=0}=v\big|_{x=1}=0, & t>0 & (4.3.10b) \\ v\big|_{t=0}=-A, & 0\leqslant x\leqslant 1 & (4.3.10c) \end{cases}$$

该边值问题对应的本征函数系为 $\{\sin n\pi x\}_{n=1}^{\infty}$。把 $v(x,t)$ 和 $\varphi(x)=-A$ 按本征函数系展开

$$v(x,t)=\sum_{n=1}^{\infty} T_n(t)\sin n\pi x \qquad (4.3.11)$$

$$\varphi(x)=-A=\sum_{n=1}^{\infty}\varphi_n\sin n\pi x, \quad \varphi_n=\frac{2}{1}\int_0^1(-A)\sin n\pi x\,\mathrm{d}x=\frac{2A}{n\pi}(\cos n\pi-1)$$

把展开式代入式（4.3.10a）和式（4.3.10c）得

$$\begin{cases} \displaystyle\sum_{n=1}^{\infty} T_n'(t)\sin n\pi x=-(n\pi a)^2\sum_{n=1}^{\infty} T_n(t)\sin n\pi x \\ \displaystyle\sum_{n=1}^{\infty} T_n(0)\sin n\pi x=\sum_{n=1}^{\infty}\varphi_n\sin n\pi x \end{cases}, \quad n=1,2,\cdots$$

比较系数得关于 $T_n(t)$ 的定解问题

$$\begin{cases} T_n'(t)=-(n\pi a)^2 T_n(t) \\ T_n(0)=\varphi_n=\dfrac{2A}{n\pi}(\cos n\pi-1) \end{cases}, \quad n=1,2,\cdots$$

解之得

$$T_n(t)=\varphi_n \mathrm{e}^{-(n\pi a)^2 t}=\frac{2A}{n\pi}(\cos n\pi-1)\mathrm{e}^{-(n\pi a)^2 t}$$

$$=\begin{cases} -\dfrac{4A}{(2k+1)\pi}\mathrm{e}^{-(2k+1)^2\pi^2 a^2 t}, & n=2k+1 \\ 0, & n=2k \end{cases}, \quad k=0,1,2,\cdots$$

代入式（4.3.11）可得

$$v(x,t)=-\frac{4A}{\pi}\sum_{k=0}^{\infty}\frac{\mathrm{e}^{-(2k+1)^2 a^2\pi^2 t}}{2k+1}\sin(2k+1)\pi x$$

从而定解问题（4.3.9）的解为

$$u(x,t)=v(x,t)+A=A-\frac{4A}{\pi}\sum_{k=0}^{\infty}\frac{\mathrm{e}^{-(2k+1)^2 a^2\pi^2 t}}{2k+1}\sin(2k+1)\pi x$$

4.3.4　混合边值问题举例

【例 4.3.3】　细杆导热，初始温度均匀分布，其值为 u_0，杆一端温度 u_0 另一端有强度为 q_0 的热流进入，求温度分布。

解　由题意写出定解问题

$$\begin{cases} u_t = a^2 u_{xx}, & 0 < x < l \quad t > 0 \\ u\big|_{x=0} = u_0, \quad u_x\big|_{x=l} = \dfrac{q_0}{k} \\ u\big|_{t=0} = u_0, & 0 \leq x \leq l \end{cases} \tag{4.3.12}$$

化边界为齐次，令 $w(x,t) = A(t)x + B(t)$，使之满足 $w(0,t) = u_0$，$w_x(l,t) = \dfrac{q_0}{k}$，从而

$$w(x,t) = u_0 + \frac{q_0}{k}x$$

作变换 $u(x,t) = v(x,t) + w(x,t)$ 得

$$\begin{cases} v_t = a^2 v_{xx}, & 0 < x < l \quad t > 0 \\ v\big|_{x=0} = v_x\big|_{x=l} = 0, & t > 0 \\ v\big|_{t=0} = -\dfrac{q_0}{k}x \end{cases}$$

由表 4.1.1 得本征值和本征函数系为

$$\lambda_n = \left[\frac{(2n+1)\pi}{2l}\right]^2, \quad X_n(x) = \sin\frac{(2n+1)\pi}{2l}x, \quad n = 0,1,2,\cdots$$

按本征函数系展开得

$$v(x,t) = \sum_{n=0}^{\infty} T_n(t) \sin\frac{(2n+1)\pi}{2l}x$$

$$-\frac{q_0}{k}x = \sum A_n \sin\frac{(2n+1)\pi}{2l}x$$

$$A_n = \frac{2}{l}\int_0^l -\frac{q_0}{k}x \sin\frac{(2n+1)}{2l}\pi x\,\mathrm{d}x = (-1)^{n+1}\frac{8q_0 l}{k(2n+1)^2\pi^2}$$

把 $v(x,t)$ 代入定解问题（4.3.12），比较系数可得

$$\begin{cases} T_n'(t) = -a^2 \left[\dfrac{(2n+1)\pi}{2l}\right]^2 T_n(t) \\ T_n(0) = A_n \end{cases}$$

解之得 $T_n(t) = A_n \mathrm{e}^{-\left[\frac{(2n+1)\pi a}{2l}\right]^2 t}$，所以

$$v(x,t) = \frac{8q_0 l}{k\pi^2} \sum_{n=0}^{\infty} (-1)^{n+1} \frac{1}{(2n+1)^2} e^{-\left[\frac{(2n+1)\pi a}{2l}\right]^2 t} \sin\frac{(2n+1)\pi}{2l} x$$

于是原定解问题的解为

$$u(x,t) = v(x,t) + u_0 + \frac{q_0}{k} x$$

【例 4.3.4】　　一长为 l 均匀细杆，杆的侧面绝热，在 $x=0$ 端温度为 0，另一端 $x=l$ 处热量自由散发到周围温度为 0 的介质中，初始温度分布为 $\varphi(x)$，求杆上的温度变化规律。

解　由条件得定解问题

$$\begin{cases} \dfrac{\partial u}{\partial t} = a^2 \dfrac{\partial^2 u}{\partial x^2}, & 0 < x < l \quad t > 0 & \text{(4.3.13a)} \\[3mm] u\big|_{x=0} = 0, \quad \left(\dfrac{\partial u}{\partial x} + hu\right)\Big|_{x=l} = 0, \quad t > 0 & & \text{(4.3.13b)} \\[3mm] u\big|_{t=0} = \varphi(x), \quad 0 \leqslant x \leqslant l & & \text{(4.3.13c)} \end{cases}$$

用分离变量法，令 $u(x,t) = X(x)T(t)$，代入方程（4.3.13a）得

$$X(x)T'(t) = a^2 X''(x)T(t)$$

两边除以 $a^2 X(x)T(t)$ 得

$$\frac{X''(x)}{X(x)} = \frac{T'(t)}{a^2 T(t)} \overset{\text{令}}{=\!=} -\lambda$$

由此得关于 $X(x)$ 和 $T(t)$ 的常微分方程

$$\begin{cases} X''(x) + \lambda X(x) = 0 & \text{(4.3.14a)} \\ T'(t) + a^2 \lambda T(t) = 0 & \text{(4.3.14b)} \end{cases}$$

由边界条件（4.3.13b）得 $X(0) = 0$，$X'(l) + hX(l) = 0$，于是得本征值问题

$$\begin{cases} X''(x) + \lambda X(x) = 0 \\ X(0) = 0, \quad X'(l) + hX(l) = 0 \end{cases}$$

类似前面的分析，定解问题只有当 $\lambda > 0$ 时才有非零解，通解为

$$X(x) = A\cos\sqrt{\lambda}\, x + B\sin\sqrt{\lambda}\, x$$

由 $X(0) = 0$ 得 $A = 0$，由 $X'(l) + hX(l) = 0$ 得

$$\sqrt{\lambda}\cos\sqrt{\lambda}\, l + h\sin\sqrt{\lambda}\, l = 0, \quad \text{即} \quad \tan\sqrt{\lambda}\, l = -\frac{\sqrt{\lambda}}{h}$$

令 $\gamma = \sqrt{\lambda}\, l$，$\alpha = -\dfrac{1}{hl}$，可得 $\tan\gamma = \alpha\gamma$，其根为 $y = \tan\gamma$ 与直线 $y = \alpha\gamma$ 交点的横坐标，如图 4.3.1 所示。这里只需取正根。设 $\gamma_1, \gamma_2, \gamma_3, \cdots, \gamma_n, \cdots$ 为所求的正根，则特征值为

$$\lambda_n = \frac{\gamma_n^2}{l^2}, \quad n = 1, 2, \cdots$$

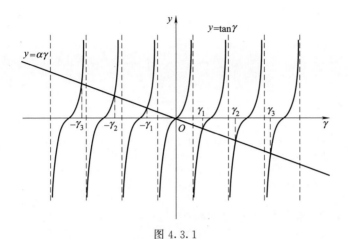

图 4.3.1

对应的特征函数为 $\sin\dfrac{\gamma_n}{l}x$，$(n=1,2,\cdots)$。把 λ_n 代入式（4.3.14b）得

$$T'_n(t)+\frac{\gamma_n^2 a^2}{l^2}T_n(t)=0$$

求解得

$$T_n(t)=C_n\mathrm{e}^{-\frac{\gamma_n^2 a^2}{l^2}t}$$

令 $\beta_n=\dfrac{\gamma_n}{l}$，于是得到满足边界条件的一列解

$$u_n(x,t)=C_n\mathrm{e}^{-a^2\beta_n^2 t}\sin\beta_n x,\quad n=1,2,\cdots$$

叠加 $u_n(x,t)$ 得

$$u(x,t)=\sum_{n=1}^{\infty}u_n(x,t)=\sum_{n=1}^{\infty}C_n\mathrm{e}^{-a^2\beta_n^2 t}\sin\beta_n x \qquad (4.3.15)$$

$u(x,t)$ 满足方程及边界条件。现在考虑初始条件，因为 $u(x,0)=\varphi(x)$，所以

$$\sum_{n=1}^{\infty}C_n\sin\beta_n x=\varphi(x)$$

可以证明 $\sin\beta_n x$ 对于内积

$$<f(x),g(x)>=\int_0^l f(x)\cdot g(x)\mathrm{d}x$$

为正交系。事实上，对于 $m\neq n$ 有：

$$\int_0^l \sin\frac{\gamma_n}{l}x\cdot\sin\frac{\gamma_m}{l}x\mathrm{d}x$$

$$= \frac{1}{2} \int_0^l \left(\cos \frac{\gamma_n - \gamma_m}{l} x - \cos \frac{\gamma_n + \gamma_m}{l} x \right) dx$$

$$= \frac{1}{2} \left[\frac{l}{\gamma_n - \gamma_m} \sin \frac{\gamma_n - \gamma_m}{l} x - \frac{l}{\gamma_n + \gamma_m} \sin \frac{\gamma_n + \gamma_m}{l} x \right] \Bigg|_0^l$$

$$= \frac{1}{2} \left[\frac{l}{\gamma_n - \gamma_m} \sin(\gamma_n - \gamma_m) - \frac{l}{\gamma_n + \gamma_m} \sin(\gamma_n + \gamma_m) \right]$$

$$= \frac{1}{2} \left[\frac{l}{\gamma_n - \gamma_m} (\sin\gamma_n \cos\gamma_m - \cos\gamma_n \sin\gamma_m) - \frac{l}{\gamma_n + \gamma_m} (\sin\gamma_n \cos\gamma_m + \cos\gamma_n \sin\gamma_m) \right]$$

$$= \frac{l\gamma_m}{\gamma_n^2 - \gamma_m^2} \sin\gamma_n \cos\gamma_m - \frac{l\gamma_n}{\gamma_n^2 - \gamma_m^2} \cos\gamma_n \sin\gamma_m$$

利用 $\tan\gamma_n = \alpha\gamma_n$ 可得 $\sin\gamma_n = \alpha\gamma_n \cos\gamma_n$，$\sin\gamma_m = \alpha\gamma_m \cos\gamma_m$，代入上式立即可得

$$\int_0^l \sin \frac{\gamma_n}{l} x \cdot \sin \frac{\gamma_m}{l} x \, dx = 0$$

令 $L_n = \int_0^l \sin^2 \beta_n x \, dx$，则

$$C_n = \frac{1}{L_n} \int_0^l \varphi(x) \sin\beta_n x \, dx$$

代入式 (4.3.15) 得到定解问题 (4.3.13) 的解。

习题4.3

4.3.1 用本证函数展开方法，求解下列定解问题

(1) $\begin{cases} \dfrac{\partial u}{\partial t} = a^2 \dfrac{\partial^2 u}{\partial x^2} & (0 < x < 2, t > 0) \\[2mm] u_x(0,t) = u_x(2,t) = 0 & (t \geqslant 0) \\[2mm] u(x,0) = \cos \dfrac{\pi}{2} x + \cos\pi x & (0 \leqslant x \leqslant 2) \end{cases}$

(2) $\begin{cases} \dfrac{\partial u}{\partial t} = a^2 \dfrac{\partial^2 u}{\partial x^2} + A\cos\pi x & (0 < x < 4, t > 0) \\[2mm] u_x(0,t) = u_x(4,t) = 0 & (t \geqslant 0) \\[2mm] u(x,0) = \cos 2\pi x & (0 \leqslant x \leqslant 4) \end{cases}$

(3) $\begin{cases} \dfrac{\partial u}{\partial t} = a^2 \dfrac{\partial^2 u}{\partial x^2} & (0 < x < \pi, t > 0) \\[2mm] u(0,t) = u(\pi,t) = 0 & (t \geqslant 0) \\[2mm] u(x,0) = \sin x + 2\sin 3x & (0 \leqslant x \leqslant \pi) \end{cases}$

(4) $\begin{cases} \dfrac{\partial u}{\partial t}=a^2\dfrac{\partial^2 u}{\partial x^2}+f(x,t) & (0<x<l,t>0) \\[2mm] u(0,t)=u(l,t)=0 & (t\geqslant 0) \\[2mm] u(x,0)=\varphi(x) & (0\leqslant x\leqslant l) \end{cases}$

(5) $\begin{cases} \dfrac{\partial u}{\partial t}=a^2\dfrac{\partial^2 u}{\partial x^2} & (0<x<l,t>0) \\[2mm] u(0,t)=A_1,u(l,t)=A_2 & (t\geqslant 0) \\[2mm] u(x,0)=A_0 & (0\leqslant x\leqslant l) \end{cases}$

4.3.2　求解厚度为 l 的层状铀块中，中子的扩散运动满足的定解问题。

$$\begin{cases} \dfrac{\partial u}{\partial t}=D\dfrac{\partial^2 u}{\partial x^2}+\beta u & (0<x<l,t>0) \\[2mm] u(0,t)=u(l,t)=0 & (t\geqslant 0) \\[2mm] u(x,0)=\varphi(x) & (0\leqslant x\leqslant l) \end{cases}$$

4.3.3　长为 l 的细杆，左端保持温度为零，侧面和右端绝热，杆内初始温度给定设为 $\varphi(x)$，求杆的温度分布。

4.3.4　长为 l 的细杆，初始温度为常数 A_0，侧面和左端绝热，右端放在温度为零的介质中，求杆的温度分布。

4.3.5　考虑例 4.3.4 中的 L_n，求 $\lim\limits_{n\to\infty}L_n$。

4.4　拉普拉斯方程的定解问题

4.4.1　圆域内的第一边值问题

考虑一薄圆盘，圆盘上下绝热，已知圆周边缘温度分布，则定解问题为

$$\begin{cases} \dfrac{\partial^2 u}{\partial x^2}+\dfrac{\partial^2 u}{\partial y^2}=0, & x^2+y^2<\rho_0^2 \\[2mm] u\big|_{x^2+y^2=\rho_0^2}=\varphi(x,y) \end{cases} \tag{4.4.1}$$

由于求解区域为圆域，选极坐标 $(x=\rho\cos\theta,y=\rho\sin\theta)$ 下进行求解，由附录 I 的拉普拉斯算子在极坐标下的形式，定解问题可化为

$$\begin{cases} \dfrac{1}{\rho}\dfrac{\partial}{\partial\rho}\left(\rho\dfrac{\partial V}{\partial\rho}\right)+\dfrac{1}{\rho^2}\dfrac{\partial^2 V}{\partial\theta^2}=0, & 0<\rho<\rho_0, \quad 0\leqslant\theta\leqslant 2\pi \tag{4.4.2a} \\[3mm] V(\rho,\theta)\big|_{\rho=\rho_0}=f(\theta), & 0\leqslant\theta\leqslant 2\pi \tag{4.4.2b} \end{cases}$$

其中，$V(\rho,\theta)=u(\rho\cos\theta,\rho\sin\theta)$，$f(\theta)=\varphi(\rho_0\cos\theta,\rho_0\sin\theta)$ 求解区域为 $[0,\rho_0]\times[0,2\pi]$。定解问题 (4.4.2) 没有给出 $\rho=0$，$\theta=0$ 和 $\theta=2\pi$ 处的边界条件。根据实际意义，有以下自然边界条件：

$$\text{自然边界条件}\begin{cases}\text{有界性：}|V(0,\theta)|\leqslant M\\\text{周期边界条件：}V(\rho,\theta)=V(\rho,\theta+2\pi)\end{cases}$$

利用分离变量法，令 $V(\rho,\theta)=R(\rho)\Phi(\theta)$，代入式（4.4.2a），两边同除以 $R(\rho)\Phi(\theta)$ 并整理可得

$$\frac{\rho^2 R''(\rho)+\rho R'(\rho)}{R(\rho)}=-\frac{\Phi''(\theta)}{\Phi(\theta)}\overset{\diamond}{=}\lambda$$

另外，由自然边界条件立即可导出边界条件 $\Phi(\theta+2\pi)=\Phi(\theta)$，$|R(0)|<+\infty$，从而得到以下两个定解问题

$$\begin{cases}\Phi''(\theta)+\lambda\Phi(\theta)=0\\\Phi(\theta+2\pi)=\Phi(\theta)\end{cases}\tag{4.4.3}$$

$$\begin{cases}\rho^2 R''(\rho)+\rho R'(\rho)-\lambda R(\rho)=0 & \text{(4.4.4a)}\\|R(0)|<+\infty & \text{(4.4.4b)}\end{cases}$$

由表 4.1.1 知本征值问题（4.4.3）有本征值 $\lambda_n=n^2$（$n=0,1,2,\cdots$），本征函数系为

$$\{1,\cos n\theta,\sin n\theta\}_{n=1}^{\infty}$$

其中，$\lambda_0=0$ 对应的本征函数为 $\Phi_0(\theta)=1$，$\lambda_n=n^2$（$n=1,2,\cdots$）对应的本征函数为

$$\Phi_n(\theta)=A_n\cos n\theta+B_n\sin n\theta\quad(A_n^2+B_n^2\neq0)$$

求解欧拉方程（4.4.4a）（附录Ⅱ），当 $\lambda_0=0$ 时，得通解

$$R_0(\rho)=c_0+d_0\ln\rho$$

当 $\lambda_n=n^2$ 时，得通解为

$$R_n(\rho)=c_n\rho^n+d_n\rho^{-n},\quad n=1,2,\cdots$$

另外，由 $|R(0)|<+\infty$ 得 $d_0=d_1=d_2=\cdots=0$，所以

$$R_n(\rho)=c_n\rho^n,\quad n=0,1,2,\cdots$$

从而得到一列满足方程（4.4.2a）和自然边界条件的解

$$V_n(\rho,\theta)=R_n(\rho)\Phi_n(\theta)$$

其中，$V_0(\rho,\theta)=c_0$，$V_n(\rho,\theta)=c_n\rho^n(A_n\cos n\theta+B_n\sin n\theta)$。为了得到满足边界条件 $V(\rho,\theta)|_{\rho=\rho_0}=f(\theta)$ 的解，叠加 $V_n(\rho,\theta)$ 得

$$V(\rho,\theta)=\frac{a_0}{2}+\sum_{n=1}^{\infty}\rho^n(a_n\cos n\theta+b_n\sin n\theta)\tag{4.4.5}$$

其中，$a_0=2c_0$，$a_n=c_nA_n$，$b_n=c_nB_n$。由边界条件 $V(\rho_0,\theta)=f(\theta)$ 得

$$f(\theta)=\frac{a_0}{2}+\sum_{n=1}^{\infty}\rho_0^n(a_n\cos n\theta+b_n\sin n\theta)$$

其中

$$a_0=\frac{1}{\pi}\int_0^{2\pi}f(\xi)\mathrm{d}\xi,\ a_n=\frac{1}{\rho_0^n\pi}\int_0^{2\pi}f(\xi)\cos n\xi\mathrm{d}\xi,\ b_n=\frac{1}{\rho_0^n\pi}\int_0^{2\pi}f(\xi)\sin n\xi\mathrm{d}\xi$$

把 a_0，a_n 和 b_n 的表达式代入式（4.4.5）得

$$V(\rho,\theta) = \frac{1}{2\pi}\int_0^{2\pi} f(\xi)\mathrm{d}\xi + \frac{1}{\pi}\sum_{n=1}^{\infty}\int_0^{2\pi}\frac{\rho^n}{\rho_0^n}f(\xi)\cos n(\xi-\theta)\mathrm{d}\xi$$

$$= \frac{1}{\pi}\int_0^{2\pi}\left\{f(\xi)\left[\frac{1}{2}+\sum_{n=1}^{\infty}\frac{\rho^n}{\rho_0^n}\cos n(\xi-\theta)\right]\right\}\mathrm{d}\xi$$

$$= \frac{1}{2\pi}\int_0^{2\pi}f(\xi)\frac{\rho_0^2-\rho^2}{\rho_0^2-2\rho\rho_0\cos(\xi-\theta)+\rho^2}\mathrm{d}\xi$$

该公式称为**圆域内的泊松公式**，公式的导出用到以下恒等式

$$\frac{1}{2}+\sum_{n=1}^{\infty}r^n\cos n\varphi = \frac{1}{2}\times\frac{1-r^2}{1-2r\cos\varphi+r^2}, \quad 0<r<1$$

事实上，当 $0<r<1$ 时有

$$\frac{1}{2}+\sum_{n=1}^{\infty}r^n(\cos n\varphi+\mathrm{i}\sin n\varphi) = \frac{1}{2}+\sum_{n=1}^{\infty}(r\mathrm{e}^{\mathrm{i}\varphi})^n$$

$$= -\frac{1}{2}+\sum_{n=0}^{\infty}(r\mathrm{e}^{\mathrm{i}\varphi})^n = -\frac{1}{2}+\frac{1}{1-r\mathrm{e}^{\mathrm{i}\varphi}}$$

$$= \frac{1}{2}\times\frac{1-r^2+(2r\sin\varphi)\mathrm{i}}{1-2r\cos\varphi+r^2}$$

比较等式两边的实部和虚部可得以上恒等式。

注意：① 具体例子求解时直接用式（4.4.5）比代**泊松公式**更方便。

② 模型（4.4.1）可以描述无限长圆柱体内的温度场的定常状态，其中温度沿轴向没有变化。

③ 若求解区域为圆环 $R_1^2\leqslant x^2+y^2\leqslant R_2^2$，则解的形式可表示为：

$$V(\rho,\theta) = \frac{1}{2}(c_0+d_0\ln\rho)+\sum_{n=1}^{\infty}\rho^n(a_n\cos n\theta+b_n\sin n\theta)$$

$$+\sum_{n=1}^{\infty}\rho^{-n}(\overline{a}_n\cos n\theta+\overline{b}_n\sin n\theta)$$

该式中系数的确定可参见例 4.4.1 后的"注意"。

【例 4.4.1】 求解定解问题

$$\begin{cases}\dfrac{\partial^2 u}{\partial\rho^2}+\dfrac{1}{\rho}\dfrac{\partial u}{\partial\rho}+\dfrac{1}{\rho^2}\dfrac{\partial^2 u}{\partial\theta^2}=0, & \rho<\rho_0, \quad 0\leqslant\theta\leqslant 2\pi \\ u\big|_{\rho=\rho_0}=f(\theta)=A\cos\theta, & 0\leqslant\theta\leqslant 2\pi, \quad A \text{ 为常数}\end{cases}$$

解 这是定解问题（4.4.2），其中 $f(\theta)$ 为偶函数，所以

$$b_n = \frac{1}{\rho_0^n\pi}\int_0^{2\pi}f(\theta)\sin n\theta\mathrm{d}\theta = 0, \quad a_0 = \frac{1}{\pi}\int_0^{2\pi}A\cos\theta\mathrm{d}\theta = 0$$

$$a_n = \frac{A}{\rho_0^n \pi} \int_0^{2\pi} \cos\theta \cos n\theta \, \mathrm{d}\theta$$

$$= \frac{A}{\rho_0^n \pi} \int_0^{2\pi} \frac{1}{2} \left[\cos(n+1)\theta + \cos(n-1)\theta\right] \mathrm{d}\theta$$

当 $n \neq 1$ 时 $\quad a_n = \frac{A}{\rho_0^n \pi} \frac{1}{2} \left[\frac{1}{n+1}\sin(n+1)\theta + \frac{1}{n-1}\sin(n-1)\theta\right]_0^{2\pi} = 0$

当 $n = 1$ 时 $\quad a_1 = \frac{A}{\rho_0 \pi} \frac{1}{2} \left[\frac{1}{2}\sin 2\theta + \theta\right]_0^{2\pi} = \frac{A}{\rho_0}$

利用式（4.4.5）可得定解问题的解为

$$u(\rho, \theta) = \frac{A\rho}{\rho_0} \cos\theta$$

注意：例 4.4.1 讨论的定解问题也称为圆域内的狄利克雷问题，该问题可以自然推广到圆环内的狄利克雷问题，即

$$\begin{cases} \dfrac{\partial^2 u}{\partial \rho^2} + \dfrac{1}{\rho}\dfrac{\partial u}{\partial \rho} + \dfrac{1}{\rho^2}\dfrac{\partial^2 u}{\partial \theta^2} = 0, & R_1 < \rho < R_2, \quad 0 \leqslant \theta \leqslant 2\pi \\ u\big|_{\rho=R_1} = f(\theta), \quad u\big|_{\rho=R_2} = g(\theta), & 0 \leqslant \theta \leqslant 2\pi \end{cases}$$

此时，解的形式为

$$V(\rho, \theta) = \frac{1}{2}(c_0 + d_0 \ln\rho) + \sum_{n=1}^{\infty} \left[(a_n \rho^n + \overline{a}_n \rho^{-n})\cos n\theta + (b_n \rho^n + \overline{b}_n \rho^{-n})\sin n\theta\right]$$

上式中的系数由下列方程组确定

$$\begin{cases} c_0 + d_0 \ln R_1 = \dfrac{1}{\pi} \displaystyle\int_0^{2\pi} f(\theta) \, \mathrm{d}\theta \\[2mm] a_n R_1^n + \overline{a}_n R_1^{-n} = \dfrac{1}{\pi} \displaystyle\int_0^{2\pi} f(\theta)\cos n\theta \, \mathrm{d}\theta, & n = 1, 2, \cdots \\[2mm] b_n R_1^n + \overline{b}_n R_1^{-n} = \dfrac{1}{\pi} \displaystyle\int_0^{2\pi} f(\theta)\sin n\theta \, \mathrm{d}\theta, & n = 1, 2, \cdots \end{cases}$$

和

$$\begin{cases} c_0 + d_0 \ln R_2 = \dfrac{1}{\pi} \displaystyle\int_0^{2\pi} g(\theta) \, \mathrm{d}\theta \\[2mm] a_n R_2^n + \overline{a}_n R_2^{-n} = \dfrac{1}{\pi} \displaystyle\int_0^{2\pi} g(\theta)\cos n\theta \, \mathrm{d}\theta, & n = 1, 2, \cdots \\[2mm] b_n R_2^n + \overline{b}_n R_2^{-n} = \dfrac{1}{\pi} \displaystyle\int_0^{2\pi} g(\theta)\sin n\theta \, \mathrm{d}\theta, & n = 1, 2, \cdots \end{cases}$$

4.4.2 矩形域内的第一边值问题

考虑矩形内平衡态温度的分布，对应的定解问题为

$$
\begin{cases}
\dfrac{\partial^2 u}{\partial x^2} + \dfrac{\partial^2 u}{\partial y^2} = 0, & 0 < x < L, \quad 0 < y < H \\[2mm]
\begin{cases}
u(0, y) = g_1(y), & 0 < y < H \\
u(L, y) = g_2(y), & 0 < y < H
\end{cases} \\[4mm]
\begin{cases}
u(x, 0) = f_1(x), & 0 < x < L \\
u(x, H) = f_2(x), & 0 < x < L
\end{cases}
\end{cases}
\tag{4.4.6}
$$

式中，$f_1(x)$，$f_2(x)$，$g_1(y)$ 和 $g_2(y)$ 是已知函数。这里方程为线性齐次的，但边界条件是线性非齐次的，分离变量法不能直接应用。为此我们可以利用线性微分方程解的叠加性质（附录 Ⅱ）把该定解问题拆成四个可由分离变量法求解的定解问题，即

$$
u(x, y) = u_1(x, y) + u_2(x, y) + u_3(x, y) + u_4(x, y)
$$

其中，$u_1(x, y)$，$u_2(x, y)$，$u_3(x, y)$，$u_4(x, y)$ 分别满足以下定解问题。可形象地表示为

$$
\begin{cases}
\dfrac{\partial^2 u}{\partial x^2} + \dfrac{\partial^2 u}{\partial y^2} = 0, & 0 < x < L, \quad 0 < y < H \\[2mm]
\begin{cases}
u(0, y) = g_1(y), & 0 < y < H \\
u(L, y) = g_2(y), & 0 < y < H
\end{cases} \\[4mm]
\begin{cases}
u(x, y) = f_1(x), & 0 < x < L \\
u(x, y) = f_2(x), & 0 < x < L
\end{cases}
\end{cases}
=
$$

$$
\begin{cases}
\dfrac{\partial^2 u_1}{\partial x^2} + \dfrac{\partial^2 u_1}{\partial y^2} = 0, & 0 < x < L, \\
& 0 < y < H \\[2mm]
\begin{cases}
u_1(0, y) = g_1(y), & 0 < y < H \\
u_1(L, y) = 0, & 0 < y < H
\end{cases} \\[4mm]
\begin{cases}
u_1(x, 0) = 0, & 0 < x < L \\
u_1(x, H) = 0, & 0 < x < L
\end{cases}
\end{cases}
+
$$

$$
\begin{cases}
\dfrac{\partial^2 u_2}{\partial x^2} + \dfrac{\partial^2 u_2}{\partial y^2} = 0, & 0 < x < L, \\
& 0 < y < H \\[2mm]
\begin{cases}
u_2(0, y) = 0, & 0 < y < H \\
u_2(L, y) = g_2(y), & 0 < y < H
\end{cases} \\[4mm]
\begin{cases}
u_2(x, 0) = 0, & 0 < x < L \\
u_2(x, H) = 0, & 0 < x < L
\end{cases}
\end{cases}
+
$$

$$
\begin{cases}
\dfrac{\partial^2 u_3}{\partial x^2} + \dfrac{\partial^2 u_3}{\partial y^2} = 0, & 0 < x < L, \\
& 0 < y < H \\[2mm]
\begin{cases}
u_3(0, y) = 0, & 0 < y < H \\
u_3(L, y) = 0, & 0 < y < H
\end{cases} \\[4mm]
\begin{cases}
u_3(x, 0) = f_1(x), & 0 < x < L \\
u_3(x, H) = 0, & 0 < x < L
\end{cases}
\end{cases}
+
$$

$$
\begin{cases}
\dfrac{\partial^2 u_4}{\partial x^2} + \dfrac{\partial^2 u_4}{\partial y^2} = 0, & 0 < x < L, \\
& 0 < y < H \\[2mm]
\begin{cases}
u_4(0, y) = 0, & 0 < y < H \\
u_4(L, y) = 0, & 0 < y < H
\end{cases} \\[4mm]
\begin{cases}
u_4(x, 0) = 0, & 0 < x < L \\
u_4(x, H) = f_2(x), & 0 < x < L
\end{cases}
\end{cases}
$$

求解 $u_i(x, y)(i=1,2,3,4)$ 的方法相同, 以下以求解 $u_1(x, y)$ 为例, 说明求解过程。

利用分离变量法, 令 $u_1(x, y) = h(x) \cdot \phi(y)$, 代入拉普拉斯方程得

$$\phi(y)\frac{\mathrm{d}^2 h}{\mathrm{d}x^2} + h(x)\frac{\mathrm{d}^2 \phi}{\mathrm{d}y^2} = 0$$

两边同除以 $h(x) \cdot \phi(y)$, 类似于前面的方法可得

$$\frac{1}{h}\frac{\mathrm{d}^2 h}{\mathrm{d}x^2} = -\frac{1}{\phi}\frac{\mathrm{d}^2 \phi}{\mathrm{d}y^2} \overset{\text{令}}{=} \lambda$$

从而有

$$\begin{cases} \dfrac{\mathrm{d}^2 \phi}{\mathrm{d}y^2} + \lambda\phi = 0 & (4.4.7a) \\[3mm] \dfrac{\mathrm{d}^2 h}{\mathrm{d}x^2} - \lambda h = 0 & (4.4.7b) \end{cases}$$

另外, 由 $u_1(x, y)$ 的边界条件可得

$$\begin{cases} h(L) = 0 \\ \phi(0) = 0 \\ \phi(H) = 0 \end{cases} \qquad (4.4.8)$$

由方程 (4.4.7a) 和边界条件 (4.4.8) 我们得到以下本征值问题

$$\begin{cases} \dfrac{\mathrm{d}^2 \phi}{\mathrm{d}y^2} + \lambda\phi = 0 \\[3mm] \phi(0) = \phi(H) = 0 \end{cases}$$

由表 4.1.1 可得本征值和本征函数为

$$\lambda_n = \left(\frac{n\pi}{H}\right)^2, \quad \phi_n(y) = \sin\frac{n\pi y}{H}, \quad n = 1, 2, \cdots$$

将 λ_n 代入式 (4.4.7b) 求得通解

$$h_n(x) = C_n \mathrm{e}^{\frac{n\pi}{H}x} + D_n \mathrm{e}^{-\frac{n\pi}{H}x}$$

该通解不方便以后的讨论, 为此分别令 $C_n = \dfrac{1}{2}$, $D_n = -\dfrac{1}{2}$ 和 $C_n = \dfrac{1}{2}$, $D_n = \dfrac{1}{2}$

可得两个线性无关的解 $\sinh\dfrac{n\pi}{H}x$, $\cosh\dfrac{n\pi}{H}x$ (这是双曲函数, 参见附录 I)。由于代换 $x' = x - L$ 不会影响微分方程, 因此我们得到式 (4.4.7b) 的如下形式的通解

$$h_n(x) = a_n \sinh\frac{n\pi}{H}(x-L) + b_n \cosh\frac{n\pi}{H}(x-L)$$

再由边值条件 $h(L) = 0$ 得 $b_n = 0$, 所以

$$h_n(x) = a_n \sinh \frac{n\pi}{H}(x-L)$$

于是我们得到一列满足拉普拉斯方程和三个齐次边值条件（4.4.8）的解

$$u_1^{(n)}(x,y) = \phi_n(y)h_n(x) = A_n \sin \frac{n\pi y}{H} \sinh \frac{n\pi}{H}(x-L)$$

为了求得满足最后一个非齐次边值条件 $u_1(0,y) = g_1(y)$，叠加 $u_1^{(n)}(x,y)$ 得

$$u_1(x,y) = \sum_{n=1}^{\infty} u_1^{(n)}(x,y) = \sum_{n=1}^{\infty} A_n \sin \frac{n\pi y}{H} \sinh \frac{n\pi}{H}(x-L) \quad (4.4.9)$$

由 $u_1(0,\ y) = g_1(y)$ 得

$$g_1(y) = \sum_{n=1}^{\infty} A_n \sin \frac{n\pi y}{H} \sinh \frac{n\pi}{H}(-L)$$

由表 4.1.1 得

$$A_n \sinh \frac{n\pi}{H}(-L) = \frac{2}{H} \int_0^H g_1(y) \sin \frac{n\pi y}{H} dy$$

即

$$A_n = \frac{2}{H \sinh \dfrac{n\pi}{H}(-L)} \int_0^H g_1(y) \sin \frac{n\pi y}{H} dy$$

代入式（4.4.9）便得到解 $u_1(x,y)$，同理可求得 $u_2(x,y)$，$u_3(x,y)$ 和 $u_4(x,y)$。最终把这四个解相加可得原定解问题的解。

习题4.4

4.4.1 求解定解问题

$$\begin{cases} \dfrac{\partial^2 u}{\partial \rho^2} + \dfrac{1}{\rho} \dfrac{\partial u}{\partial \rho} + \dfrac{1}{\rho^2} \dfrac{\partial^2 u}{\partial \theta^2} = 0, & \rho < \rho_0, \quad 0 \leqslant \theta \leqslant 2\pi \\ u\big|_{\rho=\rho_0} = f(\theta) = A + B\sin\theta, & 0 \leqslant \theta \leqslant 2\pi, \quad A,B \text{ 为常数} \end{cases}$$

4.4.2 求解定解问题

$$\begin{cases} \dfrac{\partial^2 u}{\partial \rho^2} + \dfrac{1}{\rho} \dfrac{\partial u}{\partial \rho} + \dfrac{1}{\rho^2} \dfrac{\partial^2 u}{\partial \theta^2} = 0, & a < \rho < b, \quad 0 \leqslant \theta \leqslant 2\pi \\ u\big|_{\rho=a} = \sin\theta, & 0 \leqslant \theta \leqslant 2\pi \\ u\big|_{\rho=b} = 0, & 0 \leqslant \theta \leqslant 2\pi \end{cases}$$

4.4.3 用分离变量法求解定解问题

$$\begin{cases} \dfrac{\partial^2 u}{\partial \rho^2} + \dfrac{1}{\rho} \dfrac{\partial u}{\partial \rho} + \dfrac{1}{\rho^2} \dfrac{\partial^2 u}{\partial \theta^2} = 0, & 0 < \rho < \rho_0, \quad \alpha \leqslant \theta \leqslant \beta \\ u\big|_{\theta=\alpha} = 0, \quad u\big|_{\theta=\beta} = 0, & 0 < \rho < \rho_0 \\ u\big|_{\rho=\rho_0} = f(\theta), & \alpha \leqslant \theta \leqslant \beta \end{cases}$$

4.4.4　求解定解问题

$$\begin{cases} \dfrac{\partial^2 u}{\partial x^2} + \dfrac{\partial^2 u}{\partial y^2} = a + b(x^2 - y^2)\,, & R_1^2 < x^2 + y^2 < R_2^2 \\ u\big|_{x^2+y^2=R_1^2} = A\,, & u\big|_{x^2+y^2=R_2^2} = 0 \end{cases}$$

第5章

勒让德多项式、球函数

本章要求

（1）了解勒让德（Legendre）多项式的定义，理解其性质；

（2）会求一些简单函数的勒让德展开，掌握用勒让德级数求解拉普拉斯方程在球域上当未知函数关于一坐标轴对称时的第一边值问题，牢记求解公式；

（3）掌握用勒让德级数求解拉普拉斯方程在球域外的第一边值问题，理解求解公式。

（4）了解球函数方程和球函数的定义，理解把函数展成球函数的方法，了解其适用的定解问题。

第4章讨论了分离变量法，其本质是把未知函数按本征函数系展开来求解定解问题。那里用的本征函数系均为三角函数系。本章将介绍另一类非三角函数的本征函数系，即由勒让德多项式构成的本征函数系。

5.1 勒让德多项式

5.1.1 勒让德方程及其本征值问题

勒让德方程为

$$(1-x^2)\frac{\mathrm{d}^2 y}{\mathrm{d}x^2}-2x\,\frac{\mathrm{d}y}{\mathrm{d}x}+\lambda y=0,\quad -1<x<1 \tag{5.1.1}$$

使得定解问题

$$\begin{cases}(1-x^2)\dfrac{\mathrm{d}^2 y}{\mathrm{d}x^2}-2x\,\dfrac{\mathrm{d}y}{\mathrm{d}x}+\lambda y=0,\quad -1<x<1\\ |\,y(x)\,|\leqslant M,\ \text{即}\ y(x)\ \text{有界}\end{cases}$$

有非零解的那些 λ 的值称为该定解问题的本征值，对应的非零解 $y(x)$ 称为对应本征值的本征函数，该本征值问题又称为**勒让德本征值问题**。

5.1.2 勒让德多项式

可以证明勒让德方程（5.1.1）在区间（-1,1）内有解析解，设解析解为

$$y(x) = \sum_{m=0}^{\infty} a_m x^m, \quad |x| < 1 \tag{5.1.2}$$

由于幂级数在收敛区间内可逐项求导，把式（5.1.2）代入式（5.1.1）得

$$(1-x^2)\sum_{m=2}^{\infty} m(m-1)a_m x^{m-2} - 2x\sum_{m=1}^{\infty} ma_m x^{m-1} + \lambda\sum_{m=0}^{\infty} a_m x^m = 0$$

整理可得

$$\sum_{m=0}^{\infty}(m+2)(m+1)a_{m+2}x^m - \sum_{m=0}^{\infty} m(m-1)a_m x^m - \sum_{m=0}^{\infty} 2ma_m x^m + \lambda\sum_{m=0}^{\infty} a_m x^m = 0$$

比较系数得关系式

$$(m+2)(m+1)a_{m+2} - [m(m+1)-\lambda]a_m = 0$$

即

$$a_{m+2} = \frac{m(m+1)-\lambda}{(m+2)(m+1)}a_m, \quad m=0,1,2,\cdots \tag{5.1.3}$$

因此，如果 a_0 给定，则 $a_2, a_4, a_6, \cdots$ 完全由 a_0 确定。同样，如果 a_1 给定，则 $a_3, a_5, a_7, \cdots$ 完全由 a_1 确定。用这些系数我们得到勒让德方程的两个解函数，称为**勒让德函数**，其中一个函数只含 x 的偶次方项，记作 $y_1(x)$，另一个函数只含 x 的奇次方项，记作 $y_2(x)$，即

$$y_1(x) = a_0 + a_2 x^2 + a_4 x^4 + \cdots$$
$$y_2(x) = a_1 x + a_3 x^3 + a_5 x^5 + \cdots$$

若 $\lambda \neq n(n+1)$，$n=0,1,2,\cdots$，则两个勒让德函数均为无穷级数，易证其在 $x=1$ 处发散，此时两个勒让德函数均在 $(-1,1)$ 上无界。因此，$\lambda \neq n(n+1)$ 不是勒让德本征值问题的本征值。

若 $\lambda = n(n+1)$，$n=0,1,2,\cdots$，由式（5.1.3）可得

$$a_{n+2} = a_{n+4} = a_{n+6} = \cdots = 0$$

此时，勒让德函数 $y_1(x)$ 和 $y_2(x)$ 有一个为 n 次多项式，另一个为无穷级数。对于无穷级数的勒让德函数，可以证明其在 $(-1,1)$ 上无界（只需证在 $x=1$ 处发散）。

由以上分析可得勒让德本征值问题的本征值为

$$\boxed{\lambda = n(n+1), \quad n=0,1,2,\cdots}$$

此时，递推关系式（5.1.3）变为

$$a_{m+2} = -\frac{(n-m)(n+m+1)}{(m+2)(m+1)}a_m, \quad m=0,1,2,\cdots \tag{5.1.4}$$

从而得到

$$a_2 = -\frac{n(n+1)}{2!}a_0, \quad a_3 = -\frac{(n-1)(n+2)}{3!}a_1$$

$$a_4 = \frac{(n-2)n(n+1)(n+3)}{4!}a_0, \quad a_5 = \frac{(n-3)(n-1)(n+2)(n+4)}{5!}a_1$$

$$a_6 = -\frac{(n-4)(n-2)n(n+1)(n+3)(n+5)}{6!}a_0$$

$$a_7 = -\frac{(n-5)(n-3)(n-1)(n+2)(n+4)(n+6)}{7!}a_1$$

......

所以式（5.1.1）的通解为

$$y(x) = y_1(x) + y_2(x)$$

其中，a_0 和 a_1 为任意变化的常数。于是 $y_1(x)$ 和 $y_2(x)$ 可表示为

$$y_1(x) = a_0 \left[1 - \frac{n(n+1)}{2!}x^2 + \frac{(n-2)n(n+1)(n+3)}{4!}x^4 - \right.$$
$$\left. \frac{(n-4)(n-2)n(n+1)(n+3)(n+5)}{6!}x^6 + \cdots \right] \quad (5.1.5)$$

$$y_2(x) = a_1 \left[x - \frac{(n-1)(n+2)}{3!}x^3 + \frac{(n-3)(n-1)(n+2)(n+4)}{5!}x^5 \right.$$
$$\left. - \frac{(n-5)(n-3)(n-1)(n+2)(n+4)(n+6)}{7!}x^7 + \cdots \right] \quad (5.1.6)$$

① 如果 n 为偶数，由式（5.1.4）得 $a_{n+2}=0$，从而

$$a_{n+4} = a_{n+6} = a_{n+8} = \cdots = 0$$

此时，$y_1(x)$ 变为 n 次多项式，只含 x 的偶次方项。$y_2(x)$ 为无穷级数，在 $(-1,1)$ 上无界，取 $a_1=0$，可得 $\lambda = n(n+1)$ 对应的本征函数为 $y_1(x)$，$a_0 \neq 0$。

② 同理，如果 n 为奇数，$y_1(x)$ 变为无穷级数，在 $(-1,1)$ 上无界，$y_2(x)$ 变为 n 次奇次多项式，只含 x 的奇次方项，取 $a_0=0$，可得 $\lambda = n(n+1)$ 对应的本征函数为 $y_2(x)$，$a_1 \neq 0$。

由于 a_0, a_1 是任意变化的常数，可选取 a_0, a_1，使之满足

$$a_n = \frac{(2n)!}{2^n (n!)^2} \quad (5.1.7)$$

此时的本征函数 $y_1(x)$ 和 $y_2(x)$ 称为**勒让德多项式**，记作 $P_n(x)$。

通过向后用递推关系式（5.1.4）可得

$$a_{m-2} = -\frac{m(m-1)}{(n-m+2)(n+m-1)}a_m \quad (5.1.8)$$

利用式（5.1.7）和式（5.1.8）计算 a_{n-2} 得

$$a_{n-2} = -\frac{n(n-1)}{2(2n-1)}a_n = -\frac{n(n-1)}{2(2n-1)}\frac{(2n)!}{2^n(n!)^2} = -\frac{(2n-2)!}{2^n(n-1)!(n-2)!}$$

同理

$$a_{n-4} = -\frac{(n-2)(n-3)}{4(2n-3)} a_{n-2} = \frac{(2n-4)!}{2^n 2!(n-2)!(n-4)!}$$

一般地，我们有

$$a_{n-2m} = (-1)^m \frac{(2n-2m)!}{2^n m!(n-m)!(n-2m)!}$$

于是勒让德多项式可表示为

$$P_n(x) = \frac{1}{2^n} \sum_{m=0}^{M} (-1)^m \frac{(2n-2m)!}{m!(n-m)!(n-2m)!} x^{n-2m}$$

n 为偶数时 $M = \frac{n}{2}$，n 为奇数时 $M = \frac{n-1}{2}$

以下列出几个具体的勒让德多项式

$$P_0(x) = 1, \qquad\qquad P_1(x) = x$$

$$P_2(x) = \frac{1}{2}(3x^2 - 1), \qquad\qquad P_3(x) = \frac{1}{2}(5x^3 - 3x)$$

$$P_4(x) = \frac{1}{8}(35x^4 - 30x^2 + 3), \qquad P_5(x) = \frac{1}{8}(63x^5 - 70x^3 + 15x)$$

$$P_6(x) = \frac{1}{16}(231x^6 - 315x^4 + 105x^2 - 5),$$

$$P_7(x) = \frac{1}{16}(429x^7 - 693x^5 + 315x^3 - 35x)$$

图 5.1.1 给出了以上几个勒让德多项式的图形。

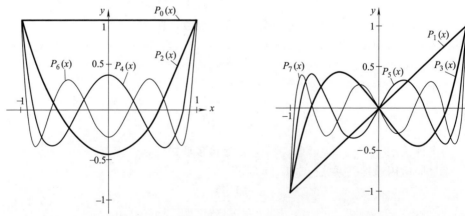

图 5.1.1

5.1.3　勒让德多项式的母函数与引力势

在高等数学里学过以下幂级数展开

$$(1+x)^{\alpha} = \sum_{k=0}^{\infty} C_{\alpha}^{k} x^{k}, \quad |x| < 1$$

其中 α 为任何实数，C_{α}^{k} 称为二项式系数，且有

$$C_{\alpha}^{0} = 1, \quad C_{\alpha}^{k} = \frac{\alpha(\alpha-1)(\alpha-2)\cdots(\alpha-k+1)}{k!}, \quad k \geqslant 1$$

令 $\alpha = -\dfrac{1}{2}$，可得幂级数

$$(1+v)^{-\frac{1}{2}} = \sum_{k=0}^{\infty} (-1)^{k} \frac{(2k)!}{2^{2k}(k!)^{2}} v^{k}, \quad |v| < 1 \tag{5.1.9}$$

令 $v = u^{2} - 2xu$，若 $|u|$ 充分小（比如 $|u| < \sqrt{2} - 1$），$|x| \leqslant 1$，则 $|v| < 1$，把 $v = u^{2} - 2xu$ 代入式（5.1.9）得

$$(1 - 2xu + u^{2})^{-\frac{1}{2}} = 1 - \frac{1}{2}(u^{2} - 2xu) + \frac{3}{8}(u^{2} - 2xu)^{2} - \frac{15}{48}(u^{2} - 2xu)^{3} + \cdots$$

$$= 1 + xu + \left(\frac{3}{2}x^{2} - \frac{1}{2}\right)u^{2} + \left(\frac{5}{2}x^{3} - \frac{3}{2}x\right)u^{3} + \cdots$$

$$= \sum_{n=0}^{\infty} p_{n}(x)u^{n}$$

即勒让德多项式可看作由函数

$$L(x,u) = (1 - 2xu + u^{2})^{-\frac{1}{2}}$$

生成的，因此称 $L(x,u)$ 为**勒让德多项式的母函数**。

勒让德多项式最早出现在引力势的研究中。如图 5.1.2 所示，假设 O 为坐标原点，在 P 点放有一质量为 m 的质点，$|OP| = 1$，场点 Q 与原点的距离为 $|OQ| = r$，则由三角形余弦定理有

$$|PQ| = \rho = \sqrt{1 + r^{2} - 2r\cos\alpha}$$

在 Q 点放有一单位质量的质点，于是根据牛顿万有引力定律，两质点间的引力大小为

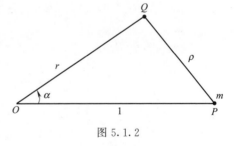

图 5.1.2

$$F = G\frac{m}{\rho^{2}}$$

式中，G 为万有引力常数。若用 $\boldsymbol{\rho}$ 表示矢量 $\overrightarrow{PQ}$，则在 P 点处的质点对 Q 点处单位质量质点的引力可表示为

$$\boldsymbol{F} = -G\frac{m}{\rho^{3}}\boldsymbol{\rho} = \nabla\left(G\frac{m}{\rho}\right) = G\nabla\left(\frac{m}{\rho}\right)$$

式中，$\boldsymbol{F}$ 称为这个引力所产生的引力场的强度。假设一单位质量的质点在该引力

的作用下从无穷远处移到 Q 点，则引力所做的功为

$$W = \int_\infty^\rho \boldsymbol{F} \cdot \mathrm{d}\boldsymbol{\rho} = \int_\infty^\rho G \nabla\left(\frac{m}{\rho}\right) \cdot \mathrm{d}\boldsymbol{\rho} = G\frac{m}{\rho} = G\frac{m}{\sqrt{1 + r^2 - 2r\cos\alpha}}$$

这便是 P 点质量为 m 的质点的引力势。把 r 换成 u，并令 $x = \cos\alpha$，则在忽略常数的情况下引力势便是勒让德多项式的母函数。

利用勒让德多项式的母函数以及函数幂级数展开的唯一性可以方便地证明勒让德多项式的一些性质。

【例 5.1.1】 试证明：

(1) 对于 $n = 0,1,2,\cdots$ 成立 $P_n(1) = 1$，$P_n(-1) = (-1)^n$，$P_{2n+1}(0) = 0$；

(2) 对于 $n = 1,2,\cdots$ 成立 $P_{2n}(0) = (-1)^n \dfrac{(2n-1)!!}{2^n n!}$。

证明 由勒让德多项式的母函数可得，当 $x = 1$ 时，有

$$\frac{1}{1-u} = \sum_{n=0}^\infty P_n(1) u^n$$

比较幂级数展开 $\dfrac{1}{1-u} = \sum\limits_{n=0}^\infty u^n$ 可得 $P_n(1) = 1$。

同理，当 $x = -1$ 时，由幂级数展开 $\dfrac{1}{1+u} = \sum\limits_{n=0}^\infty (-1)^n u^n$ 可得 $P_n(-1) = (-1)^n$。

当 $x = 0$ 时，由勒让德多项式的母函数可得

$$(1 + u^2)^{-\frac{1}{2}} = \sum_{n=0}^\infty p_n(0) u^n$$

另一方面，由幂级数

$$(1 + u^2)^{-\frac{1}{2}} = \sum_{n=0}^\infty \frac{-\dfrac{1}{2}\left(-\dfrac{1}{2}-1\right)\left(-\dfrac{1}{2}-2\right)\cdots\left(-\dfrac{1}{2}-n+1\right)}{n!}(u^2)^n$$

$$= \sum_{n=0}^\infty (-1)^n \frac{(2n-1)!!}{2^n n!} u^{2n}$$

比较系数可得结论 $P_{2n+1}(0)$ 和 $P_{2n}(0)$。

5.1.4 勒让德多项式的性质与勒让德级数

本节的目的是建立勒让德多项式的正交性，以及怎样把一个函数展开成关于勒让德多项式的级数。这里只给出部分证明。

勒让德多项式有以下性质。

性质 5.1.1 勒让德多项式的微分表达式

这里给出勒让德多项式的另一种直观形式，即勒让德多项式的微分形式，又

称 Rodrigues 公式，用它来证明勒让德多项式的一些性质时非常方便。

$$P_n(x) = \frac{1}{2^n n!} \frac{d^n}{dx^n}(x^2-1)^n, \quad n=0,1,2,\cdots$$

事实上，由二项展开式

$$(x^2-1)^n = \sum_{m=0}^{n} C_n^m (-1)^m (x^2)^{n-m} = \sum_{m=0}^{n} (-1)^m \frac{n!}{m!(n-m)!} x^{2(n-m)}$$

$$\frac{1}{2^n n!} \frac{d^n}{dx^n}(x^2-1)^n = \frac{1}{2^n n!} \sum_{m=0}^{n} (-1)^m \frac{n!}{m!(n-m)!} \frac{d^n}{dx^n} x^{2n-2m}$$

$$= \frac{1}{2^n n!} \sum_{m=0}^{\left[\frac{n}{2}\right]} (-1)^m \frac{n!}{m!(n-m)!}(2n-2m)(2n-2m-1)\cdots(2n-2m-n+1)x^{n-2m}$$

$$= \sum_{m=0}^{\left[\frac{n}{2}\right]} (-1)^m \frac{(2n-2m)!}{2^n m!(n-m)!(n-2m)!} x^{n-2m}$$

$$= P_n(x)$$

性质 5.1.2 利用勒让德多项式的微分形式和分部积分法易证明

$$\int_{-1}^{1} x^m P_n(x) dx = 0, n > m$$

性质 5.1.3 利用勒让德多项式的母函数易证以下递推关系，即 Bonnet 递推关系：

$$(n+1)P_{n+1}(x) + nP_{n-1}(x) = (2n+1)xP_n(x),$$
$$P'_{n+1}(x) = P'_{n-1}(x) + (2n+1)P_n(x),$$
$$n=1,2,\cdots$$

事实上，对母函数 $L(x,u) = (1-2xu+u^2)^{-\frac{1}{2}}$，关于 u 求偏导可得

$$\frac{dL}{du} = (x-u)(1-2xu+u^2)^{-1}L(x,u)$$

即

$$(1-2xu+u^2)\frac{dL}{du} - (x-u)L(x,u) = 0$$

将 $L(x,u) = \sum_{n=0}^{\infty} P_n(x)u^n$ 代入上式得

$$(1-2xu+u^2)\sum_{n=1}^{\infty} nP_n(x)u^{n-1} - (x-u)\sum_{n=0}^{\infty} P_n(x)u^n = 0$$

去括号得

$$\sum_{n=1}^{\infty} nP_n(x)u^{n-1} - \sum_{n=1}^{\infty} 2xnP_n(x)u^n + \sum_{n=1}^{\infty} nP_n(x)u^{n+1} -$$

$$\sum_{n=0}^{\infty} x P_n(x) u^n + \sum_{n=0}^{\infty} P_n(x) u^{n+1} = 0$$

整理得

$$\sum_{n=0}^{\infty} (n+1) P_{n+1}(x) u^n - \sum_{n=1}^{\infty} 2xn P_n(x) u^n + \sum_{n=2}^{\infty} (n-1) P_{n-1}(x) u^n -$$

$$\sum_{n=0}^{\infty} x P_n(x) u^n + \sum_{n=1}^{\infty} P_{n-1}(x) u^n = 0$$

比较同次幂的系数得

u^0 的系数 $\qquad P_1(x) - x P_0(x) = 0$

u^1 的系数 $\qquad 2 P_2(x) - 3x P_1(x) + P_0(x) = 0$

$u^n (n \geqslant 2)$ 的系数

$$(n+1) P_{n+1}(x) - 2xn P_n(x) + (n-1) P_{n-1}(x) - x P_n(x) + P_{n-1}(x) = 0$$

整理可得第一个递推公式。

为了证明第二个递推公式，将母函数对 x 求导并整理得

$$(1 - 2xu + u^2) \frac{\mathrm{d}L}{\mathrm{d}x} - uL(x, u) = 0$$

通过把 $L(x, u) = \sum_{n=0}^{\infty} P_n(x) u^n$ 代入该式，完全类似于第一递推公式的推导可得

$$\begin{cases} P_1'(x) - P_0(x) = 0 \\ P_2'(x) - 2x P_1'(x) - P_1(x) = 0 \\ P_{n+1}'(x) - 2x P_n'(x) - P_n(x) + P_{n-1}'(x) = 0 \quad (n \geqslant 1) \end{cases}$$

所以 $\qquad x P_n'(x) = \dfrac{1}{2} [P_{n+1}'(x) - P_n(x) + P_{n-1}'(x)]$

对第一递推公式两边求导，并利用上式消去 $x P_n'(x)$ 项后立即可得第二递推公式。

利用递推公式可以从简单的 $P_0(x)$ 和 $P_1(x)$ 出发求出更多的勒让德多项式。

性质 5.1.4 勒让德多项式的正交性

以下勒让德多项式的正交性是勒让德级数展开的基础。

$$\int_{-1}^{1} P_m(x) P_n(x) \mathrm{d}x = \int_0^{\pi} P_m(\cos\theta) P_n(\cos\theta) \sin\theta \mathrm{d}\theta = \begin{cases} 0, & n \neq m \\ \dfrac{2}{2n+1}, & n = m \end{cases}$$

事实上，由于勒让德多项式 $P_n(x)$ 对应的本征值为 $\lambda = n(n+1)$，所以由勒让德方程有

$$\begin{cases} \dfrac{\mathrm{d}}{\mathrm{d}x} \left[(1 - x^2) \dfrac{\mathrm{d}P_m(x)}{\mathrm{d}x} \right] + m(m+1) P_m(x) = 0 & (5.1.10a) \\[3mm] \dfrac{\mathrm{d}}{\mathrm{d}x} \left[(1 - x^2) \dfrac{\mathrm{d}P_n(x)}{\mathrm{d}x} \right] + n(n+1) P_n(x) = 0 & (5.1.10b) \end{cases}$$

$P_n(x)$ 乘式 (5.1.10a) 减去 $P_m(x)$ 乘式 (5.1.10b) 可得

$$\frac{\mathrm{d}}{\mathrm{d}x}\left[(1-x^2)\left(P_n(x)\frac{\mathrm{d}P_m(x)}{\mathrm{d}x}-P_m(x)\frac{\mathrm{d}P_n(x)}{\mathrm{d}x}\right)\right]+(m-n)(m+n+1)P_n(x)P_m(x)=0$$

两边在区间上 $[-1,1]$ 求积分得

$$\left[(1-x^2)\left(P_n(x)\frac{\mathrm{d}P_m(x)}{\mathrm{d}x}-P_m(x)\frac{\mathrm{d}P_n(x)}{\mathrm{d}x}\right)\right]_{x=-1}^{x=1}+(m-n)(m+n+1)$$

$$\int_{-1}^{1}P_n(x)P_m(x)\mathrm{d}x=0$$

当 $n\neq m$ 时，必有 $\int_{-1}^{1}P_n(x)P_m(x)\mathrm{d}x=0$。另外，把第一递推公式中的 n 换成 $n-1$，然后与第一递推公式组成方程组

$$\begin{cases}nP_n(x)+(n-1)P_{n-2}(x)=(2n-1)xP_{n-1}(x) & (5.1.11a)\\(n+1)P_{n+1}(x)+nP_{n-1}(x)=(2n+1)xP_n(x) & (5.1.11b)\end{cases}$$

用 $(2n+1)P_n(x)$ 乘式 (5.1.11a) 减去 $(2n-1)P_{n-1}(x)$ 乘式 (5.1.11b)，两边在区间上 $[-1,1]$ 求积分，考虑到勒让德多项式的正交性，可得递推公式

$$\int_{-1}^{1}P_n^2(x)\mathrm{d}x=\frac{2n-1}{2n+1}\int_{-1}^{1}P_{n-1}^2(x)\mathrm{d}x$$

反复利用该递推公式可得

$$\int_{-1}^{1}P_n^2(x)\mathrm{d}x=\frac{2n-1}{2n+1}\cdot\frac{2(n-1)-1}{2(n-1)+1}\cdot\int_{-1}^{1}P_{n-2}^2(x)\mathrm{d}x$$

$$=\cdots=\frac{2n-1}{2n+1}\cdot\frac{2n-3}{2n-1}\cdot\cdots\cdot\frac{1}{3}\cdot\int_{-1}^{1}P_0^2(x)\mathrm{d}x=\frac{2}{2n+1}$$

利用勒让德多项式的正交性可以把一个函数展开成以下形式

$$f(x)=\sum_{n=0}^{\infty}A_nP_n(x)$$

我们把这种形式的级数称为 $f(x)$ 的**勒让德级数展开**。其中，A_n 称为函数 $f(x)$ 的 n **次勒让德系数**。

下面的定理给出了一个函数可展成勒让德级数的充分条件。

定理 5.1.1（收敛定理）

设 $f(x)$ 是 $[-1,1]$ 上的分段光滑函数，则对于任何的 $x\in(-1,1)$，$f(x)$ 有勒让德级数展开：

$$\sum_{n=0}^{\infty}A_nP_n(x)=\begin{cases}f(x), & x\text{ 是 }f(x)\text{ 的连续点}\\\dfrac{f(x+0)+f(x-0)}{2}, & x\text{ 是 }f(x)\text{ 的间断点}\end{cases}$$

其中，$A_n=\dfrac{2n+1}{2}\int_{-1}^{1}f(x)P_n(x)\mathrm{d}x$

【例 5.1.2】　求函数

$$f(x) = \begin{cases} 0, & -1 \leqslant x < 0 \\ 1, & 0 \leqslant x \leqslant 1 \end{cases}$$

的前八个勒让德系数。

解　利用收敛定理中的勒让德系数公式计算 $f(x)$ 前八个勒让德系数

$$A_0 = \frac{1}{2} \int_0^1 P_0(x) \mathrm{d}x = \frac{1}{2} \int_0^1 1 \mathrm{d}x = \frac{1}{2}$$

$$A_1 = \frac{3}{2} \int_0^1 P_1(x) \mathrm{d}x = \frac{3}{2} \int_0^1 x \mathrm{d}x = \frac{3}{4}$$

$$A_2 = \frac{5}{2} \int_0^1 P_2(x) \mathrm{d}x = \frac{5}{2} \int_0^1 \frac{3x^2 - 1}{2} \mathrm{d}x = 0$$

$$A_3 = \frac{7}{2} \int_0^1 P_3(x) \mathrm{d}x = \frac{7}{2} \int_0^1 \frac{5x^3 - 3x}{2} \mathrm{d}x = -\frac{7}{16}$$

用同样的方法可求得

$$A_4 = 0, \quad A_5 = \frac{11}{32}, \quad A_6 = 0, \quad A_7 = -\frac{27}{256}$$

如果 $f(x)$ 为多项式函数，除可用勒让德系数公式求系数外，还可以根据性质 5.1.2，用多项式的相等来求勒让德系数。

【例 5.1.3】　求函数 $f(x) = x^2$ 的勒让德级数展开。

解　由性质 5.1.2 知，$A_n = 0 (n \geqslant 3)$。由收敛定理有

$$x^2 = A_0 P_0(x) + A_1 P_1(x) + A_2 P_2(x) = A_0 + A_1 x + A_2 \left[\frac{1}{2}(3x^2 - 1) \right]$$

$$= \left(A_0 - \frac{1}{2} A_2 \right) + A_1 x + \frac{3}{2} A_2 x^2$$

通过比较两边系数可得

$$A_0 = \frac{1}{3}, \quad A_1 = 0, \quad A_2 = \frac{2}{3}$$

所以，函数 $f(x) = x^2$ 的勒让德级数展开为

$$x^2 = \frac{1}{3} P_0(x) + \frac{2}{3} P_2(x)$$

习题5.1

5.1.1　利用勒让德多项式微分形式及分部积分证明：

$$\int_{-1}^1 x^m P_n(x) \mathrm{d}x = 0, \quad n > m$$

5.1.2　利用勒让德多项式的性质求下列积分值

(1) $\displaystyle\int_{-1}^1 x P_7(x) \mathrm{d}x$ 　　　　　(2) $\displaystyle\int_{-1}^1 P_2(x) P_7(x) \mathrm{d}x$

（3）$\int_{-1}^{1} x^4 P_5(x)\mathrm{d}x$　　　　　（4）$\int_{-1}^{1} x P_2(x) P_3(x)\mathrm{d}x$

（5）$\int_{-1}^{1} x^2 P_6(x) P_7(x)\mathrm{d}x$

5.1.3　利用勒让德多项式的性质 5.1.3 中的微分递推公式证明：

$$\int_{x}^{1} P_n(t)\mathrm{d}t = \frac{1}{2n+1}\left[P_{n-1}(x) - P_{n+1}(x)\right], \quad n = 1,2,\cdots$$

5.1.4　利用勒让德多项式微分形式及分部积分证明：

$$\int_{-1}^{1} f(x) P_n(x)\mathrm{d}x = \frac{(-1)^n}{2^n n!}\int_{-1}^{1} f^{(n)}(x)(x^2-1)^n\mathrm{d}x, \quad n = 0,1,2,\cdots$$

5.1.5　利用勒让德多项式的母函数证明性质 5.1.3 的第二个递推公式。

5.2　勒让德多项式的应用

考虑一以原点为球心，a 为半径的球体，已知球面上各点的电位分布为

$$u\big|_{x^2+y^2+z^2=a^2} = F(x^2+y^2)$$

求球体内部各点的电位分布。

该问题对应的定解问题为

$$\begin{cases} \Delta u = 0, & x^2+y^2+z^2 < a^2 \\ u\big|_{x^2+y^2+z^2=a^2} = F(x^2+y^2) \end{cases} \tag{5.2.1}$$

根据求解区域选择球坐标，拉普拉斯算子在球坐标下的形式见附件 I，此时定解问题变为

$$\begin{cases} \dfrac{1}{r^2}\dfrac{\partial}{\partial r}\left(r^2\dfrac{\partial V}{\partial r}\right) + \dfrac{1}{r^2\sin\theta}\dfrac{\partial}{\partial\theta}\left(\sin\theta\dfrac{\partial V}{\partial\theta}\right) + \dfrac{1}{r^2\sin^2\theta}\dfrac{\partial^2 V}{\partial\varphi^2} = 0, & r < a \\ V\big|_{r=a} = f(\theta) = F(a^2\sin^2\theta) \end{cases}$$

其中，$V(r,\theta,\varphi) = u(r\sin\theta\cos\varphi, r\sin\theta\sin\varphi, r\cos\theta)$，　$0\leqslant\theta\leqslant\pi$，　$0\leqslant\varphi\leqslant2\pi$。

由边界条件可知，电位关于 z 轴对称，即 $\dfrac{\partial V}{\partial\varphi} = 0$，故 $V(r,\theta,\varphi)$ 不依赖于 φ，从而定解问题可进一步化简为

$$\begin{cases} \dfrac{1}{r^2}\dfrac{\partial}{\partial r}\left(r^2\dfrac{\partial V}{\partial r}\right) + \dfrac{1}{r^2\sin\theta}\dfrac{\partial}{\partial\theta}\left(\sin\theta\dfrac{\partial V}{\partial\theta}\right) = 0, & r < a \tag{5.2.2a} \\ V\big|_{r=a} = f(\theta) \tag{5.2.2b} \end{cases}$$

利用分离变量法，令 $V(r,\theta) = R(r)\Theta(\theta)$，代入方程（5.2.2a）后整理得

$$\frac{1}{R(r)}\frac{\mathrm{d}}{\mathrm{d}r}\left(r^2\frac{\mathrm{d}R}{\mathrm{d}r}\right) = -\frac{1}{\Theta(\theta)\sin\theta}\frac{\mathrm{d}}{\mathrm{d}\theta}\left(\sin\theta\frac{\mathrm{d}\Theta}{\mathrm{d}\theta}\right) \overset{\text{令}}{=} \lambda \tag{5.2.3}$$

另外，由自然边界条件：$V(r,\theta)$ 有界，得 $R(r)$ 和 $\Theta(\theta)$ 有界，即存在常数 M 使得

$$|R(r)| \leqslant M, \quad |\Theta(\theta)| \leqslant M$$

于是，由式 (5.2.3) 可得两个定解问题

$$\begin{cases} r^2\dfrac{\mathrm{d}^2R}{\mathrm{d}r^2}+2r\dfrac{\mathrm{d}R}{\mathrm{d}r}-\lambda R(r)=0, \quad r<a \\ |R(r)|\leqslant M \end{cases} \tag{5.2.4}$$

和

$$\begin{cases} \dfrac{1}{\sin\theta}\dfrac{\mathrm{d}}{\mathrm{d}\theta}\left(\sin\theta\dfrac{\mathrm{d}\Theta}{\mathrm{d}\theta}\right)+\lambda\Theta(\theta)=0, \quad 0<\theta<\pi & \text{(5.2.5a)} \\[2mm] |\Theta(\theta)|\leqslant M & \text{(5.2.5b)} \end{cases}$$

在方程 (5.2.5) 中，令 $x=\cos\theta$，$P(x)=\Theta(\arccos x)$，则有

$$\Theta(\theta)=P(\cos\theta), \quad \frac{\mathrm{d}\Theta}{\mathrm{d}\theta}=\frac{\mathrm{d}P}{\mathrm{d}x}\cdot\frac{\mathrm{d}x}{\mathrm{d}\theta}=\frac{\mathrm{d}P}{\mathrm{d}x}(-\sin\theta) \tag{5.2.6}$$

所以式 (5.2.5a) 可表示为

$$\frac{1}{\sin\theta}\frac{\mathrm{d}}{\mathrm{d}\theta}\left(-\sin^2\theta\frac{\mathrm{d}P}{\mathrm{d}x}\right)+\lambda P(x)=0$$

求导展开整理可得

$$\frac{1}{\sin\theta}\left[-2\sin\theta\cos\theta\frac{\mathrm{d}P}{\mathrm{d}x}+(-\sin^2\theta)\frac{\mathrm{d}}{\mathrm{d}\theta}\left(\frac{\mathrm{d}P}{\mathrm{d}x}\right)\right]+\lambda P(x)=0$$

再利用式 (5.2.6) 中的导数关系可得

$$-2\cos\theta\frac{\mathrm{d}P}{\mathrm{d}x}+\sin^2\theta\frac{\mathrm{d}^2P}{\mathrm{d}x^2}+\lambda P(x)=0$$

利用 $x=\cos\theta$，该式可化为

$$(1-x^2)\frac{\mathrm{d}^2P}{\mathrm{d}x^2}-2x\frac{\mathrm{d}P}{\mathrm{d}x}+\lambda P(x)=0, \quad -1<x<1$$

于是定解问题 (5.2.5) 化为以下勒让德本征值问题

$$\begin{cases} (1-x^2)\dfrac{\mathrm{d}^2P}{\mathrm{d}x^2}-2x\dfrac{\mathrm{d}P}{\mathrm{d}x}+\lambda P(x)=0, \quad -1<x<1 \\ |P(x)|\leqslant M \end{cases}$$

由 5.1 节分析知，该本征值问题的本征值为 $\lambda_n=n(n+1)$，$n=0,1,2,\cdots$，对应的本征函数为 n 次勒让德多项式 $P_n(x)$。

把 $\lambda_n=n(n+1)$ 代入式 (5.2.4) 得

$$\begin{cases} r^2\dfrac{\mathrm{d}^2R}{\mathrm{d}r^2}+2r\dfrac{\mathrm{d}R}{\mathrm{d}r}-n(n+1)R(r)=0, \quad r<a & \text{(5.2.7a)} \\[2mm] |R(r)|\leqslant M & \text{(5.2.7b)} \end{cases}$$

这是欧拉方程 (见附录Ⅱ)，令 $r=\mathrm{e}^t$ 和 $H(t)=R(\mathrm{e}^t)$，方程 (5.2.7a) 可化为

$$\frac{\mathrm{d}^2 H(t)}{\mathrm{d}t^2} + \frac{\mathrm{d}H(t)}{\mathrm{d}t} - n(n+1)H(t) = 0$$

该方程的通解为

$$H_n(t) = A_n \mathrm{e}^{nt} + B_n \mathrm{e}^{-(n+1)t}$$

再由 $R(r) = H(\ln r)$ 得方程（5.2.7a）的通解为

$$R_n(r) = A_n r^n + B_n r^{-(n+1)}$$

由有界性知 $B_n = 0$，故定解问题（5.2.7）的解为 $R_n(r) = A_n r^n$

我们得到方程（5.2.2a）的一列解

$$V_n(r,\theta) = R_n(r)\Theta_n(\theta) = A_n r^n P_n(\cos\theta), \quad n = 0,1,2,\cdots$$

为了得到满足边值条件的解，叠加 $V_n(r,\theta)$ 得

$$V(r,\theta) = \sum_{n=0}^{\infty} V_n(r,\theta) = \sum_{n=0}^{\infty} A_n r^n P_n(\cos\theta)$$

由边界条件式（5.2.2b）得

$$f(\theta) = \sum_{n=0}^{\infty} A_n a^n P_n(\cos\theta) \tag{5.2.8}$$

再由勒让德多项式的正交性质可得以下重要结果：

> 定解问题（5.2.2）的解为
>
> $$V(r,\theta) = \sum_{n=0}^{\infty} A_n r^n P_n(\cos\theta)$$
>
> 其中，$P_n(x)$ 是 n 次勒让德多项式，且
>
> $$A_n = \frac{2n+1}{2a^n} \int_0^\pi f(\theta) P_n(\cos\theta) \sin\theta \, \mathrm{d}\theta, \quad n = 0,1,2,\cdots$$

以上讨论的是球域内的定解问题，如果讨论球域外的定解问题（即 $r > a$），则应取

$$R_n(r) = A_n r^n + B_n r^{-(n+1)}$$

此时

$$V(r,\theta) = \sum_{n=0}^{\infty} (C_n r^n + D_n r^{-(n+1)}) P_n(\cos\theta)$$

【例 5.2.1】　求解定解问题

$$\begin{cases} \Delta u = 0, & x^2 + y^2 + z^2 < a^2 \\ u\big|_{x^2+y^2+z^2=a^2} = a^2 - (x^2+y^2) \end{cases}$$

解　该定解问题相当于在定解问题（5.2.2）中令 $f(\theta) = a^2 - a^2 \sin^2\theta = a^2 \cos^2\theta$。另外，由例 5.1.3 知

$$x^2 = \frac{1}{3}P_0(x) + \frac{2}{3}P_2(x)$$

所以

$$a^2\cos^2\theta = \frac{1}{3}a^2 P_0(\cos\theta) + \frac{2}{3}a^2 P_2(\cos\theta)$$

通过式（5.2.8）比较系数 [因为 $f(\theta)$ 是 $\cos\theta$ 的多项式，因此不需要求积分] 可得

$$A_0 a^0 = \frac{1}{3}a^2, \quad A_2 a^2 = \frac{2}{3}a^2$$

于是有

$$A_0 = \frac{1}{3}a^2, \quad A_2 = \frac{2}{3}, \quad A_n = 0, \quad n \neq 0,2$$

求得解为

$$V(r,\theta) = \frac{1}{3}a^2 P_0(\cos\theta) + \frac{2}{3}r^2 P_2(\cos\theta)$$

【例 5.2.2】 如图 5.2.1 所示，在一均匀电场强度为 $\boldsymbol{E}_0$ 的电场中放一均匀介质球，球的半径为 a，介电常数为 ε，试求球内、外的电位。

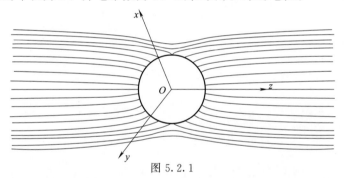

图 5.2.1

解 以介质球的球心为原点，平行于电场线的方向为 z 轴，建立坐标系如图 5.2.1 所示。由于介质球的极化，球面出现约束电荷，Δu（u 为电位）在球面上无意义，在球面内外应满足 $\Delta u = 0$。

电位与场强的关系 $\boldsymbol{E} = -\nabla u$，由无穷远的电场仍是匀强 $\boldsymbol{E}_0$，则在球坐标下有定解条件

$$\lim_{r \to +\infty} u = -E_0 z = -E_0 r\cos\theta, \quad \text{其中} \boldsymbol{E}_0 = \boldsymbol{E}_0 \begin{pmatrix} 0 \\ 0 \\ 1 \end{pmatrix}$$

另一方面，因为电位在球面上连续，电位移 $D = \varepsilon\varepsilon_0 \boldsymbol{E} = -\varepsilon\varepsilon_0 \nabla u_{内}$ 的法向分量在球面上连续，所以有以下衔接条件

$$\begin{cases} u_{外}\big|_{r=a} = u_{内}\big|_{r=a} \\ \varepsilon_0 \dfrac{\partial u_{外}}{\partial r}\bigg|_{r=a} = \varepsilon\varepsilon_0 \dfrac{\partial u_{内}}{\partial r}\bigg|_{r=a} \end{cases}$$

其中，ε_0 为真空中的介电常数。于是该问题对应的定解问题为

$$\begin{cases} \Delta u_{内}=0, & r<a \\ \Delta u_{外}=0, & r>a \\ 边界条件： \lim_{r\to+\infty} u_{外}=-E_0 z=-E_0 r\cos\theta \\ 衔接条件：\begin{cases} u_{外}\big|_{r=a}=u_{内}\big|_{r=a} \\ \dfrac{\partial u_{外}}{\partial r}\bigg|_{r=a}=\varepsilon\dfrac{\partial u_{内}}{\partial r}\bigg|_{r=a} \end{cases} \end{cases}$$

由上节的分析可知

$$u_{内}(r,\theta)=\sum_{n=0}^{\infty} A_n r^n P_n(\cos\theta) \qquad\qquad (5.2.9)$$

$$u_{外}(r,\theta)=\sum_{n=0}^{\infty} (C_n r^n + D_n r^{-(n+1)}) P_n(\cos\theta) \qquad\qquad (5.2.10)$$

由 $\lim\limits_{r\to+\infty} u_{外}=-E_0 z=-E_0 r\cos\theta$，通过比较系数得 $C_1=-E_0$，$C_n=0$（$n=2,3,\cdots$），所以

$$u_{外}(r,\theta)=C_0-E_0 r P_1(\cos\theta)+\sum_{n=0}^{\infty} D_n r^{-(n+1)} P_n(\cos\theta)$$

由衔接条件 $u_{外}\big|_{r=a}=u_{内}\big|_{r=a}$ 得

$$C_0-E_0 a P_1(\cos\theta)+\sum_{n=0}^{\infty} D_n a^{-(n+1)} P_n(\cos\theta)=\sum_{n=0}^{\infty} A_n a^n P_n(\cos\theta)$$

$$(5.2.11)$$

由衔接条件 $\dfrac{\partial u_{外}}{\partial r}\bigg|_{r=a}=\varepsilon\dfrac{\partial u_{内}}{\partial r}\bigg|_{r=a}$ 得

$$-E_0 P_1(\cos\theta)-\sum_{n=0}^{\infty} (n+1)D_n a^{-(n+2)} P_n(\cos\theta)=\varepsilon\sum_{n=0}^{\infty} n A_n a^{n-1} P_n(\cos\theta)$$

$$(5.2.12)$$

比较式（5.2.11）和式（5.2.12）两端勒让德多项式的系数得

$$P_0(\cos\theta)：\begin{cases} C_0+D_0\dfrac{1}{a}=A_0 \\ D_0\dfrac{1}{a^2}=0 \end{cases}$$

$$P_1(\cos\theta)：\begin{cases} -E_0 a+D_1\dfrac{1}{a^2}=A_1 a \\ -E_0-2D_1\dfrac{1}{a^3}=\varepsilon A_1 \end{cases}$$

......

$$P_n(\cos\theta):\begin{cases} D_n\dfrac{1}{a^{n+1}}=A_n a^n \\[3mm] -(n+1)D_n\dfrac{1}{a^{n+2}}=\varepsilon n A_n a^{n-1}, \quad n=2,3,\cdots \end{cases}$$

解上述方程组得

$$D_0=0, \quad D_1=\frac{\varepsilon-1}{\varepsilon+2}a^3 E_0, \quad D_n=0, \quad n\geqslant 2$$

$$A_0=C_0, \quad A_1=-\frac{3}{\varepsilon+2}E_0, \quad A_n=0, \quad n\geqslant 2$$

代入式（5.2.9）和式（5.2.10）可得定解问题的解为

$$u_内(r,\theta)=C_0-\frac{3}{\varepsilon+2}E_0 r\cos\theta$$

$$u_外(r,\theta)=C_0-E_0 r\cos\theta+\frac{\varepsilon-1}{\varepsilon+2}a^3 E_0\frac{\cos\theta}{r^2}$$

其中，C_0 为任意变化的常数，若规定电位的零点，便可求出 C_0。

球内的电位可表示为

$$u_内(r,\theta)=C_0-\frac{3}{\varepsilon+2}E_0 z$$

球内的场强为

$$\boldsymbol{E}_内=-\nabla u_内=\frac{3}{\varepsilon+2}\boldsymbol{E}_0$$

表明球内仍有均匀的电场强度，只是按一定的比率比原来消弱了。

习题5.2

5.2.1　求解定解问题

$$\begin{cases} \dfrac{1}{r^2}\dfrac{\partial}{\partial r}\left(r^2\dfrac{\partial u}{\partial r}\right)+\dfrac{1}{r^2\sin\theta}\dfrac{\partial}{\partial\theta}\left(\sin\theta\,\dfrac{\partial u}{\partial\theta}\right)=0, \quad r<1, \quad 0<\theta<\pi \\[3mm] u\big|_{r=1}=f(\theta) \end{cases}$$

其中

(1)　$f(\theta)=20(1+\cos\theta)$；　　　　　(2)　$f(\theta)=2+\cos^2\theta$；

(3)　$f(\theta)=\begin{cases} \cos\theta, & 0<\theta<\dfrac{\pi}{2} \\[3mm] 0, & \dfrac{\pi}{2}<\theta<\pi \end{cases}$

5.2.2　设有一单位球面，从北极到南极，其上的温度分布满足公式

$$f(\theta)=50(1-\cos\theta)$$

试求球内在定常状态下的温度分布。

5.2.3　求解定解问题

$$
\begin{cases}
\dfrac{1}{r^2}\dfrac{\partial}{\partial r}\left(r^2\dfrac{\partial u}{\partial r}\right)+\dfrac{1}{r^2\sin\theta}\dfrac{\partial}{\partial\theta}\left(\sin\theta\ \dfrac{\partial u}{\partial\theta}\right)=0,\quad r_1<r<r_2,\quad 0<\theta<\pi \\[3mm]
u\big|_{r=r_1}=f_1(\theta),\quad u\big|_{r=r_2}=f_2(\theta)
\end{cases}
$$

（1）$f_1(\theta)\neq0$，$f_2(\theta)=0$；　（2）$f_1(\theta)=0$，$f_2(\theta)\neq0$；　（3）$f_1(\theta)\neq0$，$f_2(\theta)\neq0$。

5.2.4　求解定解问题

$$
\begin{cases}
\dfrac{1}{r^2}\dfrac{\partial}{\partial r}\left(r^2\dfrac{\partial u}{\partial r}\right)+\dfrac{1}{r^2\sin\theta}\dfrac{\partial}{\partial\theta}\left(\sin\theta\ \dfrac{\partial u}{\partial\theta}\right)=0,\quad r>1,\quad 0<\theta<\pi \\[4mm]
u\big|_{r=1}=f(\theta)=\begin{cases}100,\quad 0<\theta<\dfrac{\pi}{2} \\[3mm] 20,\quad \dfrac{\pi}{2}<\theta<\pi\end{cases}
\end{cases}
$$

5.2.5　思考题：如果定解问题（5.2.1）中的边界条件不满足关于 z 轴对称，此时应如何求解？

5.3　球函数、连带勒让德方程

5.3.1　球函数与连带勒让德函数

上节讨论了球坐标系下具有轴对称性的拉普拉斯方程的定解问题。本节讨论球坐标系下一般拉普拉斯方程：

$$
\frac{1}{r^2}\frac{\partial}{\partial r}\left(r^2\frac{\partial u}{\partial r}\right)+\frac{1}{r^2\sin\theta}\frac{\partial}{\partial\theta}\left(\sin\theta\ \frac{\partial u}{\partial\theta}\right)+\frac{1}{r^2\sin^2\theta}\frac{\partial^2 u}{\partial\varphi^2}=0 \tag{5.3.1}
$$

先把变量 r 跟变量 θ 和 φ 进行分离，即

$$u(r,\theta,\varphi)=R(r)Y(\theta,\varphi)$$

代入方程（5.3.1）可得

$$
\frac{Y}{r^2}\frac{\mathrm{d}}{\mathrm{d}r}\left(r^2\frac{\mathrm{d}R}{\mathrm{d}r}\right)+\frac{R}{r^2\sin\theta}\frac{\partial}{\partial\theta}\left(\sin\theta\ \frac{\partial Y}{\partial\theta}\right)+\frac{R}{r^2\sin^2\theta}\frac{\partial^2 Y}{\partial\varphi^2}=0
$$

两边同乘 $\dfrac{r^2}{YR}$，并移项得

$$
\frac{1}{R}\frac{\mathrm{d}}{\mathrm{d}r}\left(r^2\frac{\mathrm{d}R}{\mathrm{d}r}\right)=\frac{-1}{Y\sin\theta}\frac{\partial}{\partial\theta}\left(\sin\theta\ \frac{\partial Y}{\partial\theta}\right)-\frac{1}{Y\sin^2\theta}\frac{\partial^2 Y}{\partial\varphi^2}
$$

该式左边是 r 的函数，右边是 θ 和 φ 的函数，只有等于同一常数才有可能相等，令该常数为 λ，则可得两个方程：

$$r^2 \frac{\mathrm{d}^2 R}{\mathrm{d}r^2} + 2r \frac{\mathrm{d}R}{\mathrm{d}r} - \lambda R = 0 \tag{5.3.2}$$

$$\frac{1}{\sin\theta} \frac{\partial}{\partial\theta}\left(\sin\theta \frac{\partial Y}{\partial\theta}\right) + \frac{1}{\sin^2\theta} \frac{\partial^2 Y}{\partial\varphi^2} + \lambda Y = 0 \tag{5.3.3}$$

偏微分方程（5.3.3）称为**球函数方程**，解 $Y(\theta,\varphi)$ 称为**球函数**。

对球函数方程（5.3.3）进一步分离变量，令

$$Y(\theta,\varphi) = \Theta(\theta)\Phi(\varphi)$$

代入方程（5.3.3），两边同乘 $\dfrac{\sin^2\theta}{\Theta\Phi}$，并移项可得

$$\frac{\sin\theta}{\Theta} \frac{\mathrm{d}}{\mathrm{d}\theta}\left(\sin\theta \frac{\mathrm{d}\Theta}{\mathrm{d}\theta}\right) + \lambda \sin^2\theta = -\frac{1}{\Phi} \frac{\mathrm{d}^2\Phi}{\mathrm{d}\varphi^2}$$

该式左边是 θ 的函数，右边是 φ 的函数，只有等于同一常数才有可能相等，令该常数为 μ，整理可得两个方程：

$$\frac{\mathrm{d}^2\Phi}{\mathrm{d}\varphi^2} + \mu\Phi = 0 \tag{5.3.4}$$

$$\frac{1}{\sin\theta} \frac{\mathrm{d}}{\mathrm{d}\theta}\left(\sin\theta \frac{\mathrm{d}\Theta}{\mathrm{d}\theta}\right) + \left(\lambda - \frac{\mu}{\sin^2\theta}\right)\Theta = 0 \tag{5.3.5}$$

方程（5.3.4）和自然边界条件 $\Phi(\varphi) = \Phi(\varphi+2\pi)$ 构成本征值问题，由表 4.1.1 可得该本征值问题的本征值为

$$\mu_m = m^2, \quad m = 0,1,2,\cdots$$

本征函数为

$$\Phi_m(\varphi) = A_m\cos m\varphi + B_m\sin m\varphi$$

把 $\mu_m = m^2$ 代入方程（5.3.5），令 $x = \cos\theta$（$0 < \theta < \pi$）和 $Q(x) = \Theta(\arccos x)$，类似于 5.2 节的推导可得方程

$$(1-x^2)\frac{\mathrm{d}^2 Q}{\mathrm{d}x^2} - 2x\frac{\mathrm{d}Q}{\mathrm{d}x} + \left(\lambda - \frac{m^2}{1-x^2}\right)Q = 0, \quad -1 < x < 1 \tag{5.3.6}$$

方程（5.3.6）称为**连带勒让德方程**，前两节讨论的是 $m=0$ 的情形。

对于给定的 m，连带勒让德方程（5.3.6）和自然边界条件（$Q(x)$ 有界）构成本征值问题，直接运用级数解法求解该本征值问题比较复杂，以下利用变换

$$Q(x) = (1-x^2)^{\frac{m}{2}} Z(x)$$

代入连带勒让德方程（5.3.6）可得 $Z(x)$ 满足微分方程

$$(1-x^2)\frac{\mathrm{d}^2 Z}{\mathrm{d}x^2} - 2(m+1)x\frac{\mathrm{d}Z}{\mathrm{d}x} + [\lambda - m(m+1)]Z = 0, \quad -1 < x < 1 \tag{5.3.7}$$

如果对方程（5.3.7）采用级数解法，系数递推公式不再复杂，不过有更加简便的方法（参照参考文献【5】）。利用莱布尼茨乘积求导公式对勒让德方程（5.1.1）两边求 m 阶导数可得

$$(1-x^2)\frac{\mathrm{d}^2}{\mathrm{d}x^2}y^{(m)}-2(m+1)x\frac{\mathrm{d}}{\mathrm{d}x}y^{(m)}+[\lambda-m(m+1)]y^{(m)}=0$$

式中，$y^{(m)}$ 表示函数 $y(x)$ 的 m 阶导数。把 $y^{(m)}$ 看作 $Z(x)$，便是方程 (5.3.7)。因而，方程 (5.3.7) 的解应为勒让德方程解的 m 阶导数，即 $Z(x)=P^{(m)}(x)$。由 5.1 节的分析我们知道勒让德本征值问题的本征值为 $\lambda_n=n(n+1)$ $(n=0,1,2,\cdots)$，本征函数为勒让德多项式 $P_n(x)$。由此可得连带勒让德方程与自然边界条件（解在区间 $(-1,1)$ 上有界）构成的本征值问题的本征值与勒让德本征值问题的本征值相同，本征函数为勒让德多项式 $P_n(x)$ 的 m 阶导数，即

$$Z(x)=P_n^{(m)}(x)$$

由此可得方程 (5.3.6) 的解为 $Q(x)=(1-x^2)^{\frac{m}{2}}P_n^{(m)}(x)$，通常记作

$$P_n^m(x)=(1-x^2)^{\frac{m}{2}}P_n^{(m)}(x) \tag{5.3.8}$$

$P_n^m(x)$ 称为**连带勒让德函数**。$P_n(x)$ 为 n 次多项式，当 $m>n$ 时，$P_n^m(x)=0$。因而，对给定的 n，连带勒让德函数中只需考虑 $m=0,1,2,\cdots,n$ 的情形。当 $m=0$ 时，连带勒让德函数便是勒让德多项式。由 5.1 节的勒让德多项式及式 (5.3.8) 可列出几个连带勒让德函数如下：

$$\begin{cases} P_1^1(x)=(1-x^2)^{\frac{1}{2}}=\sin\theta \\[2mm] P_2^1(x)=(1-x^2)^{\frac{1}{2}}(3x)=\dfrac{3}{2}\sin2\theta \\[2mm] P_2^2(x)=3(1-x^2)=\dfrac{3}{2}(1-\cos2\theta) \\[2mm] P_3^1(x)=\dfrac{3}{2}(1-x^2)^{\frac{1}{2}}(5x^2-1)=6\sin\theta-\dfrac{15}{2}\sin^3\theta \\[2mm] P_3^2(x)=15(1-x^2)x=15\sin^2\theta\cos\theta \\[2mm] P_3^3(x)=15(1-x^2)^{\frac{3}{2}}=15\sin^3\theta \end{cases} \tag{5.3.9}$$

5.3.2　连带勒让德函数和球函数的基本性质

本节只列出球函数和连带勒让德函数的基本性质，详细证明可参阅相关参考文献。

(1) 连带勒让德函数的基本性质

① 微分形式

$$P_n^m(x)=\frac{(1-x^2)^{\frac{m}{2}}}{2^n n!}\frac{\mathrm{d}^{n+m}}{\mathrm{d}x^{n+m}}(x^2-1)^n$$

② 正交性　对于给定的 m 成立

$$\int_{-1}^{1} P_k^m(x) \cdot P_n^m(x) \mathrm{d}x = \int_0^\pi P_k^m(\cos\theta) \cdot P_n^m(\cos\theta)\sin\theta \mathrm{d}\theta = 0, \quad k \neq n$$

③ 模

$$(N_n^m)^2 = \int_{-1}^{1} \left[P_n^m(x) \right]^2 \mathrm{d}x = \frac{(n+m)!}{(n-m)!} \cdot \frac{2}{2n+1}$$

④ 广义傅里叶级数　对于给定的 m，连带勒让德函数 $P_n^m(x)$ $(n = 0,1,2,\cdots)$ 是完备的。设 $f(x)$ 为 $[-1,1]$ 上定义的分段连续函数，则有傅里叶展式：

$$f(x) = \sum_{n=0}^{\infty} f_n P_n^m(x), \quad f_n = \frac{2n+1}{2} \frac{(n-m)!}{(n+m)!} \int_{-1}^{1} f(x) P_n^m(x) \mathrm{d}x$$

从而，对定义在 $[0,\pi]$ 上分段连续函数 $f(\theta)$ 有展开式

$$f(\theta) = \sum_{n=0}^{\infty} f_n P_n^m(\cos\theta), \quad f_n = \frac{2n+1}{2} \frac{(n-m)!}{(n+m)!} \int_0^\pi f(\theta) P_n^m(\cos\theta)\sin\theta \mathrm{d}\theta$$

（2）球函数的基本性质

球函数方程（5.3.3）的解为球函数，利用变量分离得到了一列**球函数解**

$$Y_n^m(\theta,\varphi) = \left[a_{nm}\cos m\varphi + b_{nm}\sin m\varphi \right] P_n^m(\cos\theta) \tag{5.3.10}$$

$Y_n^m(\theta,\varphi)$ 有如下性质。

① 正交性　由连带勒让德函数的正交性和函数系 $\{1,\cos m\varphi,\sin m\varphi\}$ 的正交性容易得到 $Y_n^m(\theta,\varphi)$ 的正交性，即

$$\iint\limits_{S} Y_n^m(\theta,\varphi) Y_k^l(\theta,\varphi)\sin\theta \mathrm{d}\theta \mathrm{d}\varphi = 0, \quad m \neq l \text{ 或 } n \neq k$$

式中，S 为单位球面。

② 模　由连带勒让德函数的模和函数系 $\{1,\cos m\varphi,\sin m\varphi\}$ 的模（参照表 4.1.1）容易导出球函数的模为

$$(N_n^m)^2 = \iint\limits_{S} \left[Y_n^m(\theta,\varphi) \right]^2 \sin\theta \mathrm{d}\theta \mathrm{d}\varphi$$

$$= \begin{cases} \dfrac{(n+m)!}{(n-m)!} \cdot \dfrac{2\pi}{2n+1}, & m \neq 0 \\[3mm] \dfrac{4\pi}{2n+1}, & m = 0 \end{cases}$$

③ 广义傅里叶级数　把函数 $f(\theta,\varphi)$ $(0 \leqslant \theta \leqslant \pi, 0 \leqslant \varphi \leqslant 2\pi)$ 展成关于球函数（5.3.10）的傅里叶级数，展开式为

$$f(\theta,\varphi) = \sum_{n=0}^{\infty} \sum_{m=0}^{n} \left[a_{nm}\cos m\varphi + b_{nm}\sin m\varphi \right] P_n^m(\cos\theta)$$

或

$$f(\theta,\varphi)=\sum_{n=0}^{\infty}\sum_{m=0}^{n}a_{nm}P_n^m(\cos\theta)\cos m\varphi+\sum_{n=0}^{\infty}\sum_{m=0}^{n}b_{nm}P_n^m(\cos\theta)\sin m\varphi$$

系数为

$$a_{n0}=\frac{2n+1}{4\pi}\cdot\int_0^{2\pi}\int_0^{\pi}f(\theta,\varphi)P_n(\cos\theta)\sin\theta\mathrm{d}\theta\mathrm{d}\varphi,\quad n=0,1,2,\cdots$$

$$a_{nm}=\frac{(n-m)!}{(n+m)!}\cdot\frac{2n+1}{2\pi}\cdot\int_0^{2\pi}\int_0^{\pi}f(\theta,\varphi)P_n^m(\cos\theta)\cos m\varphi\sin\theta\mathrm{d}\theta\mathrm{d}\varphi$$

$$b_{nm}=\frac{(n-m)!}{(n+m)!}\cdot\frac{2n+1}{2\pi}\cdot\int_0^{2\pi}\int_0^{\pi}f(\theta,\varphi)P_n^m(\cos\theta)\sin m\varphi\sin\theta\mathrm{d}\theta\mathrm{d}\varphi$$

$$n=1,2,\cdots;\ m=1,2,\cdots$$

然而，在求一些简单函数关于球函数的傅里叶级数的系数时，一般不用以上积分公式。以下举例说明关于球函数的傅里叶级数的展开步骤。

【例 5.3.1】 求下列函数的球函数展开式。

① $f(\theta,\varphi)=3\sin^2\theta\cos^2\varphi-1$ ② $f(\theta,\varphi)=(1+3\cos\theta)\sin\theta\cos\varphi$

解 ① 第一步：先把 $f(\theta,\varphi)$ 展开为关于 $\{1,\cos m\varphi,\sin m\varphi\}$ 的傅里叶级数。

$$f(\theta,\varphi)=\frac{3}{2}\sin^2\theta(1+\cos 2\varphi)-1$$

$$=\left(\frac{3}{2}\sin^2\theta-1\right)+\frac{3}{2}\sin^2\theta\cos 2\varphi$$

上式第一项为 1 的系数（$m=0$），记 $f_0(\theta)=\frac{3}{2}\sin^2\theta-1$，第二项对应 $m=2$，记

$f_2(\theta)=\frac{3}{2}\sin^2\theta$。

第二步：把 $f_0(\theta)$ 按 $P_n^0(\cos\theta)$ 展开，即按勒让德多项式展开，$f_2(\theta)$ 按

$P_n^2(\cos\theta)$ 展开。

$$f_0(\theta)=\frac{3}{2}\sin^2\theta-1=\frac{3}{2}(1-\cos^2\theta)-1=\frac{3}{2}(1-x^2)-1$$

$$=A_0P_0(x)+A_1P_1(x)+A_2P_2(x)$$

$$=A_0+A_1x+A_2\cdot\frac{1}{2}(3x^2-1)$$

比较系数得 $A_0=A_1=0$，$A_2=-1$，所以 $\frac{3}{2}\sin^2\theta-1=-P_2(\cos\theta)$。由式

(5.3.9) 得 $f_2(\theta)=\frac{3}{2}\sin^2\theta=\frac{1}{2}P_2^2(\cos\theta)$，所以 $\frac{3}{2}\sin^2\theta\cos 2\varphi=\frac{1}{2}P_2^2$

$(\cos\theta)\cos 2\varphi$。

于是

$$f(\theta,\varphi)=3\sin^2\theta\cos^2\varphi-1=-P_2^0(\cos\theta)+\frac{1}{2}P_2^2(\cos\theta)\cos2\varphi。$$

② 第一步：先把 $f(\theta,\varphi)=(1+3\cos\theta)\sin\theta\cos\varphi$ 展开为关于 $\{1,\cos m\varphi,\sin m\varphi\}$ 的傅里叶级数，这里对应 $m=1$，令 $f_1(\theta)=(1+3\cos\theta)\sin\theta$。

第二步：把 $f_1(\theta)$ 按 $P_n^1(\cos\theta)$ 展开，则

$$f_1(\theta)=\sin\theta+3\sin\theta\cos\theta=\sin\theta+\frac{3}{2}\sin2\theta$$

$$=P_1^1(\cos\theta)+P_2^1(\cos\theta)$$

于是

$$f(\theta,\varphi)=[P_1^1(\cos\theta)+P_2^1(\cos\theta)]\cos\varphi$$

5.3.3　球函数应用举例

类似于 5.2 节的分析，把 $\lambda_n=n(n+1)$ $(n=0,1,2,\cdots)$ 代入方程（5.3.2）求解，然后叠加可得拉普拉斯方程解的形式如下。

球域内 $(r<a)$ 拉普拉斯方程解的形式为

$$u(r,\theta,\varphi)=\sum_{n=0}^{\infty}\sum_{m=0}^{n}r^n[a_{nm}\cos m\varphi+b_{nm}\sin m\varphi]P_n^m(\cos\theta)\quad(5.3.11)$$

球域外 $(r>a)$ 拉普拉斯方程解的形式为：

$$u(r,\theta,\varphi)=\sum_{n=0}^{\infty}\sum_{m=0}^{n}r^n[a_{nm}\cos m\varphi+b_{nm}\sin m\varphi]P_n^m(\cos\theta)$$

$$=\sum_{n=0}^{\infty}\sum_{m=0}^{n}r^{-(n+1)}[c_{nm}\cos m\varphi+d_{nm}\sin m\varphi]P_n^m(\cos\theta)\quad(5.3.12)$$

以下举例说明球坐标系下一般拉普拉斯方程的求解步骤。

【例 5.3.2】　设半径为 a 的均匀球体，球面上的温度分布为

$$f(\theta,\varphi)=(1+3\cos\theta)\sin\theta\cos\varphi$$

试求稳定状态下球内的温度分布。

解　该问题对应球域内的定解问题：

$$\begin{cases}\Delta u=0,\quad r<a\\ u\big|_{r=a}=(1+3\cos\theta)\sin\theta\cos\varphi\end{cases}$$

利用求解公式（5.3.11），由边值条件以及例 5.3.1 的结论可得

$$\sum_{n=0}^{\infty}\sum_{m=0}^{n}a^n(a_{nm}\cos m\varphi+b_{nm}\sin m\varphi)P_n^m(\cos\theta)=[P_1^1(\cos\theta)+P_2^1(\cos\theta)]\cos\varphi$$

比较系数得

$$\begin{cases} aa_{11}=1 \\ a^2 a_{21}=1 \\ a^n a_{nm}=a^n b_{nm}=0 \text{（除 } aa_{11} \text{ 和 } a^2 a_{21} \text{ 外，其余为 0）} \end{cases}$$

解之得
$$\begin{cases} a_{11}=a^{-1} \\ a_{21}=a^{-2} \\ \text{其余系数为 0} \end{cases}$$

因而解为

$$u(r,\theta,\varphi)=[ra^{-1}P_1^1(\cos\theta)+r^2 a^{-2}P_2^1(\cos\theta)]\cos\varphi$$

【例 5.3.3】 求解球域外的定解问题

$$\begin{cases} \Delta u=0, r>a \\ \dfrac{\partial u}{\partial r}\Big|_{r=a}=U_0(3\sin^2\theta\cos^2\varphi-1) \\ u \text{ 有界} \end{cases}$$

式中，U_0 为常数。

解　由 u 有界和求解公式（5.3.12）易见，求解公式应简化为

$$u(r,\theta,\varphi)=a_{00}+\sum_{n=0}^{\infty}\sum_{m=0}^{n}r^{-(n+1)}(c_{nm}\cos m\varphi+d_{nm}\sin m\varphi)P_n^m(\cos\theta)$$

由边界条件和例 5.3.1 得

$$\sum_{n=0}^{\infty}\sum_{m=0}^{n}(-n-1)a^{-(n+2)}(c_{nm}\cos m\varphi+d_{nm}\sin m\varphi)P_n^m(\cos\theta)$$

$$=U_0\Big[-P_2(\cos\theta)+\frac{1}{2}P_2^2(\cos\theta)\cos 2\varphi\Big]$$

比较系数得

$$\begin{cases} -3a^{-4}c_{20}=-U_0 \\ -3a^{-4}c_{22}=\dfrac{U_0}{2} \\ -(n+1)a^{-(n+2)}c_{nm}=-(n+1)a^{-(n+2)}d_{nm}=0 \\ \text{（除 } -3a^{-4}c_{20} \text{ 和 } -3a^{-4}c_{22} \text{ 外其余为 0）} \end{cases}$$

解之得

$$\begin{cases} c_{20}=\dfrac{U_0}{3}a^4 \\ c_{22}=-\dfrac{U_0}{6}a^4 \\ \text{其余系数为 0} \end{cases}$$

因此解为

$$u(r,\theta,\varphi) = a_{00} + \frac{U_0}{3}a^4 r^{-3} P_2(\cos\theta) - \frac{U_0}{6}a^4 r^{-3} P_2^2(\cos\theta)\cos2\varphi$$

式中，a_{00} 可以为任何常数。

注意：若定解问题（5.2.1）的求解区域为圆柱体形状的区域，此时需采用柱坐标系，通过分离变量会出现一种类型的方程，称为**贝塞尔方程**，其解称为**贝塞尔函数**，这部分内容将在下一章介绍。

习题5.3

5.3.1　求下列函数的球函数展开式。

（1）$f(\theta,\varphi) = \sin^2\theta\cos\varphi\sin\varphi$　　（2）$f(\theta,\varphi) = 4\sin^2\theta\left(\sin\varphi\cos\varphi + \frac{1}{2}\right)$

（3）$f(\theta,\varphi) = U_0(3\sin^2\theta\sin^2\varphi - 1)$

式中，U_0 为常数。

5.3.2　求解下列定解问题

$$\begin{cases} \Delta u = 0 \\ u\big|_{r=a} = 4U_0\sin^2\theta\left(\sin\varphi\cos\varphi + \frac{1}{2}\right) \end{cases}$$

（1）在球域内，即 $r < a$；（2）在球域外，即 $r > a$。U_0 为常数。

第 6 章

贝塞尔函数

本章要求

（1）了解贝塞尔（Bessel）方程和贝塞尔函数的定义；

（2）掌握贝塞尔函数的主要性质（递推公式、正交性）和收敛定理；

（3）理解贝塞尔级数展开，掌握用贝塞尔级数展开对二维波动问题和热传导问题在柱坐标下的分离变量求解。

（4）了解圆柱形区域内如何利用分离变量法求解三维拉普拉斯方程、三维波动方程以及三维热传导方程的定解问题。

第 4 章讨论了用分离变量法求解数学物理方程的定解问题，该方法的本质是把未知函数表示成本征函数系的傅里叶级数。同样，在第 5 章是把未知函数表示成勒让德级数。我们注意到，那里的本征函数均为初等函数。然而，有一些数学物理问题的求解所需要的本征函数不是初等函数。本节的目的是导入一类特殊的本征函数，称为贝塞尔函数，它在求解一类数学物理问题时用到。

6.1 推广的 Γ-函数

为了贝塞尔函数引入的需要，本节将推广 Γ-函数。高等数学中的 Γ-函数由广义积分

$$\Gamma(x) = \int_0^{+\infty} t^{x-1} \mathrm{e}^{-t} \mathrm{d}t , \quad x > 0 \tag{6.1.1}$$

定义，该广义积分对于 $x > 0$ 收敛。由分部积分易证，Γ-函数有基本性质

$$\Gamma(x+1) = x\Gamma(x) \tag{6.1.2}$$

特别，当 n 为非负整数时有

$$\Gamma(n+1) = n! , \quad n = 0, 1, 2, \cdots$$

另外

$$\Gamma\left(\frac{1}{2}\right) = \sqrt{\pi}$$

通常的 Γ-函数只对 $x>0$ 有意义，以下把 Γ-函数的定义域推广到除 $0,-1,-2,$ $-3,\cdots$ 外的任何实数 x。由性质（6.1.2）得

$$\Gamma(x)=\frac{\Gamma(x+1)}{x}$$

该式表明，由 Γ-函数在 $x+1$ 处的值可求其在 x 处的值，如

$$\Gamma\left(-\frac{1}{2}\right)=-2\Gamma\left(\frac{1}{2}\right)=-2\sqrt{\pi}, \quad \Gamma\left(-\frac{3}{2}\right)=-\frac{2}{3}\Gamma\left(-\frac{1}{2}\right)=\frac{4}{3}\sqrt{\pi}$$

用这种方法可把 Γ-函数的定义域推广到包含除 $-1,-2,-3,\cdots$ 外的任何负实数，如图 6.1.1 所示。我们注意到 Γ-函数有垂直渐近线 $x=0,-1,-2,-3,\cdots$，且在相邻的负区间符号不同。

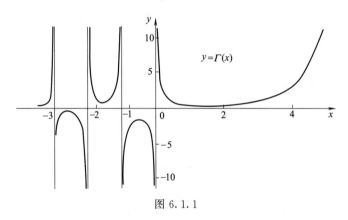

图 6.1.1

6.2　贝塞尔方程的导出

研究一半径为 R 的圆形平面薄膜的振动，薄膜的密度均匀，边界固定，设薄膜的中心在原点，这个问题可以归结为以下二维波动方程的定解问题

$$\begin{cases} u_{tt}=a^2(u_{xx}+u_{yy}), \quad x^2+y^2<R^2, \quad t>0 & (6.2.1a) \\ u\big|_{t=0}=\varphi(x,y), u_t\big|_{t=0}=\psi(x,y), \quad x^2+y^2<R^2 & (6.2.1b) \\ u\big|_{x^2+y^2=R^2}=0 & (6.2.1c) \end{cases}$$

利用分离变量法，令 $u(x,y,t)=V(x,y)T(t)$，代入方程（6.2.1a）得

$$V(x,y)T''(t)=a^2(V_{xx}+V_{yy})T(t)$$

两边同除以 $a^2V(x,y)T(t)$ 得

$$\frac{T''(t)}{a^2T(t)}=\frac{V_{xx}+V_{yy}}{V}\stackrel{令}{=}-\lambda^2$$

由于我们希望求得 $T(t)$ 的周期解，因此把分离变量常数设为负数。于是得到下面关于 $T(t)$ 和 $V(x,y)$ 的方程

$$\begin{cases} T''(t)+a^2\lambda^2 T(t)=0 & (6.2.2a) \\ V_{xx}+V_{yy}+\lambda^2 V=0 & (6.2.2b) \end{cases}$$

方程（6.2.2b）称为 **Helmholtz** 方程。

在极坐标下，令 $\overline{V}(\rho,\theta)=V(\rho\cos\theta,\rho\sin\theta)$，再由方程（6.2.2b）和边界条件 (6.2.1c)，以及拉普拉斯算子在极坐标下的形式（见附录I）可得以下本征值问题

$$\begin{cases} \dfrac{\partial^2 \overline{V}}{\partial \rho^2}+\dfrac{1}{\rho}\dfrac{\partial \overline{V}}{\partial \rho}+\dfrac{1}{\rho^2}\dfrac{\partial^2 \overline{V}}{\partial \theta^2}+\lambda^2\overline{V}=0, \quad 0<\rho<R,0<\theta<2\pi & (6.2.3a) \\ \overline{V}\,|_{\rho=R}=0,0\leqslant\theta\leqslant 2\pi & (6.2.3b) \end{cases}$$

进一步对 $\overline{V}(\rho,\theta)$ 分离变量，令 $\overline{V}(\rho,\theta)=P(\rho)\Theta(\theta)$，代入方程（6.2.3a）得

$$P''(\rho)\Theta(\theta)+\frac{1}{\rho}P'(\rho)\Theta(\theta)+\frac{1}{\rho^2}P(\rho)\Theta''(\theta)+\lambda^2 P(\rho)\Theta(\theta)=0$$

整理得

$$\rho^2 P''(\rho)\Theta(\theta)+\rho P'(\rho)\Theta(\theta)+\lambda^2\rho^2 P(\rho)\Theta(\theta)=-P(\rho)\Theta''(\theta)$$

两边同除以 $P(\rho)\Theta(\theta)$ 得

$$\frac{\rho^2 P''(\rho)+\rho P'(\rho)+\lambda^2\rho^2 P(\rho)}{P(\rho)}=-\frac{\Theta''(\theta)}{\Theta(\theta)}\overset{令}{=}\mu$$

由此我们得到关于 $\Theta(\theta)$ 和 $P(\rho)$ 的两个方程

$$\begin{cases} \Theta''(\theta)+\mu\Theta(\theta)=0 & (6.2.4a) \\ \rho^2 P''(\rho)+\rho P'(\rho)+(\lambda^2\rho^2-\mu)P(\rho)=0 & (6.2.4b) \end{cases}$$

由于 (ρ,θ) 和 $(\rho,\theta+2\pi)$ 代表同一点，则 $\overline{V}(\rho,\theta)$ 关于 θ 以 2π 为周期，故 $\Theta(\theta)=\Theta(\theta+2\pi)$，于是得本征值问题

$$\begin{cases} \Theta''(\theta)+\mu\Theta(\theta)=0 \\ \Theta(\theta)=\Theta(\theta+2\pi) \end{cases}$$

由表 4.1.1 可知，该定解问题的本征值和对应的本征函数为

$$\mu_n=n^2, \quad \Theta_n(\theta)=a_n\cos n\theta+b_n\sin n\theta, \quad n=0,1,2,\cdots$$

把 $\mu_n=n^2$ 代入式（6.2.4b）得方程

$$\rho^2 P''(\rho)+\rho P'(\rho)+(\lambda^2\rho^2-n^2)P(\rho)=0 \tag{6.2.5}$$

该方程称为 **n 阶贝塞尔方程**，也称为 n 阶柱函数方程。应该注意，n 阶贝塞尔方程是一个二阶微分方程。令 $r=\lambda\rho$，$F(r)=P\left(\dfrac{r}{\lambda}\right)$，则 n **阶贝塞尔方程**变为

$$r^2 F''(r)+rF'(r)+(r^2-n^2)F(r)=0 \tag{6.2.6}$$

对应于方程（6.2.5）的边界条件为

$$\begin{cases} P(R)=0 \\ |P(0)|<+\infty \quad \text{（自然边界条件）} \end{cases}$$

因此，为了求得 $u(x,y,t)$，必须首先求出 $F(r)$。

归结为求解 n 阶贝塞尔方程的例子还有很多。例如：研究半径为 R 的薄圆盘内的温度分布，圆盘的上、下底面绝热，边界上的温度保持为零，初始温度已知，此时可归结为求解以下定解问题

$$\begin{cases} u_t=a^2(u_{xx}+u_{yy}), \quad x^2+y^2<R^2, \quad t>0 \\ u\big|_{t=0}=\varphi(x,y), \quad x^2+y^2<R^2 \\ u\big|_{x^2+y^2=R^2}=0 \end{cases}$$

类似上面的讨论，由该定解问题同样可以导出 n 阶贝塞尔方程。

6.3　贝塞尔方程的通解与贝塞尔函数

n 阶贝塞尔方程习惯上表示为

$$x^2\frac{d^2 y}{dx^2}+x\frac{dy}{dx}+(x^2-n^2)y=0 \tag{6.3.1}$$

在一般的 n 阶贝塞尔方程中，n 可取任意实数或复数，以下只考虑 n 为实数的情形，不妨先设 $n\geqslant0$。应用 Frobenius 方法，方程（6.3.1）有形如

$$y=x^c(a_0+a_1x+a_2x^2+\cdots+a_kx^k+\cdots)=\sum_{k=0}^{\infty}a_kx^{c+k}$$

的解，其中 $a_0\neq0$，c 和 $a_k(k=0,1,2,\cdots)$ 为待定常数。

把 y 代入方程（6.3.1）得

$$\sum_{k=0}^{\infty}\{[(c+k)(c+k-1)+(c+k)+(x^2-n^2)]a_kx^{c+k}\}=0$$

整理得

$$(c^2-n^2)a_0x^c+[(c+1)^2-n^2]a_1x^{c+1}+\sum_{k=2}^{\infty}\{[(c+k)^2-n^2]a_k+a_{k-2}\}x^{c+k}=0$$

比较系数得

$$\begin{cases} (c^2-n^2)a_0=0 \\ [(c+1)^2-n^2]a_1=0 \\ [(c+k)^2-n^2]a_k+a_{k-2}=0 \end{cases} \Rightarrow \begin{cases} c=\pm n\,(\text{因为}\,a_0\neq0) \\ a_1=0 \\ a_k=-\dfrac{a_{k-2}}{k(2c+k)} \end{cases}$$

若 $c=n$，因为 $a_1=0$，由递推公式 $a_k=-\dfrac{a_{k-2}}{k(2n+k)}$ 得 $a_1=a_3=\cdots=a_{2m+1}=\cdots=0$，$a_{2m}(m=1,2,\cdots)$ 可由 a_0 表出，即

$$a_2 = \frac{-a_0}{2(2n+2)}$$

$$a_4 = \frac{a_0}{2 \cdot 4 \cdot (2n+2) \cdot (2n+4)}$$

$$a_{2m} = (-1)^m \frac{a_0}{2 \cdot 4 \cdot 6 \cdots 2m(2n+2)(2n+4)\cdots(2n+2m)}$$

$$= (-1)^m \frac{a_0}{2^{2m} m!(n+1)(n+2)\cdots(n+m)}$$

其中 a_0 为任意实数。取 $a_0 = \frac{1}{2^n \Gamma(n+1)}$，可得到方程（6.3.1）的一个特解

$$y_1 = \sum_{m=0}^{\infty} (-1)^m \frac{x^{n+2m}}{2^{n+2m} m! \Gamma(n+m+1)} \qquad (6.3.2)$$

之所以这样选择 a_0，是为了使得 2^{n+2m} 和 x^{n+2m} 的次数统一。可以求得级数
（6.3.2）的收敛域为 $(-\infty, +\infty)$。

　　级数（6.3.2）确定的函数称为 **n 阶第一类贝塞尔函数**，也称为 n 阶第一类
柱函数。记作

$$J_n(x) = \sum_{m=0}^{\infty} (-1)^m \frac{x^{n+2m}}{2^{n+2m} m! \Gamma(n+m+1)} \qquad (6.3.3)$$

若 $c = -n$，可得另一个特解

$$J_{-n}(x) = \sum_{m=0}^{\infty} (-1)^m \frac{x^{-n+2m}}{2^{-n+2m} m! \Gamma(-n+m+1)} \qquad (6.3.4)$$

这里用到推广的 Γ-函数。图 6.3.1 $\left[J_n(x)\right.$ 的图形，$n = 0, \frac{1}{2}, 1, 2, 7\left.\right]$ 和图
6.3.2 $\left[J_{1/2}(x)\right.$ 和 $J_{-1/2}(x)$ 的图形以及其包络$\left.\right]$ 给出了部分第一类贝塞尔函
数对应的图形。

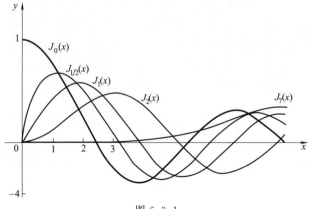

图 6.3.1

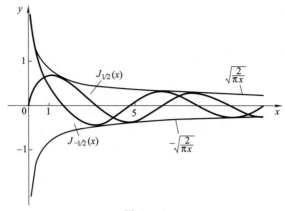

图 6.3.2

比较式（6.3.3）和式（6.3.4）得，无论 n 是正还是负，均可由式（6.3.3）表示。

易证当 n 不为整数时，$J_n(x)$，$J_{-n}(x)$ 线性无关。所以式（6.3.1）的通解为

$$y(x)=AJ_n(x)+BJ_{-n}(x) \tag{6.3.5}$$

取 $A=\cot n\pi$，$B=-\csc n\pi$ 可得方程（6.2.1）的另一个特解

$$Y_n(x)=\frac{J_n(x)\cos n\pi-J_{-n}(x)}{\sin n\pi} \tag{6.3.6}$$

称 $Y_n(x)$ 为**第二类贝塞尔函数**，也称为第二类柱函数。由 $\dfrac{Y_n(x)}{J_n(x)}\neq$ 常数，可得方程（6.3.1）的另一种形式的通解。

$$y(x)=AJ_n(x)+BY_n(x)$$

当 n 为整数时，$J_n(x)$ 和 $J_{-n}(x)$ 线性相关，式（6.3.5）和式（6.3.6）不再是方程（6.3.1）的通解。现在证明 $J_n(x)$，$J_{-n}(x)$ 线性相关，这里只对 n 为正整数的情形。设 $n=N$，由 Γ-函数的定义，当 s 为零或负整数时，$\Gamma(s)\to\infty$。从而，当 $m=0$，1，2，$\cdots$，$N-1$ 时

$$\frac{1}{\Gamma(-N+m+1)}=0$$

此时

$$J_{-N}(x)=\sum_{m=N}^{\infty}(-1)^m\frac{x^{-N+2m}}{2^{-N+2m}m!\ \Gamma(-N+m+1)}$$

$$=(-1)^N\left[\frac{x^N}{2^N N!}-\frac{x^{N+2}}{2^{N+2}(N+1)!}+\frac{x^{N+4}}{2^{N+4}(N+2)!\ 2!}+\cdots\right]$$

$$=(-1)^N J_N(x) \tag{6.3.7}$$

即 $J_N(x)$ 与 $J_{-N}(x)$ 线性相关。

为了求得贝塞尔方程当 n 为整数时的通解，需找出与 $J_n(x)$ 线性无关的另一个特解。这里用到第二类贝塞尔函数 $Y_n(x)$。我们注意到，对于任何非整数 p，$Y_p(x)$ 为贝塞尔方程的解，而对 n 为整数，由式（6.3.7）得

$$J_n(x)\cos n\pi - J_{-n}(x) = 0$$

此时 $Y_n(x)$ 无定义。由洛必达法则求以下极限，仍用 $Y_n(x)$ 表示极限值，即

$$Y_n(x) = \lim_{p \to n} \frac{J_p(x)\cos p\pi - J_{-p}(x)}{\sin p\pi} \tag{6.3.8}$$

其中，n 为整数。可以证明该极限存在，且极限是贝塞尔方程的一个解，并与 $J_n(x)$ 线性无关。图 6.3.3 给出了几条 $Y_n(x)(n = 0, 1, 2, 2.4, 2.8)$ 对应的曲线，易见有极限

$$\lim_{x \to 0^+} Y_n(x) = -\infty$$

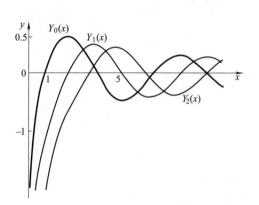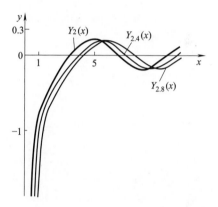

图 6.3.3

这样确定的函数 $Y_n(x)$ 是贝塞尔方程的另一个特解，且与 $J_n(x)$ 线性无关。从而可得，无论 n 是否为整数，n 阶贝塞尔方程有以下形式的通解

$$y_n(x) = A J_n(x) + B Y_n(x)$$

最后，我们把以上的分析总结如下：

> n 阶贝塞尔方程（6.3.1）的通解为
> $$y(x) = c_1 J_n(x) + c_2 Y_n(x)$$
> 其中，$J_n(x)$ 由式（6.3.3）确定，$Y_n(x)$ 由式（6.3.6）或式（6.3.8）确定。如果 n 不是整数，则
> $$y(x) = c_1 J_n(x) + c_2 J_{-n}(x)$$
> 也是通解，其中 $J_n(x)$ 和 $J_{-n}(x)$ 均由式（6.3.3）确定。

6.4 贝塞尔级数展开

本节我们将讨论贝塞尔函数的一些递推公式、正交性以及函数展开成贝塞尔级数。这里的许多性质都会在以后求解定解问题时用到。

6.4.1 贝塞尔函数的恒等式

对于任何 $n \geq 0$ 有

$$\frac{\mathrm{d}}{\mathrm{d}x}[x^n J_n(x)] = x^n J_{n-1}(x) \tag{6.4.1}$$

$$\frac{\mathrm{d}}{\mathrm{d}x}[x^{-n} J_n(x)] = -x^{-n} J_{n+1}(x) \tag{6.4.2}$$

特别有 $\dfrac{\mathrm{d}}{\mathrm{d}x}[J_0(x)] = -J_1(x)$

以下只证明式 (6.4.1)：

$$\frac{\mathrm{d}}{\mathrm{d}x}[x^n J_n(x)] = \frac{\mathrm{d}}{\mathrm{d}x} \sum_{m=0}^{\infty} (-1)^m \frac{x^{2n+2m}}{2^{n+2m} m! \Gamma(n+m+1)}$$

$$= \sum_{m=0}^{\infty} (-1)^m (2n+2m) \frac{x^{2n+2m-1}}{2^{n+2m} m! \Gamma(n+m+1)}$$

$$= x^n \sum_{m=0}^{\infty} (-1)^m \frac{x^{n+2m-1}}{2^{n+2m-1} m! \Gamma(n+m)}, \quad \Gamma(n+m+1) = (n+m)\Gamma(n+m)$$

$$= x^n J_{n-1}(x)$$

可得式 (6.4.1)。其他恒等式可由式 (6.4.1) 和式 (6.4.2) 导出，以下列出一些常用的恒等式。

$$xJ_n'(x) + nJ_n(x) = xJ_{n-1}(x) \tag{6.4.3}$$

$$xJ_n'(x) - nJ_n(x) = -xJ_{n+1}(x) \tag{6.4.4}$$

$$J_{n-1}(x) - J_{n+1}(x) = 2J_n'(x) \tag{6.4.5}$$

$$J_{n-1}(x) + J_{n+1}(x) = \frac{2n}{x} J_n(x) \tag{6.4.6}$$

注意：相应的公式对第二类贝塞尔函数也成立。

首先证明式 (6.4.3)。对式 (6.4.1) 求导可得

$$x^n J_n'(x) + nx^{n-1} J_n(x) = x^n J_{n-1}(x)$$

两边同除 x^{n-1} 可得式 (6.4.3)。同理，从式 (6.4.2) 出发可证明式 (6.4.4)。

把式（6.4.3）和式（6.4.4）相加整理可得式（6.4.5）。从式（6.4.3）中减去式（6.4.4）化简可得式（6.4.6）。另外，对于式（6.4.1）和式（6.4.2）两边求积分可得积分恒等式：

$$\int x^{n+1} J_n(x)\mathrm{d}x = x^{n+1} J_{n+1}(x) + C \tag{6.4.7}$$

$$\int x^{-n+1} J_n(x)\mathrm{d}x = -x^{-n+1} J_{n-1}(x) + C \tag{6.4.8}$$

6.4.2 贝塞尔函数的正交性

为了更好地理解贝塞尔函数的正交性，我们回忆一下三角函数系 $\{\sin n\pi x\}$ $(n=1,2,3,\cdots)$ 的正交性。在 $\int_0^1 \sin n\pi x \cdot \sin m\pi x \mathrm{d}x = 0 (n \neq m)$ 意义下，函数系 $\{\sin n\pi x\}$ 在区间 $[0,1]$ 上是正交的。这里的关键是所有函数 $\sin n\pi x$ 是由同一函数 $\sin x$ 和它的正零点 $x = n\pi (n=1,2,3,\cdots)$ 组成的。若考虑 $[0,l]$ 上的正交性，可得 $\{\sin \frac{n\pi}{l}x\}$ $(n=1,2,3,\cdots)$。

在建立贝塞尔函数的正交性时，我们用同样的方式。对给定的阶 $n \geq 0$，考虑 $J_n(x)(x \geq 0)$。图 6.4.1 表示一个典型的贝塞尔函数，n 阶贝塞尔函数 $J_n(x)$ 有无穷多个正的零点 $\alpha_{n,j}(j=1,2,3,\cdots)$。

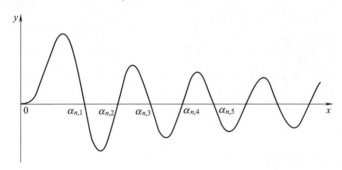

图 6.4.1

我们看到 $J_n(x)$ 像 $\sin x$ 一样，有无穷多个正零点，把 $J_n(x)$ 的这些正零点表示成如下形式：

$$0 < \alpha_{n,1} < \alpha_{n,2} < \alpha_{n,3} < \cdots < \alpha_{n,j} < \cdots$$

没有任何公式计算 $J_n(x)$ 的零点，必须通过数值计算求零点的近似值。由于 $J_n(x)$ 的零点的重要性，我们在表 6.4.1 中列出一些贝塞尔函数 $J_n(x)(n=0,1,\cdots,5)$ 的前 9 个正零点 $\alpha_{n,j}(j=1,2,3,\cdots,9)$ 的近似值，以备以后应用。

表 6.4.1

j \ n	0	1	2	3	4	5
1	2.405	3.832	5.136	6.380	7.588	8.771
2	5.520	7.016	8.417	9.761	11.065	12.339
3	8.654	10.173	11.620	13.015	14.373	15.700
4	11.792	13.324	14.796	16.223	17.616	18.980
5	14.931	16.471	17.960	19.409	20.827	22.218
6	18.071	19.616	21.117	22.583	24.019	25.430
7	21.212	22.760	24.270	25.748	27.199	28.627
8	24.352	25.904	27.421	28.908	30.371	31.812
9	27.493	29.047	30.569	32.065	33.537	34.989

设 R 为一正数，为了引入贝塞尔函数在区间 $[0,R]$ 上的正交性，我们仿照函数 $\sin x$，用贝塞尔函数的零点 $\alpha_{n,j}$ 得到函数系

$$J_n\left(\frac{\alpha_{n,j}}{R}x\right), \quad j=1,2,\cdots$$

现在给出贝塞尔函数的正交性如下，证明从略。

$$\int_0^R x J_n\left(\frac{\alpha_{n,j}}{R}x\right)\cdot J_n\left(\frac{\alpha_{n,k}}{R}x\right)\mathrm{d}x$$

$$=\begin{cases}0, & j\neq k\\ \int_0^R x J_n^2\left(\frac{\alpha_{n,j}}{R}x\right)\mathrm{d}x=\dfrac{R^2}{2}J_{n-1}^2(\alpha_{n,j})=\dfrac{R^2}{2}J_{n+1}^2(\alpha_{n,j}), & j=k\end{cases}$$

$$j,k=1,2,\cdots$$

(6.4.9)

式 (6.4.9) 表明，函数系 $J_n\left(\frac{\alpha_{n,j}}{R}x\right)$，$j=1,2,\cdots$ 在区间 $[0,R]$ 上关于"权重" x 是正交的。

6.4.3　贝塞尔级数展开

正像把函数展成正弦傅里叶级数一样，现在可以把函数展成贝塞尔级数。若函数 $f(x)$ 在区间 $[0,R]$ 上可以展成级数

$$f(x)=\sum_{j=1}^{\infty}A_j J_n\left(\frac{\alpha_{n,j}}{R}x\right) \tag{6.4.10}$$

则该级数称为函数 $f(x)$ 的 **n 阶贝塞尔级数**。式 (6.4.10) 的两端乘 $xJ_n\left(\frac{\alpha_{n,k}}{R}x\right)$，再在 $[0,R]$ 上求积分可得

$$\int_0^R xf(x)J_n\left(\frac{\alpha_{n,k}}{R}x\right)\mathrm{d}x=\sum_{j=1}^{\infty}A_j\int_0^R x J_n\left(\frac{\alpha_{n,j}}{R}x\right)\cdot J_n\left(\frac{\alpha_{n,k}}{R}x\right)\mathrm{d}x$$

注意到贝塞尔函数的正交性，上式右端除 $k=j$ 的所有项全为零，故

$$A_j = \frac{\int_0^R x f(x) J_n\left(\frac{\alpha_{n,j}}{R}x\right)\mathrm{d}x}{\int_0^R x J_n^2\left(\frac{\alpha_{n,j}}{R}x\right)\mathrm{d}x} = \frac{2}{R^2 J_{n+1}^2(\alpha_{n,j})}\int_0^R x f(x) J_n\left(\frac{\alpha_{n,j}}{R}x\right)\mathrm{d}x$$

$$(6.4.11)$$

$A_j\,(j=1,2,3,\cdots)$ 称为 $f(x)$ 的 **Bessel-Fourier** 系数，或称为 $f(x)$ 的贝塞尔系数。下面的定理给出了 $f(x)$ 可展成贝塞尔级数的充分条件，证明从略。

> **定理 6.4.1**（n 阶贝塞尔级数展开定理）
> 设函数 $f(x)$ 在区间 $[0,R]$ 上分段光滑，则 $f(x)$
> 在区间 $(0, R)$ 上的 n 阶贝塞尔级数的收敛性为：
> $$\sum_{j=1}^{\infty} A_j J_n\left(\frac{\alpha_{n,j}}{R}x\right) = \begin{cases} f(x), & \text{在 } f(x) \text{ 的连续点} \\ \dfrac{f(x+0)+f(x-0)}{2}, & \text{其他} \end{cases}$$
> 其中，$\alpha_{n,j}$ 为 $J_n(x)$ 的正零点，A_j 由式 (6.4.11) 确定。

值得注意的是，展开定理中没有给出贝塞尔级数在端点处的收敛性。

【例 6.4.1】 求函数 $f(x)=1$，$x\in(0,1)$ 的零阶贝塞尔级数展开。

解 由展开定理得

$$f(x) = \sum_{j=1}^{\infty} A_j J_0\left(\frac{\alpha_{0,j}}{R}x\right)$$

其中 $\alpha_{0,j}$ 为 $J_0(x)$ 的第 j 个正零点，$R=1$，并且有

$$A_j = \frac{2}{J_1^2(\alpha_{0,j})}\int_0^1 x f(x) J_0(\alpha_{0,j}x)\mathrm{d}x$$

$$= \frac{2}{J_1^2(\alpha_{0,j})}\int_0^1 x J_0(\alpha_{0,j}x)\mathrm{d}x$$

$$= \frac{2}{\alpha_{0,j}^2 J_1^2(\alpha_{0,j})}\int_0^{\alpha_{0,j}} \tau J_0(\tau)\mathrm{d}\tau \quad (\tau=\alpha_{0,j}x)$$

$$= \frac{2}{\alpha_{0,j}^2 J_1^2(\alpha_{0,j})}J_1(\tau)\tau\,\Big|_0^{\alpha_{0,j}} \quad (\text{积分性质 } 6.4.7)$$

$$= \frac{2}{\alpha_{0,j}J_1(\alpha_{0,j})}$$

由展开定理得 $f(x)$ 的贝塞尔级数在区间 $(0,1)$ 的每一点都收敛于 $f(x)$，即

$$f(x) = 1 = \sum_{j=1}^{\infty} \frac{2}{\alpha_{0,j}J_1(\alpha_{0,j})}J_0\left(\frac{\alpha_{0,j}}{R}x\right), \quad x\in(0,1)$$

表 6.4.2

j	1	2	3	4	5
$\alpha_{0,j}$	2.4048	5.5201	8.6537	11.7915	14.9309
$J_1(\alpha_{0,j})$	0.5191	-0.3403	0.2714	-0.2325	0.2065
$\dfrac{2}{\alpha_{0,j}J_1(\alpha_{0,j})}$	1.6020	-1.0648	0.8514	-0.7295	0.6487

由表 6.4.2 可得

$$1=1.6020J_0(2.4048x)-1.0648J_0(5.5201x)$$

$$+0.8514J_0(8.6537x)-0.7295J_0(11.7915x)+\cdots,\quad x\in(0,1)$$

因为 $\alpha_{0,j}$ 为 $J_0(x)$ 的零点，所以该例中的贝塞尔级数在 $x=1$ 处的每一项均为零。因此在端点 $x=1$ 处，$f(x)$ 的贝塞尔级数不收敛于 $f(x)$。另外，我们注意到这里的贝塞尔级数的系数的绝对值越来越小，事实上，当 $j\to\infty$ 时贝塞尔级数的系数趋于零是一个一般的性质。

6.5 贝塞尔函数的应用

6.5.1 圆形区域

【例 6.5.1】 求解波动方程的定解问题（6.2.1）。

解 在极坐标下定解问题化为

$$\begin{cases} \dfrac{\partial^2 V}{\partial t^2}=a^2\dfrac{\partial^2 V}{\partial \rho^2}+\dfrac{1}{\rho}\dfrac{\partial V}{\partial \rho}+\dfrac{1}{\rho^2}\dfrac{\partial^2 V}{\partial \theta^2},\quad 0<\rho<R,\quad 0<\theta<2\pi,\quad t>0 \quad (6.5.1a) \\[3mm] V(\rho,\theta,0)=f(\rho,\theta),\quad \dfrac{\partial V}{\partial t}(\rho,\theta,0)=g(\rho,\theta),\quad 0<\rho<R,0<\theta<2\pi \quad (6.5.1b) \\[3mm] V|_{\rho=R}=0,\quad 0\leqslant\theta\leqslant2\pi \quad (6.5.1c) \end{cases}$$

其中，$V(\rho,\theta,t)=u(\rho\cos\theta,\rho\sin\theta,t)$，$f(\rho,\theta)=\varphi(\rho\cos\theta,\rho\sin\theta)$，$g(\rho,\theta)=\psi(\rho\cos\theta,\rho\sin\theta)$。

利用分离变量法，令 $V(\rho,\theta,t)=T(t)P(\rho)\Theta(\theta)$，代入方程（6.5.1a），由 6.2 节的计算可以下两个定解问题

$$\begin{cases} \Theta''(\theta)+\mu\Theta(\theta)=0 \\ \Theta(\theta)=\Theta(\theta+2\pi) \end{cases} \quad (6.5.2)$$

$$\begin{cases} \rho^2 P''(\rho)+\rho P'(\rho)+(\lambda^2\rho^2-\mu)P(\rho)=0,\quad 0<\rho<R \quad (6.5.3a) \\ P(\rho)|_{\rho=R}=0,\quad |P(0)|\text{有界（自然边界条件）} \quad (6.5.3b) \end{cases}$$

以及方程

$$T''(t)+a^2\lambda^2 T(t)=0 \quad (6.5.4)$$

本征值问题（6.5.2）的解为

$$\mu=n^2,\quad \Theta_n(\theta)=a_n\cos n\theta+b_n\sin n\theta,\quad n=0,1,2,\cdots$$

将 $\mu = n^2$ 代入式（6.5.3）得 n 阶贝塞尔方程，由 6.2 节和 6.3 节得方程（6.5.3a）的通解为

$$P(\rho) = AJ_n(\lambda\rho) + BY_n(\lambda\rho)$$

现在求本征值 λ。由 $|P(0)|$ 的有界性和 $\lim\limits_{x\to 0^+} Y_n(x) = \infty$ 知 $B = 0$。由 $P(\rho)\big|_{\rho=R} = 0$ 和 $A \ne 0$ 得

$$J_n(\lambda R) = 0$$

由上节知 $J_n(x)$ 的零点为 $\alpha_{n,j}$，$j = 1,2,3,\cdots$，于是由 $\lambda R = \alpha_{n,j}$ 可得定解问题（6.5.3）的本征值和对应的本征函数为

$$\lambda_{n,j} = \frac{\alpha_{n,j}}{R}, J_n(\lambda_{n,j}\rho), \quad j = 1,2,3,\cdots$$

把 $\lambda = \lambda_{n,j}$ 代入方程（6.5.4）得方程

$$T''(t) + a^2\lambda_{n,j}^2 T(t) = 0$$

解之得通解

$$T(t) = C\cos a\lambda_{n,j}t + D\sin a\lambda_{n,j}t, \quad n = 0,1,2,\cdots, j = 1,2,\cdots$$

从而我们得到满足方程（6.5.1a）以及边界条件（6.5.1c）的一列解如下

$$V_{n,j}(\rho,\theta,t) = J_n(\lambda_{n,j}\rho)(a_{n,j}\cos n\theta + b_{n,j}\sin n\theta)\cos a\lambda_{n,j}t \tag{6.5.5}$$

和 $$V_{n,j}^*(\rho,\theta,t) = J_n(\lambda_{n,j}\rho)(a_{n,j}^*\cos n\theta + b_{n,j}^*\sin n\theta)\sin a\lambda_{n,j}t \tag{6.5.6}$$

式中，$a_{n,j}, b_{n,j}, a_{n,j}^*, b_{n,j}^*$ 为合并后的参数。为了求得满足初始条件的解，需要把上述解叠加。由于运算相当复杂，为了简便起见，以下就初始速度为零的情形进行计算，即

$$V(\rho,\theta,0) = f(\rho,\theta), \quad \frac{\partial V}{\partial t}(\rho,\theta,0) = 0$$

易见，在此初始条件下，我们只需要叠加式（6.5.5）（显然此时 $a_{n,j}^* = b_{n,j}^* = 0$），即令

$$V(\rho,\theta,t) = \sum_{n=0}^{\infty}\sum_{j=1}^{\infty} V_{n,j}(\rho,\theta,t)$$

$$= \sum_{n=0}^{\infty}\sum_{j=1}^{\infty} J_n(\lambda_{n,j}\rho)(a_{n,j}\cos n\theta + b_{n,j}\sin n\theta)\cos a\lambda_{n,j}t \tag{6.5.7}$$

令 $t = 0$ 可得

$$f(\rho,\theta) = \sum_{n=0}^{\infty}\sum_{j=1}^{\infty} J_n(\lambda_{n,j}\rho)(a_{n,j}\cos n\theta + b_{n,j}\sin n\theta) \tag{6.5.8}$$

对固定的 ρ 把 $f(\rho,\theta)$ 看成是 θ 的函数，用傅里叶展开可得

$$f(\rho,\theta) = \sum_{j=1}^{\infty} a_{0,j} J_0(\lambda_{0,j}\rho) + \sum_{n=1}^{\infty} \left\{ \left[\sum_{j=1}^{\infty} a_{n,j} J_n(\lambda_{n,j}\rho) \right] \cos n\theta + \right.$$

$$\left. \left[\sum_{j=1}^{\infty} b_{n,j} J_n(\lambda_{n,j}\rho) \right] \sin n\theta \right\}$$

$$= a_0(\rho) + \sum_{n=1}^{\infty} \left[a_n(\rho)\cos n\theta + b_n(\rho)\sin n\theta \right]$$

其中

$$a_0(\rho) = \frac{1}{2\pi} \int_0^{2\pi} f(\rho,\theta)\mathrm{d}\theta = \sum_{j=1}^{\infty} a_{0,j} J_0(\lambda_{0,j}\rho) \tag{6.5.9}$$

$$a_n(\rho) = \frac{1}{\pi} \int_0^{2\pi} f(\rho,\theta)\cos n\theta\mathrm{d}\theta = \sum_{j=1}^{\infty} a_{n,j} J_n(\lambda_{n,j}\rho) \tag{6.5.10}$$

$$b_n(\rho) = \frac{1}{\pi} \int_0^{2\pi} f(\rho,\theta)\sin n\theta\mathrm{d}\theta = \sum_{j=1}^{\infty} b_{n,j} J_n(\lambda_{n,j}\rho) \tag{6.5.11}$$

式中，$n=1,2,\cdots$。现在让 ρ 变化，对于 $a_0(\rho)$，$a_n(\rho)$ 和 $b_n(\rho)$ 分别利用上节中的 n 阶贝塞尔级数展开（$n=0,1,2,\cdots$）得

$$a_{0,j} = \frac{2}{R^2 J_1^2(\alpha_{0,j})} \int_0^R a_0(\rho) J_0(\lambda_{0,j}\rho)\rho\mathrm{d}\rho$$

$$a_{n,j} = \frac{2}{R^2 J_{n+1}^2(\alpha_{n,j})} \int_0^R a_n(\rho) J_n(\lambda_{n,j}\rho)\rho\mathrm{d}\rho$$

$$b_{n,j} = \frac{2}{R^2 J_{n+1}^2(\alpha_{n,j})} \int_0^R b_n(\rho) J_n(\lambda_{n,j}\rho)\rho\mathrm{d}\rho$$

利用式（6.5.9）～式（6.5.11）可得

$$a_{0,j} = \frac{1}{\pi R^2 J_1^2(\alpha_{0,j})} \int_0^R \int_0^{2\pi} f(\rho,\theta) J_0(\lambda_{0,j}\rho)\rho\mathrm{d}\rho\mathrm{d}\theta$$

$$a_{n,j} = \frac{2}{\pi R^2 J_{n+1}^2(\alpha_{n,j})} \int_0^R \int_0^{2\pi} f(\rho,\theta)\cos n\theta J_n(\lambda_{n,j}\rho)\rho\mathrm{d}\rho\mathrm{d}\theta$$

$$b_{n,j} = \frac{2}{\pi R^2 J_{n+1}^2(\alpha_{n,j})} \int_0^R \int_0^{2\pi} f(\rho,\theta)\sin n\theta J_n(\lambda_{n,j}\rho)\rho\mathrm{d}\rho\mathrm{d}\theta$$

这里 $n,j=1,2,\cdots$。把 $a_{0,j}$，$a_{n,j}$ 和 $b_{n,j}$ 代入式（6.5.7）可得所求的解。

注意：如果初始条件不依赖于 θ，即

$$V(\rho,\theta,0) = f(\rho),\ \frac{\partial V}{\partial t}(\rho,\theta,0) = g(\rho)$$

则 $n=0$，此时解为零阶贝塞尔级数展开式。

【**例 6.5.2**】 半径为 1 的薄均匀圆盘，边界上温度为零，在极坐标下初始时刻圆盘内温度分布为 $1-\rho^2$，求圆盘内温度分布规律。

解 由求解区域可知采用极坐标系，由初始条件得所求解与 θ 无关，即 $u=u(\rho,t)$。因此本题对应的定解问题为

$$\begin{cases} \dfrac{\partial u}{\partial t}=a^2\left(\dfrac{\partial^2 u}{\partial \rho^2}+\dfrac{1}{\rho}\dfrac{\partial u}{\partial \rho}\right), \quad 0<\rho<1 & (6.5.12a) \\[3mm] u\big|_{\rho=1}=0 & (6.5.12b) \\[3mm] u\big|_{t=0}=1-\rho^2 & (6.5.12c) \\[3mm] 自然边界：|u|\ 有界，\quad \lim\limits_{t\to+\infty} u=0 & (6.5.12d) \end{cases}$$

利用分离变量法，令 $u(\rho,t)=P(\rho)T(t)$，代入方程（6.5.12a）得

$$P(\rho)T'(t)=a^2\left[P''(\rho)+\frac{1}{\rho}P'(\rho)\right]T(t)$$

两边同除以 $a^2 P(\rho)\cdot T(t)$ 得

$$\frac{T'(t)}{a^2 T(t)}=\frac{P''(\rho)+\dfrac{1}{\rho}P'(\rho)}{P(\rho)}\overset{令}{=}-\lambda^2$$

因为 $u(\rho,t)$ 有界，故以上比值设为负值。于是得

$$\begin{cases} \rho^2 P''(\rho)+\rho P'(\rho)+\lambda^2\rho^2 P(\rho)=0 & (6.5.13a) \\[2mm] T'+a^2\lambda^2 T=0 & (6.5.13b) \end{cases}$$

方程（6.5.13a）相当于零阶贝塞尔方程。

由方程（6.5.13b）得

$$T(t)=Ce^{-a^2\lambda^2 t}$$

方程（6.5.13a）的通解为

$$P(\rho)=C_1 J_0(\lambda\rho)+C_2 Y_0(\lambda\rho)$$

由 $|u|$ 有界得 $C_2=0$，再由 $u\big|_{\rho=1}=0$ 得 $J_0(\lambda)=0$。所以 λ 为零阶贝塞尔函数 $J_0(x)$ 的零点。

由前面分析可知

$$\lambda=\alpha_{0,j}, \quad j=1,2,3,\cdots$$

且

$$0<\alpha_{0,1}<\alpha_{0,2}<\alpha_{0,3}<\cdots$$

把 $\lambda=\alpha_{0,j}$ 代入上式得

$$P_j(\rho)=J_0(\alpha_{0,j}\rho)$$

$$T_j(t)=c_j e^{-a^2(\alpha_{0,j})^2 t}$$

叠加得

$$u(\rho,t)=\sum_{j=1}^{\infty}c_j\,\mathrm{e}^{-a^2(\alpha_{0,j})^2t}J_0(\alpha_{0,j}\rho)$$

利用初始条件 $u\big|_{t=0}=1-\rho^2$ 有

$$1-\rho^2=\sum_{j=1}^{\infty}c_jJ_0(\alpha_{0,j}\rho)$$

其中

$$c_j=\frac{2}{J_1^2(\alpha_{0,j})}\int_0^1(1-\rho^2)\rho J_0(\alpha_{0,j}\rho)\mathrm{d}\rho$$

由于

$$\int_0^1\rho J_0(\alpha_{0,j}\rho)\mathrm{d}\rho\xrightarrow{x=\alpha_{0,j}\rho}\frac{1}{(\alpha_{0,j})^2}\int_0^{\alpha_{0,j}}xJ_0(x)\mathrm{d}x=\frac{1}{(\alpha_{0,j})^2}xJ_1(x)\Big|_0^{\alpha_{0,j}}=\frac{J_1(\alpha_{0,j})}{\alpha_{0,j}}$$

$$\int_0^1\rho^3J_0(\alpha_{0,j}\rho)\mathrm{d}\rho\xrightarrow{x=\alpha_{0,j}\rho}\frac{1}{(\alpha_{0,j})^4}\int_0^{\alpha_{0,j}}x^3J_0(x)\mathrm{d}x$$

$$=\frac{1}{(\alpha_{0,j})^4}\int_0^{\alpha_{0,j}}x^2\mathrm{d}[xJ_1(x)]=\frac{1}{(\alpha_{0,j})^4}\left[x^3J_1(x)\Big|_0^{\alpha_{0,j}}-2\int_0^{\alpha_{0,j}}x^2J_1(x)\mathrm{d}x\right]$$

$$=\frac{1}{(\alpha_{0,j})^4}\left[(\alpha_{0,j})^3J_1(\alpha_{0,j})-2x^2J_2(x)\Big|_0^{\alpha_{0,j}}\right]=\frac{J_1(\alpha_{0,j})}{\alpha_{0,j}}-\frac{2J_2(\alpha_{0,j})}{(\alpha_{0,j})^2}$$

代入系数得

$$c_j=\frac{2}{J_1^2(\alpha_{0,j})}\int_0^1(1-\rho^2)\rho J_0(\alpha_{0,j}\rho)\mathrm{d}\rho=\frac{4J_2(\alpha_{0,j})}{(\alpha_{0,j})^2J_1^2(\alpha_{0,j})}$$

实际上，贝塞尔函数法本质上也是分离变量法。

6.5.2　圆柱形区域

第 5 章讨论了球形区域内外的拉普拉斯方程的求解。本章 6.5.1 节讨论了圆域内二维波动方程和二维热传导方程的求解。本节将简要介绍圆柱形区域内如何利用分离变量法求解三维拉普拉斯方程、三维波动方程以及三维热传导方程的定解问题。

6.5.2.1　三维拉普拉斯方程

如果定解问题（5.2.1）的求解区域为柱形区域，边界条件为齐次的，此时该如何用分离变量法求解呢？由附录Ⅰ，柱坐标下三维拉普拉斯方程的表达式如下

$$\frac{\partial^2u}{\partial\rho^2}+\frac{1}{\rho}\frac{\partial u}{\partial\rho}+\frac{1}{\rho^2}\frac{\partial^2u}{\partial\theta^2}+\frac{\partial^2u}{\partial z^2}=0 \tag{6.5.14}$$

分离变量，令 $u(\rho,\theta,z)=R(\rho)\Theta(\theta)Z(z)$，代入方程（6.5.14）得

$$\Theta Z R''(\rho) + \frac{\Theta Z}{\rho} R'(\rho) + \frac{RZ}{\rho^2}\Theta''(\theta) + R\Theta Z''(z) = 0$$

两边各项同乘 $\dfrac{\rho^2}{R\Theta Z}$ 并移项得

$$\frac{\rho^2}{R}R''(\rho) + \frac{\rho}{R}R'(\rho) + \frac{\rho^2}{Z}Z''(z) = -\frac{1}{\Theta}\Theta''(\theta)$$

上式左右两端应必为同一常数，记作 μ，从而上式分解为两个方程

$$\begin{cases} \Theta''(\theta) + \mu\Theta(\theta) = 0 & (6.5.15a) \\ \dfrac{\rho^2}{R}R''(\rho) + \dfrac{\rho}{R}R'(\rho) + \dfrac{\rho^2}{Z}Z''(z) = \mu & (6.5.15b) \end{cases}$$

由 6.2 节的推导，方程 (6.5.15a) 和周期条件构成的本征值问题的本征值和本征函数为

$$\mu_n = n^2, \quad \Theta_n(\theta) = a_n\cos n\theta + b_n\sin n\theta, \quad n = 0,1,2,\cdots$$

方程 (6.5.15b) 两边各项同乘 $\dfrac{1}{\rho^2}$ 并移项得

$$\frac{1}{R}R''(\rho) + \frac{1}{\rho R}R'(\rho) - \frac{n^2}{\rho^2} = -\frac{Z''(z)}{Z}$$

该式两端应同为一常数，记作 $-\eta$，通过整理，上式可分解为两个方程

$$\begin{cases} Z''(z) - \eta Z(z) = 0 & (6.5.16a) \\ R''(\rho) + \dfrac{1}{\rho}R'(\rho) + \left(\eta - \dfrac{n^2}{\rho^2}\right)R(\rho) = 0 & (6.5.16b) \end{cases}$$

① $\eta = 0$。式 (6.5.16b) 为欧拉方程，易求得方程 (6.5.16a) 和方程 (6.5.16b) 的解分别为

$$Z = C + Dz \text{ 和 } R = \begin{cases} A + B\ln\rho, & n = 0 \\ A_n\rho^n + B_n\rho^{-n}, & n \neq 0 \end{cases}$$

② $\eta > 0$。参照 6.2 节对方程 (6.2.5) 的处理方法，对方程 (6.5.16b) 作代换 $x = \sqrt{\eta}\rho$，令 $y(x) = R\left(\dfrac{x}{\sqrt{\eta}}\right)$，则 $R(\rho) = y(\sqrt{\eta}\rho)$，且

$$\frac{\mathrm{d}R}{\mathrm{d}\rho} = \sqrt{\eta}\frac{\mathrm{d}y}{\mathrm{d}x}, \quad \frac{\mathrm{d}^2R}{\mathrm{d}\rho^2} = \sqrt{\eta}\frac{\mathrm{d}}{\mathrm{d}\rho}y(x) = \sqrt{\eta}\frac{\mathrm{d}^2y}{\mathrm{d}x^2} \cdot \sqrt{\eta} = \eta\frac{\mathrm{d}^2y}{\mathrm{d}x^2}$$

代入方程 (6.5.16b) 可得贝塞尔方程 (6.3.1)。

可以证明，当圆柱的侧面为齐次边界条件时有 $\eta > 0$（见参考文献【5】）。此时方程 (6.5.16a) 的解为

$$Z(z) = C_1\mathrm{e}^{\sqrt{\eta}z} + C_2\mathrm{e}^{-\sqrt{\eta}z}$$

③ $\eta < 0$。记 $\eta = -\lambda^2$，类似于 $\eta > 0$ 的情形，作代换 $x = \lambda\rho$，令 $y(x) =$

$R\left(\dfrac{x}{\lambda}\right)$，则 $R(\rho)=y(\lambda\rho)$，代入方程（6.5.16b）可得

$$x^2\frac{\mathrm{d}^2 y}{\mathrm{d}x^2}+x\frac{\mathrm{d}y}{\mathrm{d}x}-(x^2+n^2)y=0$$

该方程称作**虚宗量贝塞尔方程**。此时，$Z(z)=C_1\cos\lambda z+C_2\sin\lambda z$。

6.5.2.2　三维波动方程

考察三维波动方程

$$u_{tt}-a^2\Delta u=0 \tag{6.5.17}$$

其中，$u=u(x,y,z,t)=u(M,t)$，$M(x,y,z)\in\mathbf{R}^3$。分离变量，令 $u=T(t)V(M)$，

代入方程（6.5.17），两端同乘 $\dfrac{1}{a^2 T(t)V(M)}$ 并移项可得

$$\frac{T''(t)}{a^2 T(t)}=\frac{\Delta V(M)}{V(M)}$$

该式左端为 t 的函数，右端为 (x,y,z) 的函数，则两端必等于同一常数，记为 $-k^2$，则可得两个方程

$$\begin{cases} T''(t)+k^2 a^2 T(t)=0 & (6.5.18a)\\ \Delta V(M)+k^2 V(M)=0 & (6.5.18b) \end{cases}$$

常微分方程（6.5.18a）的解易求，方程（6.5.18b）称为 **Helmholtz** 方程。关于本征值取 $-k^2$ 可查阅参考文献【5】。以下重点讨论方程（6.5.18b）的求解。若方程（6.5.17）的求解区域为圆柱形区域，且边界条件为齐次的（对于非齐次边界条件，可首先齐次化）。在柱面坐标下方程（6.5.18b）可表示为

$$\frac{\partial^2\overline{V}}{\partial\rho^2}+\frac{1}{\rho}\frac{\partial\overline{V}}{\partial\rho}+\frac{1}{\rho^2}\frac{\partial^2\overline{V}}{\partial\theta^2}+\frac{\partial^2\overline{V}}{\partial z^2}+k^2\overline{V}=0 \tag{6.5.19}$$

式中，$\overline{V}=\overline{V}(\rho,\theta,z)=V(\rho\cos\theta,\rho\sin\theta,z)$，$0\leqslant\rho<+\infty$，$0\leqslant\theta\leqslant 2\pi$。对方程（6.5.19）分离变量，令 $\overline{V}=R(\rho)\Theta(\theta)Z(z)$，类似于 6.5.2.1 节对拉普拉斯方程的讨论可得三个方程

$$\begin{cases} \Theta''(\theta)+\mu\Theta(\theta)=0 & (6.5.20a)\\ Z''(z)+\lambda^2 Z(z)=0 & (6.5.20b)\\ R''(\rho)+\dfrac{1}{\rho}R'(\rho)+\left(k^2-\lambda^2-\dfrac{n^2}{\rho^2}\right)R(\rho)=0 & (6.5.20c) \end{cases}$$

其中，方程（6.5.16a）在附加边界条件：下底（$z=0$）和上底（$z=z_0>0$）均为齐次边界条件，则必有 $\eta=-\lambda^2\leqslant 0$（参见表 4.1.1）。方程（6.5.20a）的解已在 6.5.2.1 节中求得。方程（6.5.20b）与圆柱体上下底的齐次边值条件构成本征值问题，求解此本征值问题可确定 λ 的取值。对于方程（6.5.20c），记 $\beta=k^2-\lambda^2$，于是方程（6.5.20c）可改写为

$$R''(\rho)+\frac{1}{\rho}R'(\rho)+\left(\beta-\frac{n^2}{\rho^2}\right)R(\rho)=0$$

在圆柱体的侧面为齐次边界条件下可确定 $\beta\geqslant0$，由此也可得 $k^2\geqslant0$（详见参考文献【5】）。参照对方程（6.5.16b）的分析方法，在代换 $x=\sqrt{\beta}\rho$ 下方程（6.5.20c）可化为 n 阶贝塞尔方程。

6.5.2.3　三维热传导方程

考察三维热传导方程

$$u_t-a^2\Delta u=0 \tag{6.5.21}$$

式中，$u=u(x,y,z,t)=u(M,t)$，$M(x,y,z)\in\mathbf{R}^3$。分离变量，令 $u=T(t)V(M)$，代入式（6.5.21），两端同乘 $\dfrac{1}{a^2T(t)V(M)}$ 并移项可得

$$\frac{T'(t)}{a^2T(t)}=\frac{\Delta V(M)}{V(M)}$$

类似于对三维波动方程的分析，上式两端必等于同一常数，记为 $-k^2$，则可得两个方程

$$\begin{cases}T'(t)+k^2a^2T(t)=0 & (6.5.22\text{a})\\ \Delta V(M)+k^2V(M)=0 & (6.5.22\text{b})\end{cases}$$

常微分方程（6.5.22a）的解易求得，方程（6.5.22b）为 **Helmholtz** 方程，6.5.2.2 节给出了求解方法。

6.5.3　球形区域

由 6.5.2 节的分析可以看出，对于三维波动方程和三维热传导方程进行分离变量得到了 **Helmholtz** 方程。在那里，利用分离变量法讨论了 **Helmholtz** 方程在圆柱形区域内的求解。以下利用分离变量法讨论 **Helmholtz** 方程在球形区域内求解。由拉普拉斯算子在球坐标下的表达式可得 **Helmholtz** 方程在球坐标下的形式为

$$\frac{1}{r^2}\frac{\partial}{\partial r}\left(r^2\frac{\partial u}{\partial r}\right)+\frac{1}{r^2\sin\theta}\frac{\partial}{\partial\theta}\left(\sin\theta\frac{\partial u}{\partial\theta}\right)+\frac{1}{r^2\sin^2\theta}\frac{\partial^2 u}{\partial\varphi^2}+k^2u=0 \tag{6.5.23}$$

仿照 5.3 节的推导，把变量 r 跟变量 θ 和 φ 进行分离，即

$$u(r,\theta,\varphi)=R(r)Y(\theta,\varphi)$$

代入方程（6.5.23）并整理可得

$$\frac{1}{R}\frac{\mathrm{d}}{\mathrm{d}r}\left(r^2\frac{\mathrm{d}R}{\mathrm{d}r}\right)+k^2r^2=\frac{-1}{Y\sin\theta}\frac{\partial}{\partial\theta}\left(\sin\theta\frac{\partial Y}{\partial\theta}\right)-\frac{1}{Y\sin^2\theta}\frac{\partial^2 Y}{\partial\varphi^2}$$

该式左边是 r 的函数，右边是 θ 和 φ 的函数，只有等于同一常数才有可能相等，令该常数为 λ，则可得两个方程：

$$r^2 \frac{\mathrm{d}^2 R}{\mathrm{d} r^2} + 2r \frac{\mathrm{d} R}{\mathrm{d} r} + (k^2 r^2 - \lambda) R = 0 \qquad (6.5.24)$$

$$\frac{1}{\sin\theta} \frac{\partial}{\partial \theta} \left(\sin\theta \frac{\partial Y}{\partial \theta} \right) + \frac{1}{\sin^2\theta} \frac{\partial^2 Y}{\partial \varphi^2} + \lambda Y = 0 \qquad (6.5.25)$$

偏微分方程 (6.5.25) 为**球函数方程**，由 5.3.1 节的分析可得

$$\lambda = n(n+1), \quad n = 0, 1, 2, \cdots$$

于是方程 (6.5.24) 变为

$$r^2 \frac{\mathrm{d}^2 R}{\mathrm{d} r^2} + 2r \frac{\mathrm{d} R}{\mathrm{d} r} + [k^2 r^2 - n(n+1)] R = 0 \qquad (6.5.26)$$

方程 (6.5.26) 称为 n **阶球贝塞尔方程**，该方程的求解可参见参考文献【5】。

习题6.5

6.5.1　求下列积分

(1) $\displaystyle\int x J_0(x) \mathrm{d}x$ 　　　　　(2) $\displaystyle\int J_1(x) \mathrm{d}x$

(3) $\displaystyle\int x^3 J_2(x) \mathrm{d}x$ 　　　　(4) $\displaystyle\int J_3(x) \mathrm{d}x$

6.5.2　证明恒等式：

$$\int_0^R x^{n+1} J_n\left(\frac{\alpha}{R} x\right) \mathrm{d}x = \frac{R^{n+2}}{\alpha} J_{n+1}(\alpha), \quad n \geqslant 0, \quad \alpha > 0$$

6.5.3　用 $J_0(x)$ 和 $J_1(x)$ 表示 $J_5(x)$。

6.5.4　试把函数 $f(x) = x^2 (0 < x < 1)$ 展成二阶贝塞尔级数。

6.5.5　考虑一半径为 R 的均匀圆形薄膜的振动，薄膜的边界固定，对应的定解问题为二维波动方程的定解问题 (6.2.1)，在极坐标下定解问题可表示为式 (6.5.1)，若 f 和 g 是轴对称的，即 f 和 g 只依赖于 ρ，不依赖于 θ，此时定解问题为

$$\begin{cases} \dfrac{\partial^2 V}{\partial t^2} = \dfrac{\partial^2 V}{\partial \rho^2} + \dfrac{1}{\rho} \dfrac{\partial V}{\partial \rho}, & 0 < \rho < R, \quad t > 0 \\[2mm] V(\rho, 0) = f(\rho), \quad \dfrac{\partial V}{\partial t}(\rho, 0) = g(\rho), & 0 < \rho < R \\[2mm] V(R, 0) = 0 \end{cases}$$

试求该定解问题的解。

第7章

积分变换法

本章要求

（1）理解傅里叶变换和拉普拉斯变换的定义及存在条件；

（2）牢记傅里叶变换和拉普拉斯变换的主要性质；

（3）熟练使用附录中的傅里叶变换和拉普拉斯变换表；

（4）掌握用傅里叶变换和拉普拉斯变换求解常见定解问题的步骤及两种变换的适用范围。

7.1 傅里叶积分变换

第4章我们介绍了分离变量法，第5章和第6章的求解方法实际上也是分离变量法，由于这两章内容较多，因此才独立成章。分离变量法主要用于求解有界区域上的定解问题，如有限区间、圆域、柱形区域、球形区域及方形区域等。然而有些物理问题是定义在无界区域（或至少在一个方向上无界）上的定解问题，如在一根很长的绝缘导线上的温度分布问题，可以把导线看成无限长。为了解决这类新的定解问题，我们将推广上章的本征函数展开法。本征函数展开法本质上是傅里叶级数展开，而傅里叶变换正是基于傅里叶级数展开的基础上导出的。

7.1.1 傅里叶积分公式与傅里叶变换

为了更好地理解傅里叶变换，我们简单回忆傅里叶级数。设函数 $f(x)$ 以 $2l$ 为周期，在 $[-l, l]$ 上分段光滑，则对于每一点 $x \in [-l, l]$ 有

$$\frac{f(x+0)+f(x-0)}{2} = \frac{a_0}{2} + \sum_{n=1}^{\infty} \left(a_n \cos \frac{n\pi x}{l} + b_n \sin \frac{n\pi x}{l} \right)$$

在 $f(x)$ 的连续点有

$$f(x) = \frac{a_0}{2} + \sum_{n=1}^{\infty} \left(a_n \cos \frac{n\pi x}{l} + b_n \sin \frac{n\pi x}{l} \right)$$

其中

$$a_n = \frac{1}{l} \int_{-l}^{l} f(x) \cos \frac{n\pi x}{l} dx, \quad n = 0, 1, 2, \cdots$$

$$b_n = \frac{1}{l}\int_{-l}^{l} f(x)\sin\frac{n\pi x}{l}\mathrm{d}x, \quad n=1,2,3,\cdots$$

若 $f(x)$ 在 R 上为非周期的连续函数，则无法用傅里叶级数表示 $f(x)$，为此我们引入函数

$$f_\omega(x) = f(x), \quad x\in[-\pi\omega,\pi\omega], \quad \omega\text{ 为正实数}$$

把 $f_\omega(x)$ 以 $2\pi\omega$ 为周期延拓到 R 上定义的函数，则有

$$\lim_{\omega\to+\infty} f_\omega(x) = f(x), \quad x\in\mathbf{R}$$

对 $f_\omega(x)$ 有

$$f_\omega(x) = \frac{a_0(\omega)}{2} + \sum_{n=1}^{\infty}\left[a_n(\omega)\cos\frac{nx}{\omega} + b_n(\omega)\sin\frac{nx}{\omega}\right] \tag{7.1.1}$$

其中

$$a_n(\omega) = \frac{1}{\pi\omega}\int_{-\pi\omega}^{\pi\omega} f_\omega(\xi)\cos\frac{n\xi}{\omega}\mathrm{d}\xi, \quad n=0,1,2,\cdots$$

$$b_n(\omega) = \frac{1}{\pi\omega}\int_{-\pi\omega}^{\pi\omega} f_\omega(\xi)\sin\frac{n\xi}{\omega}\mathrm{d}\xi, \quad n=1,2,3,\cdots$$

代入式（7.1.1）得

$$f_\omega(x) = \frac{1}{2\pi\omega}\int_{-\pi\omega}^{\pi\omega} f(\xi)\mathrm{d}\xi + \sum_{n=1}^{\infty}\left[\frac{1}{\pi\omega}\int_{-\pi\omega}^{\pi\omega} f(\xi)\cos\frac{n}{\omega}(\xi-x)\mathrm{d}\xi\right]$$

令 $\rho_n = \dfrac{n}{\omega}$，则

$$f_\omega(x) = \frac{1}{2\pi\omega}\int_{-\pi\omega}^{\pi\omega} f(\xi)\mathrm{d}\xi + \sum_{n=1}^{\infty}\Phi(\rho_n)(\rho_{n+1}-\rho_n) \tag{7.1.2}$$

其中

$$\Phi(\rho_n) = \frac{1}{\pi}\int_{-\pi\omega}^{\pi\omega} f(\xi)\cos\rho_n(x-\xi)\mathrm{d}\xi$$

若 $\int_{-\infty}^{+\infty}|f(x)|\mathrm{d}x < +\infty$，让 $\omega\to+\infty$，则式（7.1.2）中的第一项趋于零，第二项趋于一个积分，

$$\frac{1}{\pi}\int_0^{+\infty}\mathrm{d}\rho\int_{-\infty}^{+\infty} f(\xi)\cos\rho(x-\xi)\mathrm{d}\xi$$

这就是傅里叶积分公式，通常表示为

$$f(x) = \frac{1}{\pi}\int_0^{+\infty}\mathrm{d}\omega\int_{-\infty}^{+\infty} f(\xi)\cos\omega(x-\xi)\mathrm{d}\xi$$

> 傅里叶积分公式与收敛定理：
>
> - 设 $f(x) \in C(-\infty, +\infty)$，且 $\int_{-\infty}^{+\infty} |f(x)| \, \mathrm{d}x < +\infty$，
>
> 则有傅里叶积分公式
>
> $$f(x) = \frac{1}{\pi} \int_0^{+\infty} \mathrm{d}\omega \int_{-\infty}^{+\infty} f(\xi) \cos\omega(x - \xi) \mathrm{d}\xi$$
>
> - 收敛定理：设 $f(x)$ 在 $(-\infty, +\infty)$ 上分段光滑，
>
> 且 $\int_{-\infty}^{+\infty} |f(x)| \, \mathrm{d}x < +\infty$， 则有
>
> $$\frac{f(x-0) + f(x+0)}{2} = \frac{1}{\pi} \int_0^{+\infty} \mathrm{d}\omega \int_{-\infty}^{+\infty} f(\xi) \cos\omega(x - \xi) \mathrm{d}\xi$$

另外，因为 $\cos\omega(x - \xi)$ 为 ω 的偶函数，所以傅里叶积分公式可表示为

$$f(x) = \frac{1}{2\pi} \int_{-\infty}^{+\infty} \mathrm{d}\omega \int_{-\infty}^{+\infty} f(\xi) \cos\omega(\xi - x) \mathrm{d}\xi \tag{7.1.3}$$

又 $\int_{-\infty}^{+\infty} f(\xi) \sin\omega(x - \xi) \mathrm{d}\xi$ 为 ω 的奇函数，所以

$$0 = \lim_{A \to +\infty} -\frac{\mathrm{i}}{2\pi} \int_{-A}^{A} \mathrm{d}\omega \int_{-\infty}^{+\infty} f(\xi) \sin\omega(\xi - x) \mathrm{d}\xi$$

在 Cauchy 收敛的意义下有

$$0 = -\frac{\mathrm{i}}{2\pi} \int_{-\infty}^{+\infty} \mathrm{d}\omega \int_{-\infty}^{+\infty} f(\xi) \sin\omega(\xi - x) \mathrm{d}\xi \tag{7.1.4}$$

式(7.1.3) 和式(7.1.4) 相加得

$$f(x) = \frac{1}{2\pi} \int_{-\infty}^{+\infty} \mathrm{d}\omega \int_{-\infty}^{+\infty} f(\xi) \mathrm{e}^{-\mathrm{i}\omega(\xi - x)} \mathrm{d}\xi \tag{7.1.5}$$

这就是傅里叶积分公式的指数形式。

由式(7.1.5) 得

$$f(x) = \frac{1}{2\pi} \int_{-\infty}^{+\infty} \left[\int_{-\infty}^{+\infty} f(\xi) \mathrm{e}^{-\mathrm{i}\omega\xi} \mathrm{d}\xi \right] \mathrm{e}^{\mathrm{i}\omega x} \mathrm{d}\omega$$

若令

$$\hat{f}(\omega) = \int_{-\infty}^{+\infty} f(\xi) \mathrm{e}^{-\mathrm{i}\omega\xi} \mathrm{d}\xi \tag{7.1.6}$$

则有

$$f(x) = \frac{1}{2\pi} \int_{-\infty}^{+\infty} \hat{f}(\omega) \mathrm{e}^{\mathrm{i}\omega x} \mathrm{d}\omega \tag{7.1.7}$$

在式(7.1.6) 中，$\hat{f}(\omega)$ 称为 $f(x)$ 的傅里叶变换 [或称 $f(x)$ 的像函数]，记作 $\hat{f}(\omega) = \mathcal{F}[f(x)]$。式 (7.1.7) 称为傅里叶逆变换，记作 $f(x) = \mathcal{F}^{-1}[\hat{f}(\omega)]$，$f(x)$ 称为 $\hat{f}(\omega)$ 的原函数。

> 傅里叶变换：
> $$\hat{f}(\omega) = \mathcal{F}[f(x)] = \int_{-\infty}^{+\infty} f(x) e^{-i\omega x} dx$$

> 傅里叶逆变换：
> $$f(x) = \mathcal{F}^{-1}[\hat{f}(\omega)] = \frac{1}{2\pi} \int_{-\infty}^{+\infty} \hat{f}(\omega) e^{i\omega x} d\omega$$

傅里叶变换有明显的物理意义，是时域信号的频域表示，可以看作周期信号的周期 $T \to \infty$ 时的傅里叶级数的极限形式，从而使周期信号的离散谱演变为非周期信号的连续谱。像傅里叶级数展开一样，傅里叶逆变换表示任一波 $f(x)$ 可以分解为简谐波 $e^{i\omega x}$ 的叠加。$f(x)$ 的傅里叶变换 $\hat{f}(\omega)$ 恰好表示 $f(x)$ 中所包含的频率为 ω 的简谐波的复振幅。因此只要观察 $\hat{f}(\omega)$，就可以了解 $f(x)$ 所包含的各种频率的波的强弱了。在应用中经常把 $f(x)$ 的像函数 $\hat{f}(\omega)$ 称为 $f(x)$ 的频谱。

【例 7.1.1】 求函数 $f(x) = \begin{cases} 0, & x < 0 \\ e^{-\beta x}, & x \geq 0 \end{cases}$ 的傅里叶变换，$\beta > 0$ 为常数。

解

$$\hat{f}(\omega) = \int_{-\infty}^{+\infty} f(x) e^{-i\omega x} dx = \int_{0}^{+\infty} e^{-\beta x} e^{-i\omega x} dx$$

$$= \int_{0}^{+\infty} e^{-(\beta + i\omega)x} dx = -\frac{e^{-(\beta + i\omega)x}}{\beta + i\omega} \Big|_{0}^{+\infty} = \frac{1}{\beta + i\omega} = \frac{\beta - i\omega}{\beta^2 + \omega^2}$$

【例 7.1.2】 求函数 $f(x) = \begin{cases} 1, & |x| < a \\ 0, & |x| > a \end{cases}$ 的傅里叶变换，$\hat{f}(0) = ?$ 并把 $f(x)$ 表示成傅里叶逆变换。

解 对 $\omega \neq 0$ 有

$$\hat{f}(\omega) = \int_{-\infty}^{+\infty} f(x) e^{-i\omega x} dx = \int_{-a}^{+a} e^{-i\omega x} dx = \frac{-1}{i\omega} e^{-i\omega x} \Big|_{-a}^{a} = \frac{2\sin a\omega}{\omega}$$

对 $\omega = 0$ 有 $\hat{f}(0) = \int_{-a}^{+a} dx = 2a$。

另外，由于

$$\lim_{\omega \to 0} \hat{f}(\omega) = \lim_{\omega \to 0} \frac{2\sin a\omega}{\omega} = 2a$$

从而 $\hat{f}(\omega) = \frac{2\sin a\omega}{\omega}$，$\omega \in \mathbf{R}$。现在把 $f(x)$ 表示成傅里叶逆变换。

$$f(x) = \frac{1}{2\pi} \int_{-\infty}^{+\infty} \hat{f}(\omega) e^{i\omega x} \, d\omega = \frac{1}{2\pi} \int_{-\infty}^{+\infty} \frac{2\sin a\omega}{\omega} e^{i\omega x} \, d\omega$$

$$= \frac{1}{\pi} \int_{-\infty}^{+\infty} (\cos\omega x + i\sin\omega x) \frac{\sin a\omega}{\omega} \, d\omega = \frac{1}{\pi} \int_{-\infty}^{+\infty} \frac{\cos\omega x \sin a\omega}{\omega} \, d\omega$$

其中用到 $\sin\omega x \dfrac{\sin a\omega}{\omega}$ 为 ω 的奇函数，所以积分为零。

由例 7.1.2 的结论可得 $1 = f(0) = \dfrac{1}{\pi} \int_{-\infty}^{+\infty} \dfrac{\sin a\omega}{\omega} \, d\omega = \dfrac{2}{\pi} \int_{0}^{+\infty} \dfrac{\sin a\omega}{\omega} \, d\omega$，由此

可得高等数学中一个著名的结论 $\int_{0}^{+\infty} \dfrac{\sin x}{x} \, dx = \dfrac{\pi}{2}$。

7.1.2 傅里叶变换的基本性质

性质 7.1.1（线性性质） 设 $f_1(x)$，$f_2(x)$ 在 R 上连续且绝对可积，则对于任何常数 α，β 有

$$\mathcal{F}(\alpha f_1 + \beta f_2) = \alpha \mathcal{F}(f_1) + \beta \mathcal{F}(f_2)$$

性质 7.1.2（微分性质） 设 $f(x)$，$f'(x)$ 在 R 上连续且绝对可积，则

$$\mathcal{F}[f'(x)] = i\omega \mathcal{F}[f(x)]$$

证明 首先证明 $\lim\limits_{x \to \pm\infty} f(x) = 0$，事实上，由 $f'(x)$ 连续可得

$$f(x) = f(0) + \int_{0}^{x} f'(\tau) \, d\tau, \quad \lim_{x \to \pm\infty} f(x) = f(0) + \int_{0}^{\pm\infty} f'(\tau) \, d\tau$$

由 $f'(x)$ 的绝对可积性得 $\lim\limits_{x \to \pm\infty} f(x)$ 存在。以下只证 $\lim\limits_{x \to +\infty} f(x) = 0$。

若 $\lim\limits_{x \to +\infty} f(x) = a \neq 0$，不妨设 $a > 0$，则存在 $M > 0$ 使得当 $x \geq M$，$f(x) > \dfrac{a}{2}$，从而 $\int_{M}^{+\infty} f(x) \, dx = +\infty$，这与 $f(x)$ 的绝对可积性矛盾，故 $\lim\limits_{x \to +\infty} f(x) = 0$。同理可证 $\lim\limits_{x \to -\infty} f(x) = 0$。

由分部积分公式可得

$$\mathcal{F}[f'(x)] = \int_{-\infty}^{+\infty} f'(x) e^{-i\omega x} \, dx = f(x) e^{-i\omega x} \Big|_{-\infty}^{+\infty} + i\omega \int_{-\infty}^{+\infty} f(x) e^{-i\omega x} \, dx$$

$$= i\omega \hat{f}(\omega) = i\omega \mathcal{F}[f(x)]$$

推论：若 $f(x)$，$f'(x)$，$\cdots$，$f^{(m)}(x)$ 在 $\mathbf{R}$ 上连续且绝对可积，则

$$\mathcal{F}[f^{(m)}(x)] = (i\omega)^m \mathcal{F}[f(x)], \quad m \geq 1$$

性质 7.1.3（乘多项式） 设 $f(x)$ 在 $\mathbf{R}$ 上连续，且 $f(x)$，$xf(x)$ 均绝对可积，则

$$\mathcal{F}[xf(x)] = i \frac{d}{d\omega} \mathcal{F}[f(x)]$$

推论：$\mathcal{F}[x^m f(x)] = i^m \dfrac{d^m}{d\omega^m} \mathcal{F}[f(x)]$，$m \geq 1$

性质 7.1.4（平移性质）

设 $f(x)$ 在 R 上连续，且绝对可积，a 为实数，则
$$\mathcal{F}[f(x-a)]=\mathrm{e}^{-\mathrm{i}a\omega}\mathcal{F}[f(x)]$$

推论
$$\mathcal{F}[f(x)]\cos a\omega=\frac{1}{2}\mathcal{F}[f(x+a)+f(x-a)]$$
$$\mathcal{F}[f(x)]\sin a\omega=\frac{1}{2\mathrm{i}}\mathcal{F}[f(x+a)-f(x-a)]$$

该性质证明简单，留作作业。

用定义求傅里叶变换比较复杂。附录Ⅳ列出了常用函数在傅里叶变换下的像函数，读者可以通过查表和利用变换性质来求函数的傅里叶变换和逆变换。

【例 7.1.3】　求 $\hat{f}(\omega)=\mathrm{e}^{-\omega^2 a^2 t}$ 的原函数。

解　查表得
$$\mathcal{F}\left[\frac{1}{\sqrt{2\pi}\,\sigma}\mathrm{e}^{-\frac{x^2}{2\sigma^2}}\right]=\mathrm{e}^{-\frac{\omega^2\sigma^2}{2}}$$

比较得 $\sigma^2=2a^2 t$，即 $\sigma=a\sqrt{2t}$，故
$$\mathcal{F}^{-1}\left[\mathrm{e}^{-\omega^2 a^2 t}\right]=\frac{1}{2a\sqrt{\pi t}}\mathrm{e}^{-\frac{x^2}{4a^2 t}}$$

7.1.3　卷积

卷积方法最初的研究可追溯到 19 世纪初期的欧拉（Euler）和泊松（Poisson）等数学家，后来杜哈梅尔（Duhamel）对此问题做了大量的工作。卷积方法的物理意义是将任何连续分布的量表示为瞬时量的叠加，将信号分解为冲击信号之和。

卷积的数学定义：函数 $f_1(x)$ 和 $f_2(x)$ 的卷积 $(f_1*f_2)(x)$ 定义如下
$$(f_1*f_2)(x)=f_1(x)*f_2(x)=\int_{-\infty}^{+\infty}f_1(\tau)f_2(x-\tau)\mathrm{d}\tau$$

【例 7.1.4】　已知函数 $f_1(x)$ 和 $f_2(x)$ 如图 7.1.1 所示，计算卷积积分
$$f(x)=f_1(x)*f_2(x)$$

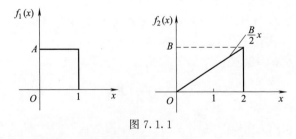

图 7.1.1

解　（1）换元：将自变量 x 换为 τ。

（2）反折与平移：将 $f_2(\tau)$ 反折成 $f_2(-\tau)$ 后，再将 $f_2(-\tau)$ 沿 τ 轴平移 x 得到 $f_2(x-\tau)$，如图 7.1.2 所示。

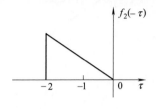
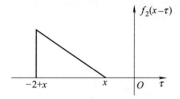

(a) 将 $f_2(\tau)$ 反折成 $f_2(-\tau)$　　　　(b) $x<0(>0)$ 时图形向左(右)移动

图 7.1.2

（3）分段积分：

① 当 $x<0$ 时，如图 7.1.3（a）所示，$f_1(\tau)$ 和 $f_2(x-\tau)$ 没有重叠部分，故
$$f(x)=f_1(x)*f_2(x)=0$$

② 当 $0 \leqslant x<1$ 时，如图 7.1.3（b）所示。
$$f(x)=\int_0^x f_1(\tau)f_2(x-\tau)\mathrm{d}\tau=\int_0^x A\times\frac{B}{2}(x-\tau)\mathrm{d}\tau=\frac{AB}{4}x^2$$

③ 当 $1\leqslant x$，$-2+x<0$ 即 $1\leqslant x<2$ 时，如图 7.1.3（c）所示。
$$f(x)=\int_0^x f_1(\tau)f_2(x-\tau)\mathrm{d}\tau=\int_0^1 A\times\frac{B}{2}(x-\tau)\mathrm{d}\tau=\frac{AB}{2}\left(x-\frac{1}{2}\right)$$

④ 当 $0\leqslant -2+x<1$ 即 $2\leqslant x<3$ 时，如图 7.1.3（d）所示。
$$f(x)=\int_{-2+x}^1 A\times\frac{B}{2}(x-\tau)\mathrm{d}\tau=\frac{AB}{4}[4-(x-1)^2]$$

⑤ 当 $-2+x\geqslant 1$ 即 $x\geqslant 3$ 时，如图 7.1.3（e）所示，$f_1(\tau)$ 和 $f_2(x-\tau)$ 无重叠部分，故
$$f(x)=f_1(x)*f_2(x)=0$$

综上所述，卷积积分结果为

$$f(x)=f_1(x)*f_2(x)=\begin{cases}0, & x<1\\[2mm]\dfrac{AB}{4}x^2, & 0\leqslant x<1\\[2mm]\dfrac{AB}{2}\left(x-\dfrac{1}{2}\right), & 1\leqslant x<2\\[2mm]\dfrac{AB}{4}[4-(x-1)^2], & 2\leqslant x<3\\[2mm]0, & x\geqslant 3\end{cases}$$

如图 7.1.3（f）所示。

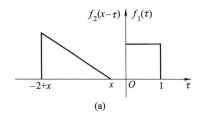

(a)

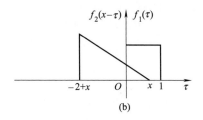

(b)

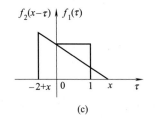

(c)

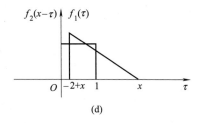

(d)

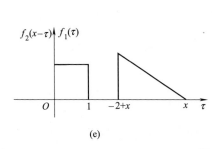

(e)

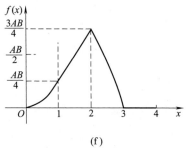

(f)

图 7.1.3

性质 7.1.5（卷积性质）

（1）交换律

$$f_1(x) * f_2(x) = f_2(x) * f_1(x)$$

（2）结合律

$$[f_1(x) * f_2(x)] * f_3(x) = f_1(x) * [f_2(x) * f_3(x)]$$

（3）分配律

$$[f_1(x) + f_2(x)] * f_3(x) = f_1(x) * f_3(x) + f_2(x) * f_3(x)$$

（4）微分性质

$$\frac{\mathrm{d}}{\mathrm{d}x}[f_1(x) * f_2(x)] = f_1(x) * \frac{\mathrm{d}f_2(x)}{\mathrm{d}x} = \frac{\mathrm{d}f_1(x)}{\mathrm{d}x} * f_2(x)$$

（5）延时性质

$$f_1(x - x_1) * f_2(x - x_2) = (f_1 * f_2)(x - x_1 - x_2)$$

（6）傅里叶变换：若函数 $f_1(x)$ 和 $f_2(x)$ 绝对可积，则卷积 $(f_1 * f_2)(x)$ 也绝对可积，且有

$$\mathcal{F}[(f_1 * f_2)(x)] = \mathcal{F}[f_1(x)] \cdot \mathcal{F}[f_2(x)]$$

证明　这里只证明（6）中的等式，由

$$\int_{-\infty}^{+\infty} f_2(x-t) e^{-i\omega x} dx \xlongequal{\tau = x - t} \int_{-\infty}^{+\infty} f_2(\tau) e^{-i\omega(\tau + t)} d\tau$$

得

$$\begin{aligned}
\mathcal{F}[(f_1 * f_2)(x)] &= \int_{-\infty}^{+\infty} \left[\int_{-\infty}^{+\infty} f_1(t) f_2(x-t) dt \right] e^{-i\omega x} dx \\
&= \int_{-\infty}^{+\infty} f_1(t) dt \int_{-\infty}^{+\infty} f_2(x-t) e^{-i\omega x} dx \\
&= \int_{-\infty}^{+\infty} f_1(t) dt \int_{-\infty}^{+\infty} f_2(\tau) e^{-i\omega(\tau + t)} d\tau \\
&= \int_{-\infty}^{+\infty} f_1(t) e^{-i\omega t} dt \int_{-\infty}^{+\infty} f_2(\tau) e^{-i\omega \tau} d\tau \\
&= \mathcal{F}[f_1(x)] \cdot \mathcal{F}[f_2(x)]
\end{aligned}$$

7.1.4　多重傅里叶变换

（1）多重傅里叶变换的定义

在求解高维数学物理方程的定解问题时，常用到多重的傅里叶变换。以下以三元函数为例介绍傅里叶变换。

称变换

$$\hat{f}(\omega_1, \omega_2, \omega_3) = \iiint_{-\infty}^{+\infty} f(x_1, x_2, x_3) e^{-i(\omega_1 x_1 + \omega_2 x_2 + \omega_3 x_3)} dx_1 dx_2 dx_3$$

为函数 $f(x_1, x_2, x_3)$ 的傅里叶变换，记作

$$\mathcal{F}[f(x_1, x_2, x_3)] = \iiint_{-\infty}^{+\infty} f(x_1, x_2, x_3) e^{-i(\omega_1 x_1 + \omega_2 x_2 + \omega_3 x_3)} dx_1 dx_2 dx_3$$

称变换

$$f(x_1, x_2, x_3) = \frac{1}{(2\pi)^3} \iiint_{-\infty}^{+\infty} \hat{f}(\omega_1, \omega_2, \omega_3) e^{i(\omega_1 x_1 + \omega_2 x_2 + \omega_3 x_3)} d\omega_1 d\omega_2 d\omega_3$$

为傅里叶逆变换，记作

$$\mathcal{F}^{-1}[\hat{f}(\omega_1, \omega_2, \omega_3)] = \frac{1}{(2\pi)^3} \iiint_{-\infty}^{+\infty} \hat{f}(\omega_1, \omega_2, \omega_3)$$

$$e^{i(\omega_1 x_1 + \omega_2 x_2 + \omega_3 x_3)} d\omega_1 d\omega_2 d\omega_3$$

（2）多重傅里叶变换的性质

与一元函数的傅里叶变换的性质类似，三元函数的傅里叶变换有以下性质。

性质 7.1.6 对于任何常数 α，β 有

$$\mathcal{F}(\alpha f_1 + \beta f_2) = \alpha \mathcal{F}(f_1) + \beta \mathcal{F}(f_2)$$

性质 7.1.7 $\mathcal{F}\left[\dfrac{\partial^m}{\partial x_k^m} f(x_1, x_2, x_3)\right] = (\mathrm{i}\omega_k)^m \mathcal{F}[f(x_1, x_2, x_3)]$，$k = 1, 2, 3$

性质 7.1.8 $\mathcal{F}[x_k f(x_1, x_2, x_3)] = \mathrm{i}\dfrac{\partial}{\partial \omega_k}\hat{f}(\omega_1, \omega_2, \omega_3)$，$k = 1, 2, 3$

性质 7.1.9 对三元函数 $f_1(x_1, x_2, x_3)$，$f_2(x_1, x_2, x_3)$ 定义卷积

$$(f_1 * f_2)(x_1, x_2, x_3) = \iiint\limits_{-\infty}^{+\infty} f_1(\xi, \eta, \zeta) f_2(x_1 - \xi, x_2 - \eta, x_3 - \zeta)\,\mathrm{d}\xi\mathrm{d}\eta\mathrm{d}\zeta$$

则有

$$\mathcal{F}[(f_1 * f_2)(x_1, x_2, x_3)] = \mathcal{F}[f_1(x_1, x_2, x_3)] \cdot \mathcal{F}[f_2(x_1, x_2, x_3)]$$

习题7.1

7.1.1 求下列函数的傅里叶变换，并证明相应的积分等式成立

(1) 设 $f(x) = \mathrm{e}^{-\beta|x|}$ $(\beta > 0)$，证明

$$\int_0^{+\infty} \frac{\cos\omega x}{\beta^2 + \omega^2}\,\mathrm{d}\omega = \frac{\pi}{2\beta}\mathrm{e}^{-\beta|x|}$$

(2) 设 $f(x) = \mathrm{e}^{-|x|}\cos x$，证明

$$\int_0^{+\infty} \frac{\omega^2 + 2}{\omega^4 + 4}\cos\omega x\,\mathrm{d}\omega = \frac{\pi}{2}\mathrm{e}^{-|x|}\cos x$$

提示：先求 $\mathcal{F}[\mathrm{e}^{-\beta|x|}]$，再求逆变换。

7.1.2 设 $\mathcal{F}[f(x)] = \hat{f}(\omega)$，证明

(1) $\mathcal{F}[f(-x)] = \hat{f}(-\omega)$

(2) $\mathcal{F}[f(x)\cos\omega_0 x] = \dfrac{1}{2}[\hat{f}(\omega - \omega_0) + \hat{f}(\omega + \omega_0)]$

(3) $\mathcal{F}[f(x)\sin\omega_0 x] = \dfrac{1}{2\mathrm{i}}[\hat{f}(\omega - \omega_0) - \hat{f}(\omega + \omega_0)]$

(4) $\mathcal{F}^{-1}[\hat{f}(\omega \mp \omega_0)] = \mathrm{e}^{\pm\mathrm{i}\omega_0 x}f(x)$

7.1.3 证明卷积满足交换律和结合律，即

$$f_1(x) * f_2(x) = f_2(x) * f_1(x);\ f_1(x) * [f_2(x) * f_3(x)] = [f_1(x) * f_2(x)] * f_3(x)$$

7.1.4 证明平移性质 7.1.4。

7.2 拉普拉斯变换

上节介绍了傅里叶变换，可以看出傅里叶变换的条件很强，如 $f(x)$ 在 $(-\infty, +\infty)$ 上有定义，且绝对可积。事实上，许多定解问题中的未知函数只在

$[0,+\infty)$ 上有定义，另外，像常数函数、三角函数及多项式函数这样常见的函数都在 $(-\infty,+\infty)$ 上非绝对可积，因此有必要对傅里叶变换进行改造，继而可得另一种积分变换，即拉普拉斯变换。

7.2.1　拉普拉斯变换的定义

傅里叶积分变换的缺点是函数 $f(x)$ 的条件太强，本节假设 $f(t)$ 满足以下条件。

（1）设 $f(t)$ 只在 $t \geqslant 0$ 上有定义，把 $f(t)$ 延拓到 $(-\infty,+\infty)$ 上有定义的函数 $f_1(t)$

$$f_1(t)=\begin{cases}0, & t<0 \\ f(t), & t \geqslant 0\end{cases}$$

（2）$f_1(t)$ 在 $(-\infty,+\infty)$ 上不一定绝对可积，但是乘一个衰减因子后绝对可积，即 $f_1(t)\mathrm{e}^{-\sigma t}\,(\sigma>0)$ 绝对可积。令 $f_2(t)=f_1(t)\mathrm{e}^{-\sigma t}$，由傅里叶积分公式得

$$f_2(t)=\frac{1}{2\pi}\int_{-\infty}^{+\infty}\mathrm{e}^{\mathrm{i}t\omega}\,\mathrm{d}\omega\int_{-\infty}^{+\infty}\mathrm{e}^{-\mathrm{i}\omega\xi}f_2(\xi)\,\mathrm{d}\xi$$

即

$$\mathrm{e}^{-\sigma t}f(t)=\frac{1}{2\pi}\int_{-\infty}^{+\infty}\mathrm{e}^{\mathrm{i}t\omega}\,\mathrm{d}\omega\int_{0}^{+\infty}\mathrm{e}^{-(\sigma+\mathrm{i}\omega)\xi}f(\xi)\,\mathrm{d}\xi$$

整理得

$$f(t)=\frac{1}{2\pi}\int_{-\infty}^{+\infty}\mathrm{e}^{(\sigma+\mathrm{i}\omega)t}\,\mathrm{d}\omega\int_{0}^{+\infty}\mathrm{e}^{-(\sigma+\mathrm{i}\omega)\xi}f(\xi)\,\mathrm{d}\xi$$

令 $p=\sigma+\mathrm{i}\omega$，$\mathrm{d}p=\mathrm{i}\mathrm{d}\omega$，则

$$f(t)=\frac{1}{2\pi\mathrm{i}}\int_{\sigma-\mathrm{i}\infty}^{\sigma+\mathrm{i}\infty}\mathrm{e}^{pt}\,\mathrm{d}p\int_{0}^{+\infty}\mathrm{e}^{-p\xi}f(\xi)\,\mathrm{d}\xi$$

令 $F(p)=\int_{0}^{+\infty}\mathrm{e}^{-p\xi}f(\xi)\,\mathrm{d}\xi$，则 $f(t)=\frac{1}{2\pi\mathrm{i}}\int_{\sigma-\mathrm{i}\infty}^{\sigma+\mathrm{i}\infty}F(p)\mathrm{e}^{pt}\,\mathrm{d}p$，从而有以下定义。

> 设 $f(t)$ 在 $[0,+\infty)$ 上有定义，变换 $F(p)=\int_{0}^{+\infty}\mathrm{e}^{-pt}f(t)\mathrm{d}t\,(p$ 为复数)
>
> 称为 $f(t)$ 的拉普拉斯变换，记作 $\mathcal{L}[f]=F(p)=\int_{0}^{+\infty}\mathrm{e}^{-pt}f(t)\mathrm{d}t$。
>
> 变换 $f(t)=\frac{1}{2\pi\mathrm{i}}\int_{\sigma-\mathrm{i}\infty}^{\sigma+\mathrm{i}\infty}F(p)\mathrm{e}^{pt}\,\mathrm{d}p$ 称为拉普拉斯逆变换，或拉普拉斯反演公式，记作
>
> $$f(t)=\mathcal{L}^{-1}[F(p)]=\frac{1}{2\pi\mathrm{i}}\int_{\sigma-\mathrm{i}\infty}^{\sigma+\mathrm{i}\infty}F(p)\mathrm{e}^{pt}\,\mathrm{d}p$$
>
> 其中，$F(p)$ 称为 $f(t)$ 的像函数；$f(t)$ 称为 $F(p)$ 的原函数。

【例 7.2.1】　求函数（单位阶跃函数）

$$H(t) = \begin{cases} 0, & t < 0 \\ 1, & t > 0 \end{cases}$$

的拉普拉斯变换。

解

$$\mathcal{L}[H(t)] = \int_0^{+\infty} H(t) \, e^{-pt} \, dt = \int_0^{+\infty} e^{-pt} \, dt$$

$$= -\frac{1}{p} e^{-pt} \Big|_0^{+\infty} = \lim_{t \to +\infty} \frac{-e^{-pt}}{p} + \frac{1}{p}$$

$$= \frac{1}{p}, \quad \mathrm{Re}\, p > 0$$

【例 7.2.2】 求 $f(t) = e^{at}$ 的拉普拉斯变换，其中 a 为常数。

解 $\mathcal{L}[e^{at}] = \int_0^{+\infty} e^{at} e^{-pt} \, dt = \int_0^{+\infty} e^{-(p-a)t} \, dt = -\frac{e^{-(p-a)t}}{p-a} \Big|_0^{+\infty} = \frac{1}{p-a}$,

$\mathrm{Re}\, p > \mathrm{Re}\, a$

【例 7.2.3】 求 $\mathcal{L}[t]$ 和 $\mathcal{L}[t^n]$，其中，n 为正整数。

解 $\mathcal{L}[t] = \int_0^{+\infty} t \, e^{-pt} \, dt = \left[-\frac{t}{p} e^{-pt} - \frac{1}{p^2} e^{-pt} \right]_0^{+\infty} = \frac{1}{p^2}, \quad \mathrm{Re}\, p > 0$

$$\mathcal{L}[t^n] = \int_0^{+\infty} t^n \, e^{-pt} \, dt = -\frac{t^n}{p} e^{-pt} \Big|_0^{+\infty} + \frac{n}{p} \int_0^{+\infty} t^{n-1} e^{-pt} \, dt = \frac{n}{p} \mathcal{L}[t^{n-1}]$$

$$= \frac{n(n-1)}{p^2} \mathcal{L}[t^{n-2}] = \cdots = \frac{n!}{p^n} \mathcal{L}[1] = \frac{n!}{p^{n+1}}, \quad \mathrm{Re}\, p > 0$$

7.2.2 存在定理及性质

通过对傅里叶变换的改造后不难看出，大部分的函数都可以进行拉普拉斯变换。以下给出拉普拉斯变换的存在定理及反演公式。

存在定理：

设 $f(t)$ 在 $[0, +\infty)$ 上分段连续，若存在正常数 σ, M 使得对任何 $t \geqslant 0$ 有 $|f(t)| \leqslant M e^{\sigma t}$，则对任何 $\mathrm{Re}\, p > \sigma$, $\mathcal{L}[f]$ 存在。

存在定理的证明：

$$\int_0^{+\infty} |f(t) e^{-pt}| \, dt \leqslant \int_0^{+\infty} |f(t)| \cdot |e^{-pt}| \, dt \leqslant M \int_0^{+\infty} e^{\sigma t} \, e^{-t \mathrm{Re}\, p} \, dt$$

$$= M \int_0^{+\infty} e^{-(\mathrm{Re}\, p - \sigma)t} \, dt = \frac{M}{\mathrm{Re}\, p - \sigma}, \quad \mathrm{Re}\, p > \sigma$$

故 $\int_0^{+\infty} f(t) e^{-pt} \, dt$ 收敛。证毕。

由以上证明可得以下推论。

推论（像函数满足的必要条件）：$F(p)$ 是某函数 $f(t)$ 的像函数的必要条

件是

$$\lim_{\mathrm{Re}p \to +\infty} F(p) = 0$$

以下介绍拉普拉斯变换的一些重要性质，这些性质在求拉普拉斯变换及反演公式时非常有用，这里只选证部分性质。

性质 7.2.1　设 $f_1(t)$，$f_2(t)$ 满足拉普拉斯存在定理的条件，α，β 为常数，则

$$\mathcal{L}[\alpha f_1 + \beta f_2] = \alpha \mathcal{L}[f_1] + \beta \mathcal{L}[f_2]$$

【例 7.2.4】　求 $f(t) = \sin\omega t$ 的拉普拉斯变换。

解　由例 7.2.2 及性质 7.2.1 得

$$\mathcal{L}[\sin\omega t] = \mathcal{L}\left[\frac{\mathrm{e}^{\mathrm{i}\omega t} - \mathrm{e}^{-\mathrm{i}\omega t}}{2\mathrm{i}}\right] = \frac{1}{2\mathrm{i}}\{\mathcal{L}[\mathrm{e}^{\mathrm{i}\omega t}] - \mathcal{L}[\mathrm{e}^{-\mathrm{i}\omega t}]\}$$

$$= \frac{1}{2\mathrm{i}}\left(\frac{1}{p - \mathrm{i}\omega} - \frac{1}{p + \mathrm{i}\omega}\right) = \frac{\omega}{p^2 + \omega^2}, \quad \mathrm{Re}(p) > 0$$

同理可得 $\mathcal{L}[\cos\omega t] = \dfrac{p}{p^2 + \omega^2}$，其中 $\mathrm{Re}(p) > 0$。

性质 7.2.2（微分性质）设 $f(t)$，$f'(t)$，$\cdots$，$f^{(n)}(t)$ 都满足存在定理的条件，则

$$\mathcal{L}[f'(t)] = p\mathcal{L}[f(t)] - f(0^+)$$

$$\mathcal{L}[f''(t)] = p^2\mathcal{L}[f(t)] - pf(0^+) - f'(0^+)$$

$$\mathcal{L}[f'''(t)] = p^3\mathcal{L}[f(t)] - p^2 f(0^+) - pf'(0^+) - f''(0^+)$$

$$\cdots$$

$$\mathcal{L}[f^{(n)}(t)] = p^n\mathcal{L}[f(t)] - p^{n-1}f(0^+) - p^{n-2}f'(0^+) - \cdots - f^{(n-1)}(0^+)$$

其中，$f(0^+) = \lim_{t \to 0^+} f(t)$。

证明　利用分部积分得

$$\mathcal{L}[f'(t)] = \int_0^{+\infty} f'(t)\mathrm{e}^{-pt}\,\mathrm{d}t$$

$$= f(t)\mathrm{e}^{-pt}\Big|_0^{+\infty} + p\int_0^{+\infty} f(t)\mathrm{e}^{-pt}\,\mathrm{d}t, \quad \mathrm{Re}p > \sigma$$

由 $|f(t)\mathrm{e}^{-pt}| \leqslant M\mathrm{e}^{-(\mathrm{Re}p - \sigma)t}$ 得

$$\lim_{t \to +\infty} f(t)\mathrm{e}^{-pt} = 0, \quad \lim_{t \to 0^+} f(t)\mathrm{e}^{-pt} = f(0^+)$$

从而 $\mathcal{L}[f'(t)] = p\mathcal{L}[f(t)] - f(0^+)$。

应用该式得

$$\mathcal{L}[f''(t)] = p\mathcal{L}[f'(t)] - f'(0^+)$$

$$= p\{p\mathcal{L}[f(t)] - f(0^+)\} - f'(0^+)$$

$$= p^2\mathcal{L}[f(t)] - pf(0^+) - f'(0^+)$$

同理可得其他结果。

性质 7.2.3 （像函数的微分性质） 设 $f(t)$ 满足存在定理的条件，则
$$F^{(n)}(p)=\mathcal{L}[(-t)^n f(t)] \quad \text{或} \quad \mathcal{L}[t^n f(t)]=(-1)^n F^{(n)}(p), \quad \mathrm{Re}p>\sigma$$

【例 7.2.5】 由例 7.2.1 知 $\mathcal{L}[1]=\displaystyle\int_0^{+\infty} \mathrm{e}^{-pt}\,\mathrm{d}t=\dfrac{1}{p}$ ，所以

$$\left(\frac{1}{p}\right)^{(n)}=\mathcal{L}[(-t)^n]=(-1)^n\mathcal{L}[t^n]$$

于是有 $\quad \mathcal{L}(t^n)=(-1)^n\left(\dfrac{1}{p}\right)^{(n)}=\dfrac{n!}{p^{n+1}}, \quad \mathrm{Re}p>0$

性质 7.2.4 （卷积性质）设 $f_1(t)$，$f_2(t)$ 满足拉普拉斯变换存在的条件，且当 $t<0$ 时，$f_1(t)=f_2(t)\equiv0$ 则

$$(f_1 * f_2)(t)=\int_{-\infty}^{+\infty} f_1(\tau)f_2(t-\tau)\,\mathrm{d}\tau=\int_0^t f_1(t-\tau)f_2(\tau)\,\mathrm{d}\tau$$

也满足拉普拉斯变换存在定理的条件，且
$$\mathcal{L}[(f_1 * f_2)(t)]=\mathcal{L}[f_1]\cdot\mathcal{L}[f_2]$$

证明 这里只证明拉普拉斯变换等式，如图 7.2.1 所示。

$$\begin{aligned}
\mathcal{L}[(f_1 * f_2)(t)] &=\int_0^{+\infty}\left(\int_0^t f_1(\tau)f_2(t-\tau)\,\mathrm{d}\tau\right)\mathrm{e}^{-pt}\,\mathrm{d}t\\
&=\int_0^{+\infty} f_1(\tau)\,\mathrm{d}\tau\int_\tau^{+\infty} f_2(t-\tau)\mathrm{e}^{-pt}\,\mathrm{d}t\\
&=\int_0^{+\infty} f_1(\tau)\,\mathrm{d}\tau\int_0^{+\infty} f_2(t')\mathrm{e}^{-p(t'+\tau)}\,\mathrm{d}t' \quad (t'=t-\tau)\\
&=\int_0^{+\infty} f_1(\tau)\mathrm{e}^{-p\tau}\,\mathrm{d}\tau\int_0^{+\infty} f_2(t')\mathrm{e}^{-pt'}\,\mathrm{d}t'\\
&=\mathcal{L}[f_1]\cdot\mathcal{L}[f_2]
\end{aligned}$$

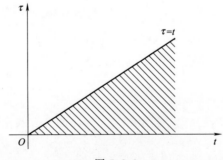

图 7.2.1

性质 7.2.5 （积分性质）设 $f(t)$ 满足存在定理的条件，则
$$\mathcal{L}\left[\int_0^t f(\tau)\,\mathrm{d}\tau\right]=\frac{1}{p}\mathcal{L}[f(t)]$$

证明　由　$\dfrac{\mathrm{d}}{\mathrm{d}t}\left[\displaystyle\int_0^t f(\tau)\mathrm{d}\tau\right]=f(t)$ 和微分性质可得

$$
\begin{aligned}
\mathcal{L}[f(t)] &= \mathcal{L}\left[\frac{\mathrm{d}}{\mathrm{d}t}\left(\int_0^t f(\tau)\mathrm{d}\tau\right)\right]\\
&= p\mathcal{L}\left[\int_0^t f(\tau)\mathrm{d}\tau\right]-\left.\left[\int_0^t f(\tau)\mathrm{d}\tau\right]\right|_{t=0}\\
&= p\mathcal{L}\left[\int_0^t f(\tau)\mathrm{d}\tau\right]
\end{aligned}
$$

从而　$\mathcal{L}\left[\displaystyle\int_0^t f(t)\mathrm{d}t\right]=\dfrac{1}{p}\mathcal{L}[f(t)]$ 。

性质 7.2.6（相似性质）设 $f(t)$ 满足存在定理的条件，且 $F(p)=\mathcal{L}[f(t)]$，则对于任何常数 $\alpha\neq 0$ 有

$$
\mathcal{L}[f(\alpha t)]=\frac{1}{|\alpha|}F\left(\frac{p}{\alpha}\right),\quad \mathrm{Re}\,p>\sigma
$$

性质 7.2.7（平移性质）设 $f(t)$ 满足存在定理的条件，且 $\alpha\geqslant 0$ 为常数，则

$$
\mathcal{L}[f(t-\alpha)]=\mathrm{e}^{-p\alpha}\mathcal{L}[f(t)],\quad \mathrm{Re}\,p>\sigma
$$

证明　事实上

$$
\begin{aligned}
\mathcal{L}[f(t-\alpha)] &= \int_0^{+\infty} f(t-\alpha)\mathrm{e}^{-pt}\mathrm{d}t \xlongequal{\ \text{令}\,\tau=t-\alpha\ } \int_0^{+\infty} f(\tau)\mathrm{e}^{-p(\tau+\alpha)}\mathrm{d}\tau\\
&= \mathrm{e}^{-p\alpha}\int_0^{+\infty} f(\tau)\mathrm{e}^{-p\tau}\mathrm{d}\tau = \mathrm{e}^{-p\alpha}\mathcal{L}[f(t)],\quad \mathrm{Re}\,p>\sigma
\end{aligned}
$$

性质 7.2.8（延迟性质）设 $f(t)$ 满足存在定理的条件，且 $F(p)=\mathcal{L}[f(t)]$，则

$$
\mathcal{L}[\mathrm{e}^{\alpha t}f(t)]=F(p-\alpha)
$$

7.2.3　反演公式

在利用拉普拉斯变换求解数学物理方程时，首先对方程实施拉普拉斯变换，然后求解，该解的原函数才是所需的解。为此以下介绍原函数的求法。

> **反演公式：**
> 设 $f(t)$ 的满足存在定理的条件，$F(p)$ 是 $f(t)$ 的像函数，则在 $f(t)$ 的连续点有
> $$
> f(t)=\frac{1}{2\mathrm{i}\pi}\int_{\gamma-\mathrm{i}\infty}^{\gamma+\mathrm{i}\infty} F(p)\mathrm{e}^{pt}\mathrm{d}p
> $$
> 其中，$\gamma>\sigma$，积分路径是半平面 $\mathrm{Re}\,p>\sigma$ 内任一垂直于实轴的直线 $\mathrm{Re}\,p=\gamma$，如图 7.2.2 所示。

反演公式的证明比较复杂，这里从略。反演公式只给出了由像函数求原函数的一般公式，以下不加证明地给出了求原函数的具体方法，即有理分式反演法和

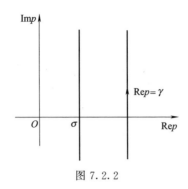

图 7.2.2

查表法。

7.2.3.1 有理分式反演法

（1）留数法

设像函数 $F(p)$ 满足：

① $F(p) = \dfrac{A(p)}{B(p)}$ 为一有理函数，$A(p)$ 的次数比 $B(p)$ 低；

② $A(p)$ 和 $B(p)$ 互质，则

$$f(t) = \mathcal{L}^{-1}[F(p)] = \mathcal{L}^{-1}\left[\frac{A(p)}{B(p)}\right] = \sum_{k=1}^{m} \text{Res}\left[\frac{A(p)}{B(p)}e^{pt}, p_k\right] \quad (7.2.1)$$

其中，p_1，p_2，$\cdots$，p_m 为 $B(p)$ 的所有零点。$\text{Res}\left[\dfrac{A(p)}{B(p)}e^{pt}, p_k\right]$ 表示 $\dfrac{A(p)}{B(p)}e^{pt}$ 在 $p = p_k$ 处的留数。设 $p = p_k$ 为 $B(p)$ 的 N_k 重零点，则有

$$\text{Res}\left[\frac{A(p)}{B(p)}e^{pt}, p_k\right] = \frac{1}{(N_k - 1)!}\lim_{p \to p_k}\frac{\mathrm{d}^{N_k - 1}}{\mathrm{d}p^{N_k - 1}}\left[(p - p_k)^{N_k}\frac{A(p)}{B(p)}e^{pt}\right]$$

$$(7.2.2)$$

特别地，$p = p_k$ 为 $B(p)$ 的一阶零点，则

$$\text{Res}\left[\frac{A(p)}{B(p)}e^{pt}, p_k\right] = \lim_{p \to p_k}(p - p_k)\frac{A(p)}{B(p)}e^{pt}$$

【例 7.2.6】 求 $F(p) = \dfrac{1}{p(p-1)^2}$ 的原函数。

解 这里 $B(p) = p(p-1)^2$，$p = 0$，1 分别为 $B(p)$ 的一阶和二阶零点，故由式（7.2.2）有

$$\text{Res}\left[\frac{1}{p(p-1)^2}e^{pt}, 0\right] = \lim_{p \to 0}(p - 0)\frac{1}{p(p-1)^2}e^{pt} = 1$$

$$\text{Res}\left[\frac{1}{p(p-1)^2}\mathrm{e}^{pt},1\right]=\frac{1}{(2-1)!}\lim_{p\to1}\frac{\mathrm{d}}{\mathrm{d}p}\left[(p-1)^2\frac{1}{p(p-1)^2}\mathrm{e}^{pt}\right]=t\mathrm{e}^t-\mathrm{e}^t$$

代入式（7.2.1）得 $\qquad f(t)=\mathcal{L}^{-1}[F(p)]=1+t\mathrm{e}^t-\mathrm{e}^t$ 。

【例 7.2.7】 求 $F(p)=\dfrac{p^3+2p^2-9p+36}{p^4-81}$ 的原函数。

解 通过高等数学中的有理函数的部分分式法可得

$$F(p)=\frac{A(p)}{B(p)}=\frac{1}{2}\times\frac{1}{p-3}-\frac{1}{2}\times\frac{1}{p+3}+\frac{p-1}{p^2+9}$$

其中

$$\mathcal{L}^{-1}\left[\frac{1}{p-3}\right]=\text{Res}\left(\frac{1}{p-3}\mathrm{e}^{pt},3\right)=\lim_{p\to3}(p-3)\frac{1}{p-3}\mathrm{e}^{pt}=\mathrm{e}^{3t}，同理\ \mathcal{L}^{-1}\left[\frac{1}{p+3}\right]=\mathrm{e}^{-3t}$$

另外 $\qquad\mathcal{L}^{-1}\left[\dfrac{p-1}{p^2+9}\right]=\text{Res}\left(\dfrac{p-1}{p^2+9}\mathrm{e}^{pt},3\mathrm{i}\right)+\text{Res}\left(\dfrac{p-1}{p^2+9}\mathrm{e}^{pt},-3\mathrm{i}\right)$

这里

$$\text{Res}\left(\frac{p-1}{p^2+9}\mathrm{e}^{pt},3\mathrm{i}\right)=\lim_{p\to3\mathrm{i}}(p-3\mathrm{i})\frac{p-1}{p^2+9}\mathrm{e}^{pt}=\left(\frac{1}{2}+\frac{1}{6}\mathrm{i}\right)\mathrm{e}^{3\mathrm{i}t}$$

同理

$$\text{Res}\left(\frac{p-1}{p^2+9}\mathrm{e}^{pt},-3\mathrm{i}\right)=\left(\frac{1}{2}-\frac{1}{6}\mathrm{i}\right)\mathrm{e}^{-3\mathrm{i}t}$$

所以

$$\mathcal{L}^{-1}\left[\frac{p-1}{p^2+9}\right]=\left(\frac{1}{2}+\frac{1}{6}\mathrm{i}\right)\mathrm{e}^{3\mathrm{i}t}+\left(\frac{1}{2}-\frac{1}{6}\mathrm{i}\right)\mathrm{e}^{-3\mathrm{i}t}=\cos3t-\frac{1}{3}\sin3t$$

由拉普拉斯逆变换的线性性质得

$$f(t)=\mathcal{L}^{-1}[F(p)]=\frac{1}{2}\mathcal{L}^{-1}\left[\frac{1}{p-3}\right]-\frac{1}{2}\mathcal{L}^{-1}\left[\frac{1}{p+3}\right]+\mathcal{L}^{-1}\left[\frac{p-1}{p^2+9}\right]$$

$$=\frac{1}{2}\mathrm{e}^{3t}-\frac{1}{2}\mathrm{e}^{-3t}+\cos3t-\frac{1}{3}\sin3t$$

注意：实系数多项式的虚零点是成对出现的，且互为共轭，因此，最后的原函数总可以合并成实函数。

（2）部分分式法

实际上，对有些求原函数问题，读者完全可以避开留数的计算，利用 $\mathcal{L}[t^n]=\dfrac{n!}{p^{n+1}}$、线性性质 7.2.1 和延迟性质 7.2.8 来计算有理像函数 $F(p)=\dfrac{A(p)}{B(p)}$ 的原函数 $f(t)=\mathcal{L}^{-1}[F(p)]$，其中 $A(p)$ 的次数比 $B(p)$ 低，且 $A(p)$ 和 $B(p)$ 互质。步骤如下：

第一步 把 $B(p)$ 在复数范围内因式分解，则 $B(p)$ 可分解为一次因式的积；

第二步 类似于高等数学中求有理函数的不定积分时的部分分式法，在复数域内把 $F(p)$ 分解为若干个部分分式之和。若 $B(p)$ 中有因式 $(p-\alpha)^k$，则它对应的部分分式是

$$\frac{A_1}{p-\alpha}+\frac{A_2}{(p-\alpha)^2}+\frac{A_3}{(p-\alpha)^3}+\cdots+\frac{A_k}{(p-\alpha)^k}$$

式中，$A_1,A_2,A_3,\cdots,A_k$ 为待定常数；

第三步 利用 $\mathcal{L}[t^n]=\dfrac{n!}{p^{n+1}}$、线性性质 7.2.1 和延迟性质 7.2.8 可得 $\mathcal{L}^{-1}\left[\dfrac{1}{(p-\alpha)^n}\right]=\dfrac{t^{n-1}}{n-1!}e^{\alpha t}$。

【例 7.2.8】 利用有理函数的部分分式法求下列像函数的原函数

① $\dfrac{p}{p^2+\omega^2}$ ② $\dfrac{1}{p^2+\omega^2}$ ③ $\dfrac{1}{p^2-\omega^2}$

④ $\dfrac{p^2}{(p^2+1)^2}$ ⑤ $\dfrac{1}{p(p-1)^2}$ ⑥ $\dfrac{p^2}{(p^2+1)^2}e^{-p\tau}$ （τ 为常数）

解 ①由 $\dfrac{p}{p^2+\omega^2}=\dfrac{p}{(p-i\omega)(p+i\omega)}=\dfrac{A_1}{p-i\omega}+\dfrac{A_2}{p+i\omega}$

$$=\frac{A_1(p+i\omega)+A_2(p-i\omega)}{(p-i\omega)(p+i\omega)}$$

比较分子，令 $p=i\omega$ 可得 $A_1=\dfrac{1}{2}$；令 $p=-i\omega$ 可得 $A_2=\dfrac{1}{2}$。

所以 $\mathcal{L}^{-1}\left[\dfrac{p}{p^2+\omega^2}\right]=\dfrac{1}{2}\mathcal{L}^{-1}\left[\dfrac{1}{p-i\omega}\right]+\dfrac{1}{2}\mathcal{L}^{-1}\left[\dfrac{1}{p+i\omega}\right]=\dfrac{1}{2}(e^{i\omega t}+e^{-i\omega t})=$

$\cos\omega t$。

② 由 $\dfrac{1}{p^2+\omega^2}=\dfrac{1}{2i\omega}\left(\dfrac{1}{p-i\omega}-\dfrac{1}{p+i\omega}\right)$ 可得

$$\mathcal{L}^{-1}\left[\frac{1}{p^2+\omega^2}\right]=\frac{1}{2i\omega}\mathcal{L}^{-1}\left[\frac{1}{p-i\omega}\right]-\frac{1}{2i\omega}\mathcal{L}^{-1}\left[\frac{1}{p+i\omega}\right]=\frac{1}{2i\omega}(e^{i\omega t}-e^{-i\omega t})=$$

$\dfrac{1}{\omega}\sin\omega t$

③ 由 $\dfrac{1}{p^2-\omega^2}=\dfrac{1}{2\omega}\left(\dfrac{1}{p-\omega}-\dfrac{1}{p+\omega}\right)$ 可得

$$\mathcal{L}^{-1}\left[\frac{1}{p^2-\omega^2}\right]=\frac{1}{2\omega}\mathcal{L}^{-1}\left[\frac{1}{p-\omega}\right]-\frac{1}{2\omega}\mathcal{L}^{-1}\left[\frac{1}{p+\omega}\right]=\frac{1}{2\omega}(e^{\omega t}-e^{-\omega t})=\frac{1}{\omega}$$

$\sinh\omega t$

④ 由

$$\frac{p^2}{(p^2+1)^2}=\frac{p^2}{(p-\mathrm{i})^2(p+\mathrm{i})^2}=\frac{A_1}{p+\mathrm{i}}+\frac{A_2}{(p+\mathrm{i})^2}+\frac{A_3}{p-\mathrm{i}}+\frac{A_4}{(p-\mathrm{i})^2}$$

$$=\frac{A_1(p+\mathrm{i})(p-\mathrm{i})^2+A_2(p-\mathrm{i})^2+A_3(p-\mathrm{i})(p+\mathrm{i})^2+A_4(p+\mathrm{i})^2}{(p-\mathrm{i})^2(p+\mathrm{i})^2}$$

比较分子，令 $p=\mathrm{i}$ 可得 $A_4=\dfrac{1}{4}$；令 $p=-\mathrm{i}$ 可得 $A_2=\dfrac{1}{4}$；比较 p^3 的系数可得

$A_1+A_3=0$；比较 p^0 的系数可得 $A_1-A_3=\dfrac{\mathrm{i}}{2}$，解之得 $A_1=\dfrac{\mathrm{i}}{4}$，$A_3=-\dfrac{\mathrm{i}}{4}$。

所以

$$\mathcal{L}^{-1}\left[\frac{p^2}{(p^2+1)^2}\right]=\frac{\mathrm{i}}{4}\mathcal{L}^{-1}\left[\frac{1}{p+\mathrm{i}}\right]+\frac{1}{4}\mathcal{L}^{-1}\left[\frac{1}{(p+\mathrm{i})^2}\right]-\frac{\mathrm{i}}{4}\mathcal{L}^{-1}\left[\frac{1}{p-\mathrm{i}}\right]+$$

$$\frac{1}{4}\mathcal{L}^{-1}\left[\frac{1}{(p-\mathrm{i})^2}\right]$$

$$=\frac{\mathrm{i}}{4}\mathrm{e}^{-\mathrm{i}t}+\frac{1}{4}t\,\mathrm{e}^{-\mathrm{i}t}-\frac{\mathrm{i}}{4}\mathrm{e}^{\mathrm{i}t}+\frac{1}{4}t\,\mathrm{e}^{\mathrm{i}t}$$

$$=\frac{1}{2}(t\cos t+\sin t)\qquad\qquad(\text{利用 }\mathrm{e}^{\mathrm{i}t}=\cos t+\mathrm{i}\sin t)$$

⑤ 由 $\dfrac{1}{p(p-1)^2}=\dfrac{A_1}{p}+\dfrac{A_2}{p-1}+\dfrac{A_3}{(p-1)^2}=\dfrac{A_1(p-1)^2+A_2 p(p-1)+A_3 p}{p(p-1)^2}$

比较分子，令 $p=0$ 可得 $A_1=1$；令 $p=1$ 可得 $A_3=1$；比较 p^2 的系数可得

$A_1+A_2=0$，从而 $A_2=-1$。所以

$$\mathcal{L}^{-1}\left[\frac{1}{p(p-1)^2}\right]=\mathcal{L}^{-1}\left[\frac{1}{p}\right]-\mathcal{L}^{-1}\left[\frac{1}{p-1}\right]+\mathcal{L}^{-1}\left[\frac{1}{(p-1)^2}\right]=1-\mathrm{e}^t+t\,\mathrm{e}^t$$

⑥ 由 $\mathcal{L}^{-1}\left[\dfrac{p^2}{(p^2+1)^2}\right]=\dfrac{1}{2}(t\cos t+\sin t)$ 及平移性质得

$$\mathcal{L}^{-1}\left[\frac{p^2}{(p^2+1)^2}\mathrm{e}^{-p\tau}\right]=\frac{1}{2}\left[(t-\tau)\cos(t-\tau)+\sin(t-\tau)\right]$$

注意：a. 当 $B(p)$ 中的因式 $(p-\alpha)^k$ 的次数 k 较大，特别是 k 为非具体数时且还有其他因式，用留数法较好。

b. 利用平移性质 7.2.7 易求得 $F(p)=\mathrm{e}^{-p\tau}\dfrac{A(p)}{B(p)}$（$\tau$ 为常数）的原函数。

（3）利用性质和已知拉普拉斯变换

【**例 7.2.9**】　求 $F(p)=\dfrac{p^2}{(p^2+1)^2}$ 的原函数。

解　该题可通过有理分式反演法求解，不过这里我们想通过卷积求解。由例

7.2.4 知 $\mathcal{L}^{-1}\left[\dfrac{p}{p^2+1}\right]=\cos t$，故由性质 7.2.4 得

$$\mathcal{L}^{-1}\left[\frac{p^2}{(p^2+1)^2}\right]=\mathcal{L}^{-1}\{\mathcal{L}[\cos t]\cdot\mathcal{L}[\cos t]\}=\cos t*\cos t$$

$$=\int_0^t\cos\tau\cos(t-\tau)\mathrm{d}\tau=\frac{1}{2}\int_0^t[\cos t+\cos(2\tau-t)]\mathrm{d}\tau$$

$$=\frac{1}{2}(t\cos t+\sin t)$$

【例 7.2.10】 求下列像函数的原函数

① $\dfrac{1}{p^2+\omega^2}$　② $\dfrac{1}{p^2-\omega^2}$　③ $\dfrac{p}{p^2-\omega^2}$　④ $\mathcal{L}^{-1}\left[\dfrac{1}{p}\cdot\mathrm{e}^{-a\sqrt{p+b}}\right]$　$(a,b\geqslant0)$

解　① 由 $\mathcal{L}[\sin\omega t]=\dfrac{\omega}{p^2+\omega^2}$ 可得 $\mathcal{L}^{-1}\left[\dfrac{1}{p^2+\omega^2}\right]=\dfrac{1}{\omega}\mathcal{L}^{-1}\left[\dfrac{\omega}{p^2+\omega^2}\right]=$
$\dfrac{1}{\omega}\sin\omega t$。

② 由 $\mathcal{L}[\sin\omega t]=\dfrac{\omega}{p^2+\omega^2}$ 和 $\sin\eta=\dfrac{1}{2\mathrm{i}}(\mathrm{e}^{\mathrm{i}\eta}-\mathrm{e}^{-\mathrm{i}\eta})$ 可得

$$\mathcal{L}^{-1}\left[\frac{1}{p^2-\omega^2}\right]=\frac{1}{\mathrm{i}\omega}\mathcal{L}^{-1}\left[\frac{\mathrm{i}\omega}{p^2+(\mathrm{i}\omega)^2}\right]=\frac{1}{\mathrm{i}\omega}\sin(\mathrm{i}\omega t)=\frac{1}{\mathrm{i}\omega}\cdot\frac{1}{2\mathrm{i}}\left[\mathrm{e}^{\mathrm{i}(\mathrm{i}\omega t)}-\right.$$
$$\left.\mathrm{e}^{-\mathrm{i}(\mathrm{i}\omega t)}\right]$$

$$=\frac{1}{2\omega}(\mathrm{e}^{\omega t}-\mathrm{e}^{-\omega t})=\frac{1}{\omega}\sinh\omega t$$

③ 由 $\mathcal{L}[\cos\omega t]=\dfrac{p}{p^2+\omega^2}$ 和 $\cos\eta=\dfrac{1}{2}(\mathrm{e}^{\mathrm{i}\eta}+\mathrm{e}^{-\mathrm{i}\eta})$ 可得

$$\mathcal{L}^{-1}\left[\frac{p}{p^2-\omega^2}\right]=\mathcal{L}^{-1}\left[\frac{p}{p^2+(\mathrm{i}\omega)^2}\right]=\cos(\mathrm{i}\omega t)=\frac{1}{2}\left[\mathrm{e}^{\mathrm{i}(\mathrm{i}\omega t)}+\mathrm{e}^{-\mathrm{i}(\mathrm{i}\omega t)}\right]$$

$$=\frac{1}{2}(\mathrm{e}^{\omega t}+\mathrm{e}^{-\omega t})=\cosh\omega t$$

④ 查表得 $\mathcal{L}\left[\mathrm{erfc}\left(\dfrac{k}{2\sqrt{t}}\right)\right]=\dfrac{1}{p}\mathrm{e}^{-k\sqrt{p}}$　$(k\geqslant0)$，由性质 7.2.8 得

$$\mathcal{L}\left[\mathrm{e}^{-bt}\mathrm{erfc}\left(\frac{a}{2\sqrt{t}}\right)\right]=\frac{1}{p+b}\mathrm{e}^{-a\sqrt{p+b}}$$

所以 $\mathcal{L}^{-1}\left[\dfrac{1}{p+b}\mathrm{e}^{-a\sqrt{p+b}}\right]=\mathrm{e}^{-bt}\mathrm{erfc}\left(\dfrac{a}{2\sqrt{t}}\right)$，从而有

$$\mathcal{L}^{-1}\left[\frac{1}{p}\cdot\mathrm{e}^{-a\sqrt{p+b}}\right]=\mathcal{L}^{-1}\left[\left(1+\frac{b}{p}\right)\cdot\frac{1}{p+b}\cdot\mathrm{e}^{-a\sqrt{p+b}}\right]$$

$$=\mathcal{L}^{-1}\left[\frac{1}{p+b}\cdot\mathrm{e}^{-a\sqrt{p+b}}\right]+b\mathcal{L}^{-1}\left[\frac{1}{p}\cdot\frac{1}{p+b}\cdot\mathrm{e}^{-a\sqrt{p+b}}\right]$$

对于第二项，由性质 7.2.5 和上述结果可得

$$\mathcal{L}^{-1}\left[\frac{1}{p}\cdot\frac{1}{p+b}\cdot \mathrm{e}^{-a\sqrt{p+b}}\right]=\int_0^t \mathrm{e}^{-b\tau}\,\mathrm{erfc}\left(\frac{a}{2\sqrt{\tau}}\right)\mathrm{d}\tau$$

于是 $\mathcal{L}^{-1}\left[\dfrac{1}{p}\cdot \mathrm{e}^{-a\sqrt{p+b}}\right]=\mathrm{e}^{-bt}\,\mathrm{erfc}\left(\dfrac{a}{2\sqrt{t}}\right)+b\displaystyle\int_0^t \mathrm{e}^{-b\tau}\,\mathrm{erfc}\left(\dfrac{a}{2\sqrt{\tau}}\right)\mathrm{d}\tau$

7.2.3.2　查表法

许多函数的拉普拉斯变换及反演公式都制成了表格，对于一般常见的像函数，都可以借助拉普拉斯变换的性质，通过查表求出原函数。

【例 7.2.11】　求 $F(p)=\dfrac{\mathrm{e}^{-\tau p}}{\sqrt{p}}$ 的原函数。

解　由附录 V 查表得 $\mathcal{L}\left[\dfrac{1}{\sqrt{\pi t}}\right]=\dfrac{1}{\sqrt{p}}$，再由平移性质得 $\mathcal{L}\left[\dfrac{1}{\sqrt{\pi(t-\tau)}}\right]=$ $\dfrac{\mathrm{e}^{-\tau p}}{\sqrt{p}}$，所以 $\mathcal{L}^{-1}\left[\dfrac{\mathrm{e}^{-\tau p}}{\sqrt{p}}\right]=\dfrac{1}{\sqrt{\pi(t-\tau)}}$。

【例 7.2.12】　求 $F(p)=\dfrac{1}{\sqrt{p}}\mathrm{e}^{-\frac{\sqrt{p}}{a}x}$ 的原函数。

解　由附录 V 查表得 $\mathcal{L}\left[\dfrac{1}{\sqrt{\pi t}}\mathrm{e}^{-\frac{k^2}{4t}}\right]=\dfrac{1}{\sqrt{p}}\mathrm{e}^{-k\sqrt{p}}$，通过比较可取 $k=\dfrac{x}{a}$，从而

$$\mathcal{L}\left[\frac{1}{\sqrt{\pi t}}\mathrm{e}^{-\frac{x^2}{4a^2 t}}\right]=\frac{1}{\sqrt{p}}\mathrm{e}^{-\frac{\sqrt{p}}{a}x}$$

于是

$$\mathcal{L}^{-1}\left[\frac{1}{\sqrt{p}}\mathrm{e}^{-\frac{\sqrt{p}}{a}x}\right]=\frac{1}{\sqrt{\pi t}}\mathrm{e}^{-\frac{x^2}{4a^2 t}}$$

习题7.2

7.2.1　求下列函数的拉普拉斯变换。

(1) $f(t)=\mathrm{e}^{-\mu t}$　　(2) $f(t)=\sin t\cos t$

7.2.2　利用性质求下列函数的拉普拉斯变换。

(1) $f(t)=\mathrm{e}^{-4t}\cos 4t$　　　　　(2) $f(t)=\dfrac{t}{2a}\sin at$

(3) $f(t)=t^n \mathrm{e}^{\beta t}$　　　　　　(4) $f(t)=t\,\mathrm{e}^{3t}\sin 2t$

(5) $f(t)=\displaystyle\int_0^t \tau\,\mathrm{e}^{3\tau}\sin 2\tau\,\mathrm{d}\tau$

7.2.3　用有理分式反演法求下列函数的拉普拉斯逆变换。

(1) $F(p)=\dfrac{p+3}{(p+1)(p-3)}$　(2) $F(p)=\dfrac{2p+3}{p^2+9}$　(3) $F(p)=\dfrac{1}{(p+1)^4}$

(4) $F(p)=\dfrac{1-2p}{p^2(p-1)^2}$　(5) $F(p)=\dfrac{2p+5}{p^2+4p+13}$

7.2.4　用查表法求下列函数的拉普拉斯逆变换。

(1) $F(p)=\dfrac{1}{(p+2)(p-3)}$　　(2) $F(p)=\dfrac{1}{(p-a)^2+b^2}$

(3) $F(p)=\dfrac{1}{\sqrt{p}}e^{-\frac{\sqrt{p}}{a}x}$　$(a>0,x\geqslant0)$

7.3　傅里叶变换和拉普拉斯变换的应用

对定解问题施行傅里叶或拉普拉斯变换，可将偏微分方程的求解化为常微分方程的求解，把常微分方程的求解化为代数方程的求解，然后通过逆变换求出原方程的解。对各项实施傅里叶变换的方法称为傅里叶变换法；而对各项实施拉普拉斯变换的方法称为拉普拉斯变换法，统称为积分变换法。至于何时用傅里叶变换和何时用拉普拉斯变换，一方面，要看自变量的取值区间；另一方面还要看定解条件。有时，两种变换都可以，但复杂程度不同。下面通过例题来说明积分变换法解定解问题的一般步骤。

7.3.1　一般定解问题

【例 7.3.1】　求解定解问题

$$\begin{cases} \dfrac{\mathrm{d}x}{\mathrm{d}t}=ax+b \\ x\big|_{t=0}=x_0 \end{cases}$$

其中，a 和 b 为常数。

解　由初始条件知，应采取拉普拉斯变换。令 $X(p)=\mathcal{L}[x(t)]$，对方程两边实施拉普拉斯变换得

$$pX(p)-x(0)=aX(p)+\dfrac{b}{p}$$

所以

$$X(p)=\dfrac{x_0}{p-a}+\dfrac{b}{p(p-a)}$$

取逆变换得

$$x(t)=\mathrm{Res}\left(\dfrac{x_0}{p-a}e^{pt},a\right)+\mathrm{Res}\left[\dfrac{b}{p(p-a)}e^{pt},0\right]+\mathrm{Res}\left[\dfrac{b}{p(p-a)}e^{pt},a\right]$$

$$=x_0e^{at}-\dfrac{b}{a}+\dfrac{b}{a}e^{at}=x_0e^{at}+\dfrac{b}{a}(e^{at}-1)$$

【例 7.3.2】　求解方程组定解问题

$$\begin{cases} \dfrac{\mathrm{d}x}{\mathrm{d}t}=y\,, & x(0)=x_0 \\[2mm] \dfrac{\mathrm{d}y}{\mathrm{d}t}=x\,, & y(0)=y_0 \end{cases}$$

解　由初始条件知，应采取拉普拉斯变换。令 $X(p)=\mathcal{L}[x(t)]$，$Y(p)=\mathcal{L}[y(t)]$，对方程组两边实施拉普拉斯变换得

$$\begin{cases} pX(p)-x_0=Y(p) \\ pY(p)-y_0=X(p) \end{cases}$$

解该代数方程组得

$$\begin{cases} X(p)=\dfrac{p}{p^2-1}x_0+\dfrac{1}{p^2-1}y_0 \\[3mm] Y(p)=\dfrac{1}{p^2-1}x_0+\dfrac{1}{p(p^2-1)}y_0+\dfrac{1}{p}y_0 \end{cases}$$

取拉普拉斯逆变换，并利用线性性质得

$$\begin{cases} x(t)=\mathcal{L}^{-1}[X(p)]=x_0\mathcal{L}^{-1}\left[\dfrac{p}{p^2-1}\right]+y_0\mathcal{L}^{-1}\left[\dfrac{1}{p^2-1}\right] \\[3mm] y(t)=\mathcal{L}^{-1}[Y(p)]=x_0\mathcal{L}^{-1}\left[\dfrac{1}{p^2-1}\right]+y_0\mathcal{L}^{-1}\left[\dfrac{1}{p(p^2-1)}\right]+y_0\mathcal{L}^{-1}\left[\dfrac{1}{p}\right] \end{cases}$$

通过有理分式反演法易得

$$\begin{cases} x(t)=\dfrac{1}{2}(x_0+y_0)\mathrm{e}^t+\dfrac{1}{2}(x_0-y_0)\mathrm{e}^{-t} \\[3mm] y(t)=\dfrac{1}{2}(x_0+y_0)\mathrm{e}^t-\dfrac{1}{2}(x_0-y_0)\mathrm{e}^{-t} \end{cases}$$

【例 7.3.3】　求解下列定解问题

$$\begin{cases} u_{tt}=a^2 u_{xx}+f(x,t)\,, & x\in(-\infty,+\infty),t>0 \\ u\big|_{t=0}=\varphi(x),u_t\big|_{t=0}=\psi(x)\,, & x\in(-\infty,+\infty) \end{cases}$$

解　由自变量 x 的取值范围知，可利用傅里叶变换法。对定解问题，就自变量 x 施行傅里叶变换，令 $U(\omega,t)=\mathcal{F}[u(x,t)]=\displaystyle\int_{-\infty}^{+\infty}u(x,t)\mathrm{e}^{-i\omega x}\mathrm{d}x$，$F(\omega,t)=\mathcal{F}[f(x,t)]$，$\Phi(\omega)=\mathcal{F}[\varphi(x)]$，$\Psi(\omega)=\mathcal{F}[\psi(x)]$。

则

$$\begin{cases} \dfrac{\mathrm{d}^2 U(\omega,t)}{\mathrm{d}t^2}=-\omega^2 a^2 U(\omega,t)+F(\omega,t) & (7.3.1a) \\[3mm] U\big|_{t=0}=\Phi(\omega)\,, \quad U_t\big|_{t=0}=\Psi(\omega) & (7.3.1b) \end{cases}$$

方程（7.3.1a）对应的齐次方程的通解为

$$U(\omega,t)=c_1\cos a\omega t+c_2\sin a\omega t$$

用常数变易法，把 $U(\omega,t)=c_1(t)\cos a\omega t+c_2(t)\sin a\omega t$ 代入原方程 (7.3.1a)，利用 4.2.3 节的结论式 (4.2.9) 可得定解问题 (7.3.1) 的解为

$$U(\omega,t)=\Phi(\omega)\cos a\omega t+\Psi(\omega)\frac{\sin a\omega t}{a\omega}+\frac{1}{a\omega}\int_0^t F(\omega,\tau)\sin a\omega(t-\tau)\,\mathrm{d}\tau$$

(7.3.2)

首先，由平移性质 7.1.4 得

$$\mathcal{F}^{-1}[\Phi(\omega)\cos a\omega t]=\frac{1}{2}[\varphi(x+at)+\varphi(x-at)]$$

查附录中的傅里叶变换表得

$$\mathcal{F}^{-1}\left[2h\frac{\sin\omega\tau}{\omega}\right]=\begin{cases}h, & -\tau<x<\tau\\0, & \text{其他}\end{cases}$$

由此得

$$\mathcal{F}^{-1}\left[\frac{\sin a\omega t}{\omega}\right]=g(x)=\begin{cases}\dfrac{1}{2}, & -at<x<at\\0, & \text{其他}\end{cases}$$

$$\mathcal{F}^{-1}\left[\frac{\sin a\omega(t-\tau)}{\omega}\right]=h(x)=\begin{cases}\dfrac{1}{2}, & -a(t-\tau)<x<a(t-\tau)\\0, & \text{其他}\end{cases}$$

对式 (7.3.2) 两边实施傅里叶逆变换得
$$u(x,t)=\mathcal{F}^{-1}[U(\omega,t)]$$
$$=\mathcal{F}^{-1}[\Phi(\omega)\cos a\omega t]+\mathcal{F}^{-1}\left[\Psi(\omega)\frac{\sin a\omega t}{a\omega}\right]+\frac{1}{a}\int_0^t\mathcal{F}^{-1}\left[F(\omega,\tau)\frac{\sin a\omega(t-\tau)}{\omega}\right]\mathrm{d}\tau$$
$$=\frac{1}{2}[\varphi(x+at)+\varphi(x-at)]+\frac{1}{a}\psi(x)*g(x)+\frac{1}{a}\int_0^t[f(x,\tau)*h(x)]\mathrm{d}\tau$$
$$=\frac{1}{2}[\varphi(x+at)+\varphi(x-at)]+\frac{1}{a}\int_{-\infty}^{+\infty}\psi(y)\cdot g(x-y)\mathrm{d}y+$$
$$\frac{1}{a}\int_0^t\left[\int_{-\infty}^{+\infty}f(y,\tau)\cdot h(x-y)\,\mathrm{d}y\right]\mathrm{d}\tau$$
$$=\frac{1}{2}[\varphi(x+at)+\varphi(x-at)]+\frac{1}{2a}\int_{x-at}^{x+at}\psi(y)\,\mathrm{d}y+\frac{1}{2a}\int_0^t\mathrm{d}\tau\int_{x-a(t-\tau)}^{x+a(t-\tau)}f(y,\tau)\,\mathrm{d}y$$

这正是第 3 章的达朗贝尔公式。

注意：原定解问题的解可表示为两个定解问题
$$\begin{cases}u_{tt}=a^2u_{xx}, & x\in(-\infty,+\infty),\quad t>0\\u|_{t=0}=\varphi(x),\quad u_t|_{t=0}=\psi(x), & x\in(-\infty,+\infty)\end{cases}$$

和
$$\begin{cases}u_{tt}=a^2u_{xx}+f(x,t), & x\in(-\infty,+\infty),\quad t>0\\u|_{t=0}=0,\quad u_t|_{t=0}=0, & x\in(-\infty,+\infty)\end{cases}$$

的解的叠加。前一个齐次定解问题的解易用傅里叶变换求得，后一个定解问题可先用 Duhamel 原理化为齐次问题后再求解。

【例 7.3.4】 用拉普拉斯变换求解下列定解问题

$$\begin{cases} u_{tt}=a^2 u_{xx}+f(x,t), & x\in(-\infty,+\infty), \quad t>0 \\ u\big|_{t=0}=0, \quad u_t\big|_{t=0}=0, & x\in(-\infty,+\infty) \end{cases}$$

解 由例 7.3.3 知，该定解问题可用傅里叶变换求解。以下采用拉普拉斯变换法。

对方程就自变量 t 实施拉普拉斯变换，令 $U(x,p)=\mathcal{L}[u(x,t)]$，$F(x,p)=\mathcal{L}[f(x,t)]$，利用初始条件得

$$p^2 U(x,p)=a^2 U_{xx}(x,p)+F(x,p)$$

所以

$$\frac{\mathrm{d}^2 U(x,p)}{\mathrm{d}x^2}-\frac{p^2}{a^2}U(x,p)=-\frac{F(x,p)}{a^2} \tag{7.3.3}$$

方程（7.3.3）对应的齐次方程的通解为

$$U(x,p)=A\mathrm{e}^{-\frac{p}{a}x}+B\mathrm{e}^{\frac{p}{a}x}$$

现求对应非齐次方程一个特解。用常数变易法，把

$$U(x,p)=A(x)\mathrm{e}^{-\frac{p}{a}x}+B(x)\mathrm{e}^{\frac{p}{a}x} \tag{7.3.4}$$

代入方程（7.3.3）（为了体现技巧，以下进行详细推导），利用

$$\frac{\mathrm{d}U}{\mathrm{d}x}=A'(x)\mathrm{e}^{-\frac{p}{a}x}+A(x)(\mathrm{e}^{-\frac{p}{a}x})'+B'(x)\mathrm{e}^{\frac{p}{a}x}+B(x)(\mathrm{e}^{\frac{p}{a}x})'$$

$$\frac{\mathrm{d}^2U}{\mathrm{d}x^2}=[A'(x)\mathrm{e}^{-\frac{p}{a}x}+B'(x)\mathrm{e}^{\frac{p}{a}x}]'+A'(x)(\mathrm{e}^{-\frac{p}{a}x})'+A(x)(\mathrm{e}^{-\frac{p}{a}x})''$$

$$+B'(x)(\mathrm{e}^{\frac{p}{a}x})'+B(x)(\mathrm{e}^{\frac{p}{a}x})''$$

并注意到

$$A(x)(\mathrm{e}^{-\frac{p}{a}x})''+B(x)(\mathrm{e}^{\frac{p}{a}x})''-\frac{p^2}{a^2}U(x,p)=0$$

可得，只要 $A(x)$，$B(x)$ 满足

$$\begin{cases} A'(x)\mathrm{e}^{-\frac{p}{a}x}+B'(x)\mathrm{e}^{\frac{p}{a}x}=0 \\ A'(x)(\mathrm{e}^{-\frac{p}{a}x})'+B'(x)(\mathrm{e}^{\frac{p}{a}x})'=-\frac{1}{a^2}F(x,p) \end{cases}$$

解之得

$$A'(x)=\frac{1}{2pa}F(x,p)\mathrm{e}^{\frac{p}{a}x}, B'(x)=-\frac{1}{2ap}F(x,p)\mathrm{e}^{-\frac{p}{a}x}$$

积分得

$$A(x) = \frac{1}{2pa} \int_a^x F(y,p) e^{\frac{p}{a}y} \, dy + A(\alpha)$$

$$B(x) = -\frac{1}{2ap} \int_\beta^x F(y,p) e^{-\frac{p}{a}y} \, dy + B(\beta)$$

代入式（7.3.4）得一特解

$$U^*(x,p) = \frac{1}{2pa} \int_a^x F(y,p) e^{-\frac{p}{a}(x-y)} \, dy - \frac{1}{2pa} \int_\beta^x F(y,p) e^{\frac{p}{a}(x-y)} \, dy$$

$$+ A(\alpha) e^{-\frac{p}{a}x} + B(\beta) e^{\frac{p}{a}x}$$

由自然边界条件 $\lim\limits_{x \to \pm\infty} u(x,t)$ 有界得 $\lim\limits_{x \to \pm\infty} U^*(x,p)$ 有界，故 $A(\alpha) = B(\alpha) = 0$，于是式（7.3.3）的通解为

$$U(x,p) = A e^{-\frac{p}{a}x} + B e^{\frac{p}{a}x} + U^*(x,p)$$

再由自然边界条件得 $A = B = 0$，所以解为

$$U(x,p) = \frac{1}{2pa} \int_a^x F(y,p) e^{-\frac{p}{a}(x-y)} \, dy - \frac{1}{2pa} \int_\beta^x F(y,p) e^{\frac{p}{a}(x-y)} \, dy$$

因为，当 $x \to \pm\infty$ 时，$U(x,p)$ 必须有限，故

对第一项有　$0 < x - y < +\infty$，即 $-\infty < y < x$；

对第二项有　$-\infty < x - y < 0$，即 $x < y < +\infty$。

所以（相当于取 $\alpha = -\infty$，$\beta = +\infty$）

$$U(x,p) = \frac{1}{2pa} \int_{-\infty}^x F(y,p) e^{-\frac{p}{a}(x-y)} \, dy + \frac{1}{2pa} \int_x^{+\infty} F(y,p) e^{\frac{p}{a}(x-y)} \, dy$$

$$(7.3.5)$$

查拉普拉斯逆变换表

$$f(t-\tau) = \mathscr{L}^{-1} \left[e^{-p\tau} F(p) \right]$$

$$H(x) = \mathscr{L}^{-1} \left[\frac{1}{p} \right]$$

对式（7.3.5）两边取拉普拉斯逆变换

$$u(x,t) = \frac{1}{2a} \int_{-\infty}^x \mathscr{L}^{-1} \left[F(y,p) \frac{1}{p} e^{-\frac{p}{a}(x-y)} \right] dy +$$

$$\frac{1}{2a} \int_x^{+\infty} \mathscr{L}^{-1} \left[F(y,p) \frac{1}{p} e^{\frac{p}{a}(x-y)} \right] dy$$

$$= \frac{1}{2a} \int_{-\infty}^x \mathscr{L}^{-1} \left\{ \mathscr{L}[f(y,t)] \cdot \mathscr{L}\left[H\left(t - \frac{x-y}{a} \right) \right] \right\} dy$$

$$+ \frac{1}{2a} \int_x^{+\infty} \mathscr{L}^{-1} \left\{ \mathscr{L}[f(y,t)] \cdot \mathscr{L}\left[H\left(t - \frac{y-x}{a} \right) \right] \right\} dy$$

$$= \frac{1}{2a} \int_{-\infty}^x \left\{ \int_0^t f(y,\tau) H\left(t - \tau - \frac{x-y}{a} \right) d\tau \right\} dy$$

$$+\frac{1}{2a}\int_{x}^{+\infty}\left\{\int_{0}^{t}f(y,\tau)H\left(t-\tau-\frac{y-x}{a}\right)\mathrm{d}\tau\right\}\mathrm{d}y$$

由 $H(x)=0(x<0)$ 得

第一项，由 $t-\tau-\dfrac{x-y}{a}>0$，可得 $y>x-a(t-\tau)$；

第二项，由 $t-\tau-\dfrac{y-x}{a}>0$，可得 $y<x+a(t-\tau)$。

所以

$$u(x,t)=\frac{1}{2a}\int_{0}^{t}\left[\int_{x-a(t-\tau)}^{x}f(y,\tau)\,\mathrm{d}y\right]\mathrm{d}\tau+\frac{1}{2a}\int_{0}^{t}\left[\int_{x}^{x+a(t-\tau)}f(y,\tau)\,\mathrm{d}y\right]\mathrm{d}\tau$$

$$=\frac{1}{2a}\int_{0}^{t}\mathrm{d}\tau\int_{x-a(t-\tau)}^{x+a(t-\tau)}f(y,\tau)\,\mathrm{d}y$$

从该题的求解可以看出，用拉普拉斯变换法比用傅里叶变换复杂得多。

【例 7.3.5】　无界杆上的热传导问题

$$\begin{cases}u_{t}=a^{2}u_{xx}+f(x,t),\quad x\in(-\infty,+\infty),\quad t>0\\ u\big|_{t=0}=\varphi(x)\end{cases}$$

解　若用拉普拉斯变换，只能对 t，方程变为关于 x 的二阶常微分方程。若用傅里叶变换，只能对 x，此时方程只是关于 t 的一阶常微分方程，因此作傅里叶变换。令

$$U(\omega,t)=\mathscr{F}[u(x,t)],F(\omega,t)=\mathscr{F}[f(x,t)]=\int_{-\infty}^{+\infty}f(x,t)\mathrm{e}^{-\mathrm{i}\omega x}\,\mathrm{d}x,\Phi(\omega)=$$

$\mathscr{F}[\varphi(x)]$，则

$$\begin{cases}\dfrac{\mathrm{d}U(\omega,t)}{\mathrm{d}t}=-a^{2}\omega^{2}U(\omega,t)+F(\omega,t)\\ U(\omega,t)\big|_{t=0}=\Phi(\omega)\end{cases}\tag{7.3.6}$$

由附录Ⅱ可得方程（7.3.6）的解为

$$U(\omega,t)=\Phi(\omega)\mathrm{e}^{-a^{2}\omega^{2}t}+\int_{0}^{t}F(\omega,\tau)\mathrm{e}^{-a^{2}\omega^{2}(t-\tau)}\,\mathrm{d}\tau\tag{7.3.7}$$

查表得

$$\mathscr{F}^{-1}[\mathrm{e}^{-a^{2}\omega^{2}t}]=\frac{1}{2a\sqrt{\pi t}}\mathrm{e}^{-\frac{x^{2}}{4a^{2}t}}$$

对式（7.3.7）取傅里叶逆变换得

$$u(x,t)=\mathscr{F}^{-1}[\Phi(\omega)\mathrm{e}^{-a^{2}\omega^{2}t}]+\mathscr{F}^{-1}\left[\int_{0}^{t}F(\omega,\tau)\mathrm{e}^{-a^{2}\omega^{2}(t-\tau)}\,\mathrm{d}\tau\right]$$

$$=\varphi(x)*\frac{1}{2a\sqrt{\pi t}}\mathrm{e}^{-\frac{x^{2}}{4a^{2}t}}+\int_{0}^{t}\left[f(x,\tau)*\frac{1}{2a\sqrt{\pi(t-\tau)}}\mathrm{e}^{-\frac{x^{2}}{4a^{2}(t-\tau)}}\right]\mathrm{d}\tau$$

$$=\frac{1}{2a\sqrt{\pi t}}\int_{-\infty}^{+\infty}\varphi(\xi)\mathrm{e}^{-\frac{(x-\xi)^{2}}{4a^{2}t}}\,\mathrm{d}\xi+\frac{1}{2a\sqrt{\pi}}\int_{0}^{t}\mathrm{d}\tau\int_{-\infty}^{+\infty}f(\xi,\tau)\frac{\mathrm{e}^{-\frac{(x-\xi)^{2}}{4a^{2}(t-\tau)}}}{\sqrt{t-\tau}}\,\mathrm{d}\xi$$

该问题也可对 t 进行拉普拉斯变换得出同样结果，只是比傅里叶变换复杂得多，因为涉及二阶常微分方程。另外，在例 7.3.5 的解中，若引入函数

$$K(x,t)=\begin{cases}\dfrac{1}{2a\sqrt{\pi t}}\mathrm{e}^{-\frac{x^2}{4a^2 t}}, & t>0\\[3mm] 0, & t\leqslant 0\end{cases}$$

则例 7.3.5 的解可表示成

$$u(x,t)=\int_{-\infty}^{+\infty}K(x-\xi,t)\varphi(\xi)\,\mathrm{d}\xi+\int_{0}^{t}\mathrm{d}\tau\int_{-\infty}^{+\infty}K(x-\xi,t-\tau)f(\xi,\tau)\,\mathrm{d}\xi$$
$$=K(x,t)*\varphi(x)+K(x,t)*f(x,t)$$

【例 7.3.6】 一半无限长杆，端点温度已知，杆的初始温度为 0℃，求杆上温度分布。

解 定解问题为

$$\begin{cases}u_t=a^2 u_{xx}, & x>0,\quad t>0\\ u\big|_{t=0}=0, & x>0\\ u\big|_{x=0}=f(t), & t>0\end{cases}$$

一方面，由自变量的变化范围知，该问题不能用傅里叶变换法；另一方面，由于缺条件 $u_x\big|_{x=0}$，无法对 x 用拉普拉斯变换，只能对 t 实施拉普拉斯变换。令

$$U(x,p)=\mathcal{L}[u(x,t)],\quad F(p)=\mathcal{L}[f(t)]$$

对原方程实施拉普拉斯变换得

$$pU(x,p)=a^2 U_{xx}(x,p)$$

所以，原定解问题转为

$$\begin{cases}\dfrac{\mathrm{d}^2 U(x,p)}{\mathrm{d}x^2}-\dfrac{p}{a^2}U(x,p)=0 & \text{(7.3.8a)}\\[3mm] U(x,p)\big|_{x=0}=F(p) & \text{(7.3.8b)}\end{cases}$$

方程式（7.3.8a）的通解为

$$U(x,p)=c_1\mathrm{e}^{-\frac{\sqrt{p}}{a}x}+c_2\mathrm{e}^{\frac{\sqrt{p}}{a}x}$$

由像函数的必要条件得 $c_2=0$，故

$$U(x,p)=c_1\mathrm{e}^{-\frac{\sqrt{p}}{a}x}$$

由定解条件得

$$U(x,p)=F(p)\mathrm{e}^{-\frac{\sqrt{p}}{a}x} \tag{7.3.9}$$

对式（7.3.9）求拉普拉斯逆变换得

$$u(x,t)=\mathcal{L}^{-1}\left[F(p)\mathrm{e}^{-\frac{\sqrt{p}}{a}x}\right]$$

查表得

$$\mathcal{L}^{-1}\left[\frac{1}{p}\mathrm{e}^{-k\sqrt{p}}\right]=\mathrm{erfc}\left(\frac{k}{2\sqrt{t}}\right)$$

取 $k=\dfrac{x}{a}$ 得

$$\mathcal{L}^{-1}\left[\frac{1}{p}\mathrm{e}^{-\frac{\sqrt{p}}{a}x}\right]=\mathrm{erfc}\left(\frac{x}{2a\sqrt{t}}\right)=\frac{2}{\sqrt{\pi}}\int_{\frac{x}{2a\sqrt{t}}}^{+\infty}\mathrm{e}^{-y^2}\mathrm{d}y$$

注意：$\mathcal{L}[f'(t)]=pF(p)-f(0^+)$，所以 $\mathcal{L}^{-1}[pF(p)-f(0^+)]=f'(t)$。
所以

$$u(x,t)=\mathcal{L}^{-1}\left[F(p)\cdot p\cdot\frac{1}{p}\mathrm{e}^{-\frac{\sqrt{p}}{a}x}\right]$$

又因为

$$\mathcal{L}^{-1}\left[p\cdot\frac{1}{p}\mathrm{e}^{-\frac{x}{a}\sqrt{p}}\right]=\frac{\mathrm{d}}{\mathrm{d}t}\left(\frac{2}{\sqrt{\pi}}\int_{\frac{x}{2a\sqrt{t}}}^{+\infty}\mathrm{e}^{-y^2}\mathrm{d}y\right)=\frac{x}{2a\sqrt{\pi}\,t^{3/2}}\mathrm{e}^{-\frac{x^2}{4a^2t}},\quad f(0^+)=0$$

所以

$$u(x,t)=f(t)*\left(\frac{x}{2a\sqrt{\pi}\,t^{3/2}}\mathrm{e}^{-\frac{x^2}{4a^2t}}\right)=\frac{x}{2a\sqrt{\pi}}\int_0^t f(\tau)\frac{1}{(t-\tau)^{3/2}}\mathrm{e}^{-\frac{x^2}{4a^2(t-\tau)}}\mathrm{d}\tau$$

7.3.2 拉普拉斯变换在化学反应工程中的应用

【例 7.3.7】 在间歇式搅拌反应槽内，进行如下液相恒容连串反应

$$A\xrightarrow{k_1}B\xrightarrow{k_2}C\xrightarrow{k_3}D$$

其中每一步反应均为一级，即反应速率与反应物浓度成正比。反应在恒温条件下进行，各步速率常数依次为 k_1，k_2，k_3。设诸组分在时刻 t 的浓度为 $C_A(t)$，$C_B(t)$，$C_C(t)$，$C_D(t)$，且反应开始时槽内只有组分 A，即初始条件为 $C_A(0)=C_{A0}$，$C_B(0)=C_C(0)=C_D(0)=0$。求各组分的浓度随反应时间 t 变化的规律。

解 以组分 B 为例，导出 $C_B(t)$ 应满足的微分方程。设反应槽的容积为 V，考虑微元 $[t,t+\mathrm{d}t]$，利用以下守恒律。

从 t 到 $t+\mathrm{d}t$ 时刻，反应物 B 的含量的增量 $\{[C_B(t+\mathrm{d}t)-C_B(t)]V\}=$
在该时段内（由于反应物 A 反应）生成的反应物 B 的量 $[k_1VC_A(t)\mathrm{d}t]-$
在该时段内（由于反应）反应物 B 减少的量 $[k_2VC_B(t)\mathrm{d}t]$

所以

$$[C_B(t+\mathrm{d}t)-C_B(t)]V=k_1VC_A(t)\mathrm{d}t-k_2VC_B(t)\mathrm{d}t$$

两边同除 $\mathrm{d}t$，并令 $\mathrm{d}t\to0$ 可得方程

$$\frac{\mathrm{d}C_B}{\mathrm{d}t}=k_1C_A-k_2C_B$$

对其他组分进行类似的讨论可得以下线性常微分方程组

$$\begin{cases} \dfrac{dC_A}{dt} = -k_1 C_A \\[2ex] \dfrac{dC_B}{dt} = k_1 C_A - k_2 C_B \\[2ex] \dfrac{dC_C}{dt} = k_2 C_B - k_3 C_C \\[2ex] \dfrac{dC_D}{dt} = k_3 C_C \end{cases}$$

方程两端取拉普拉斯变换，令

$$\overline{C_A} = \mathcal{L}(C_A), \quad \overline{C_B} = \mathcal{L}(C_B), \quad \overline{C_C} = \mathcal{L}(C_C), \quad \overline{C_D} = \mathcal{L}(C_D)$$

则有

$$\begin{cases} p\overline{C_A} - C_{A0} = -k_1\overline{C_A} \\[1.5ex] p\overline{C_B} = k_1\overline{C_A} - k_2\overline{C_B} \\[1.5ex] p\overline{C_C} = k_2\overline{C_B} - k_3\overline{C_C} \\[1.5ex] p\overline{C_D} = k_3\overline{C_C} \end{cases} \text{,解之得} \quad \begin{cases} \overline{C_A} = \dfrac{C_{A0}}{p+k_1} \\[2ex] \overline{C_B} = \dfrac{C_{A0}k_1}{(p+k_1)(p+k_2)} \\[2ex] \overline{C_C} = \dfrac{C_{A0}k_1k_2}{(p+k_1)(p+k_2)(p+k_3)} \\[2ex] \overline{C_D} = \dfrac{C_{A0}k_1k_2k_3}{p(p+k_1)(p+k_2)(p+k_3)} \end{cases}$$

设 k_1，k_2，k_3 互不相等，求拉普拉斯逆变换可得

$$\begin{cases} C_A = C_{A0}e^{-k_1 t}, \quad C_B = \dfrac{C_{A0}k_1}{k_2 - k_1}(e^{-k_1 t} - e^{-k_2 t}) \\[2.5ex] C_C = C_{A0}k_1k_2 \dfrac{(k_3-k_2)e^{-k_1 t} + (k_1-k_3)e^{-k_2 t} + (k_2-k_1)e^{-k_3 t}}{(k_2-k_1)(k_3-k_1)(k_3-k_2)} \end{cases}$$

$$\begin{aligned} C_D &= k_3 \mathcal{L}^{-1}\left(\frac{\overline{C_C}}{p}\right) = k_3 \int_0^t C_C dt \\ &= \frac{C_{A0}k_1k_2k_3}{(k_3-k_2)(k_3-k_1)(k_2-k_1)} \int_0^t \big[(k_3-k_2)e^{-k_1 t} + \\ &\quad (k_1-k_3)e^{-k_2 t} + (k_2-k_1)e^{-k_3 t}\big]dt \\ &= \frac{C_{A0}k_2k_3}{(k_1-k_3)(k_2-k_1)}(e^{-k_1 t} - 1) + \frac{C_{A0}k_1k_3}{(k_3-k_2)(k_2-k_1)} \\ &\quad (e^{-k_2 t} - 1) + \frac{C_{A0}k_1k_2}{(k_3-k_2)(k_1-k_3)}(e^{-k_3 t} - 1) \end{aligned}$$

【**例 7.3.8**】 连续搅拌反应罐（CSTR）的清洗。

如图 7.3.1 所示，设有容积为 V 的反应罐，当 $t=0$ 时进料盐溶液浓度为 $C(t)=C_0$，进料流率为 q，假定反应器是完全混合的，即罐内浓度均匀混合等于出口浓度 $C(t)$，出口流率和进口流率均为 q，罐内无反应。现就以下三种情形分析从反应罐流出的盐溶液浓度随时间变化规律 $C(t)$。

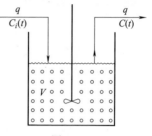

图 7.3.1

情形 1：在 $t=0$ 时，进料为纯溶剂（无盐）$C_i(t)=0$。

情形 2：清洗溶液浓度恒定，即 $C_i(t)=C_1(t>0)$。

情形 3：清洗溶液浓度为时间 t 的函数 $C_i(t)$。

解 考虑微元 $[t, t+\mathrm{d}t]$，利用以下守恒律。

> 从 t 到 $t+\mathrm{d}t$ 时刻，盐含量的增量$\{[C(t+\mathrm{d}t)-C(t)]V\}$
> ＝在该时段内流入的盐含量$[qC_i(t)\mathrm{d}t]$
> －在该时段内流出的盐含量$[qC(t)\mathrm{d}t]$

所以
$$[C(t+\mathrm{d}t)-C(t)]V=qC_i(t)\mathrm{d}t-qC(t)\mathrm{d}t$$

两边同除 $\mathrm{d}t$，并令 $\mathrm{d}t\to0$ 可得方程
$$\frac{\mathrm{d}C(t)}{\mathrm{d}t}+KC(t)=KC_i(t), \quad K=\frac{q}{V}$$

（1）情形 1 对应的定解问题为
$$\begin{cases} \dfrac{\mathrm{d}C(t)}{\mathrm{d}t}+KC(t)=0 \\ C(0)=C_0 \end{cases}$$

利用拉普拉斯变换，令 $\mathcal{L}[C(t)]=\bar{C}(p)$，可得
$$p\bar{C}(p)-C_0+K\bar{C}(p)=0, \text{即} \bar{C}(p)=\frac{C_0}{p+K}$$

求拉普拉斯逆变换得
$$C(t)=\mathcal{L}^{-1}[\bar{C}(p)]=C_0\mathrm{e}^{-Kt}$$

即流出的盐溶液浓度随时间指数下降，下降速率为 $K=\dfrac{q}{V}$。

（2）情形 2 对应的定解问题为
$$\begin{cases} \dfrac{\mathrm{d}C(t)}{\mathrm{d}t}+KC(t)=KC_1 \\ C(0)=C_0 \end{cases}$$

利用拉普拉斯变换可得

$$p\bar{C}(p)-C_0+K\bar{C}(p)=\frac{KC_1}{p}，\text{即}\ \bar{C}(p)=\frac{KC_1}{p(p+K)}+\frac{C_0}{p+K}$$

求拉普拉斯逆变换得

$$C(t)=\mathcal{L}^{-1}[\bar{C}(p)]=C_1(1-\mathrm{e}^{-Kt})+C_0\mathrm{e}^{-Kt}$$

即流出的盐溶液浓度随时间下降，最终趋于 C_1。

（3）情形 3 对应的定解问题为

$$\begin{cases}\dfrac{\mathrm{d}C(t)}{\mathrm{d}t}+KC(t)=KC_i(t)\\[2mm]C(0)=C_0\end{cases}$$

利用拉普拉斯变换，令 $\mathcal{L}[C_i(t)]=\bar{C}_i(p)$，可得

$$p\bar{C}(p)-C_0+K\bar{C}(p)=K\bar{C}_i(p)，\text{即}\ \bar{C}(p)=\frac{K\bar{C}_i(p)}{p+K}+\frac{C_0}{p+K}$$

求拉普拉斯逆变换得

$$C(t)=\mathcal{L}^{-1}[\bar{C}(p)]=\mathcal{L}^{-1}\left[\frac{K\bar{C}_i(p)}{p+K}\right]+\mathcal{L}^{-1}\left[\frac{C_0}{p+K}\right]$$

其中，

$$\mathcal{L}^{-1}\left[\frac{K\bar{C}_i(p)}{p+K}\right]=K\mathcal{L}^{-1}\left[\bar{C}_i(p)\ \frac{1}{p+K}\right]=K\mathcal{L}^{-1}\{\mathcal{L}[C_i(t)]\cdot\mathcal{L}[\mathrm{e}^{-Kt}]\}$$

$$=KC_i(t)*\mathrm{e}^{-Kt}=K\int_0^t C_i(t-\tau)\mathrm{e}^{-K\tau}\mathrm{d}\tau$$

于是，所求的解为

$$C(t)=K\int_0^t C_i(t-\tau)\mathrm{e}^{-K\tau}\mathrm{d}\tau+C_0\mathrm{e}^{-Kt}$$

【例 7.3.9】 如图 7.3.2 所示，设有 n 个串联在一起的连续搅拌缸，每个缸体积均为 V，各缸的初始溶液浓度均为零。开工时将浓度为 C_0 的溶液以流率 q 打入第一缸，每一缸以等流率 q 溢流到下一缸。试求最后一缸流出溶液浓度随时间变化的函数关系。

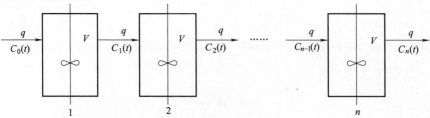

图 7.3.2

解　对第 m 个搅拌缸作类似于例 7.3.8 的分析，可得定解问题

$$\begin{cases} \dfrac{dC_m(t)}{dt} + KC_m(t) = KC_{m-1}(t), \quad K = \dfrac{q}{V} \\ C_0(t) = C_0 \\ C_m(0) = 0 \\ m = 1, 2, 3, \cdots, n \end{cases}$$

设 $\mathcal{L}^{-1}[C_m(t)] = \bar{C}_m(p)$，对方程作拉普拉斯变换可得

$$[p\bar{C}_m(p) - 0] + K\bar{C}_m(p) = K\bar{C}_{m-1}(p)$$

整理得

$$\bar{C}_m(p) = \frac{K\bar{C}_{m-1}(p)}{p + K}$$

由该式及 $\mathcal{L}[C_0(t)] = \dfrac{C_0}{p}$ 可得

$$\bar{C}_1(p) = \frac{KC_0}{p(p+K)}$$

$$\bar{C}_2(p) = \frac{K^2 C_0}{p(p+K)^2}$$

$$\cdots$$

$$\bar{C}_m(p) = \frac{K^m C_0}{p(p+K)^m}$$

利用有理分式反演法求 $\mathcal{L}^{-1}[\bar{C}_m(p)]$，$\bar{C}_m(p) = \dfrac{A(p)}{B(p)}$。这里 $B(p)$ 的零点为 $p=0$（1 阶），$p=-K$（m 阶），故

$$\mathcal{L}^{-1}[\bar{C}_m(p)] = \mathrm{Res}\left[\frac{K^m C_0 e^{pt}}{p(p+K)^m}, 0\right] + \mathrm{Res}\left[\frac{K^m C_0 e^{pt}}{p(p+K)^m}, -K\right]$$

其中

$$\mathrm{Res}\left[\frac{K^m C_0 e^{pt}}{p(p+K)^m}, 0\right] = \lim_{p \to 0}(p-0)\frac{K^m C_0 e^{pt}}{p(p+K)^m} = C_0$$

$$\mathrm{Res}\left(\frac{K^m C_0 e^{pt}}{p(p+K)^m}, -K\right)$$

$$= \frac{1}{(m-1)!} \lim_{p \to -K} \frac{d^{m-1}}{dp^{m-1}}\left[(p+K)^m \frac{K^m C_0 e^{pt}}{p(p+K)^m}\right]$$

$$= \frac{K^m C_0}{(m-1)!} \lim_{p \to -K} \frac{d^{m-1}}{dp^{m-1}}\left(\frac{1}{p} e^{pt}\right)$$

$$
\begin{aligned}
=& \frac{K^m C_0}{(m-1)!} \lim_{p \to -K} \left[\mathrm{e}^{pt} \left(\frac{1}{p} \right)^{(m-1)} + (m-1)(\mathrm{e}^{pt})' \left(\frac{1}{p} \right)^{(m-2)} \right. \\
& \left. + \frac{(m-1)(m-2)}{2} (\mathrm{e}^{pt})'' \left(\frac{1}{p} \right)^{(m-3)} + \cdots + (\mathrm{e}^{pt})^{(m-1)} \frac{1}{p} \right] \left[利用 \left(\frac{1}{p} \right)^{(m)} = (-1)^m \frac{m!}{p^{m+1}} \right] \\
=& -C_0 \mathrm{e}^{-Kt} \left(1 + Kt + \frac{K^2}{2!} t^2 + \cdots + \frac{K^{m-1}}{(m-1)!} t^{m-1} \right)
\end{aligned}
$$

所以

$$
C_m(t) = C_0 - C_0 \mathrm{e}^{-Kt} \left(1 + Kt + \frac{K^2}{2!} t^2 + \cdots + \frac{K^{m-1}}{(m-1)!} t^{m-1} \right)
$$

7.3.3 拉普拉斯变换在材料科学中的应用

理想的弹性固体服从胡克定律，即在应变很小时，应力 σ 正比于应变 ε，$\sigma = G\varepsilon$，比例常数 G 是固体的模量。理想的黏性液体服从牛顿流体运动定律，应力正比于应变速率，即 $\tau = \eta \dfrac{\mathrm{d}u}{\mathrm{d}y}$，式中 η 为液体的动力学黏性系数。聚合物材料的力学行为既有弹性又具有黏性，故称黏弹性。当力学行为可用两者的线性组合来表达时，称为线性黏弹性。聚合物的黏弹性依赖于温度和外力作用的时间，其力学性能随时间的变化，称为力学松弛。以下将拉普拉斯变换应用于聚合物黏弹性理论，使各黏弹性函数之间的关系简单明了，并能用拉普拉斯变换互相求算。

7.3.3.1 蠕变柔量和松弛模量的关系

在弹性力学中，胡克弹性体的剪切弹性模量 G 定义为

$$
G = \sigma/\varepsilon
$$

其中，σ 为剪切应力；ε 为剪切应变。柔量 J 则定义为 G 的倒数，即 $J = \varepsilon/\sigma = 1/G$。

聚合物材料只有在玻璃态时，小应变在短时间内符合胡克弹性。在一般意义上，聚合物为黏弹性材料。为表示聚合物的黏弹性，可定义两个黏弹性函数，即蠕变柔量 $J(t)$ 和松弛模量 $G(t)$。$J(t)$ 是在恒定应力 σ_0 作用下应变随时间发展［记作 $\varepsilon(t)$］的蠕变实验中定义的，$J(t) = \varepsilon(t)/\sigma_0$，而 $G(t)$ 则是在恒定应变 ε_0 下应力随时间减小［记作 $\sigma(t)$］的应力松弛实验中定义的，$G(t) = \sigma(t)/\varepsilon_0$。它们之间通过下卷积的形式相互联系

$$
\int_0^t J(t-\theta)G(\theta)\mathrm{d}\theta = t，\quad 即 \ J(t) * G(t) = t \tag{7.3.10}
$$

对式 (7.3.10) 实施拉普拉斯变换得

$$
\bar{J}(p)\bar{G}(p) = \frac{1}{p^2} \tag{7.3.11}
$$

7.3.3.2 应力与应变关系

对于线性弹性材料，根据胡克定律，应力与应变成正比，比例常数为弹性常

数。在简单剪切试验中，$\sigma = G\varepsilon$ 或 $\varepsilon = J\sigma$。如果应力为时间的函数 $\sigma(t)$，那么应变 $\varepsilon(t)$ 与该时刻的应力 $\sigma(t)$ 成正比，即 $\varepsilon(t) = J\sigma(t)$。

对于线性黏弹性材料，应变史 $\varepsilon(t)$ 并不是完全决定于在该时刻的应力 $\sigma(t)$，还决定在该时刻前应力的历史。根据 Boltzmann 叠加原理

$$\varepsilon(t) = \int_{-\infty}^{t} J(t-\theta)\,\frac{\mathrm{d}\sigma}{\mathrm{d}\theta}\mathrm{d}\theta$$

选择应力和应变在 $t \leqslant 0$ 时均为 0，即材料在零时刻是完全松弛的，在此以前时刻的应力史对材料的应变已无影响。则

$$\varepsilon(t) = J(t) * \sigma'(t) = \int_{0}^{t} J(t-\theta)\,\frac{\mathrm{d}\sigma}{\mathrm{d}\theta}\mathrm{d}\theta$$

对上式两边进行拉普拉斯变换，则有

$$\overline{\varepsilon}(p) = p\overline{J}(p)\overline{\sigma}(p) \tag{7.3.12}$$

该式为经拉普拉斯变换后的应变史 $\varepsilon(t)$。对线性黏弹性材料有

$$\sigma(t) = \int_{-\infty}^{t} G(t-\theta)\,\frac{\mathrm{d}\varepsilon}{\mathrm{d}\theta}\mathrm{d}\theta$$

设 $t \leqslant 0$ 时，$\sigma(t) = \varepsilon(t) = 0$。对上式进行拉普拉斯变换有

$$\overline{\sigma}(p) = p\overline{G}(p)\overline{\varepsilon}(p) \tag{7.3.13}$$

这些简单的关系式对于分析黏弹性函数之间的关系是很有用的。如将式 (7.3.13) 代入式 (7.3.12)，可直接得到蠕变柔量的拉普拉斯变换与松弛模量的拉普拉斯变换的关系式 (7.3.11)，取拉普拉斯逆变换，可得到式 (7.3.10)。

习题7.3

7.3.1　利用傅里叶变换求解以下定解问题

(1) $\begin{cases} \dfrac{\partial u}{\partial t} = a^2\,\dfrac{\partial^2 u}{\partial x^2}, & x \in \mathbf{R}, \quad t > 0 \\[2mm] u\big|_{t=0} = \cos x, & x \in \mathbf{R} \end{cases}$
　　(2) $\begin{cases} \dfrac{\partial^2 u}{\partial x^2} + \dfrac{\partial^2 u}{\partial y^2} = 0, & x \in \mathbf{R}, \quad y > 0 \\[2mm] u\big|_{y=0} = \varphi(x), & x \in \mathbf{R} \\[2mm] u(x,y)\text{有界} \end{cases}$

(3) $\begin{cases} \dfrac{\partial^2 u}{\partial t^2} = a^2\,\dfrac{\partial^2 u}{\partial x^2}, & x \in \mathbf{R}, \quad t > 0 \\[2mm] u\big|_{t=0} = \varphi(x), \quad u_t\big|_{t=0} = \psi(x), & x \in \mathbf{R} \end{cases}$

7.3.2　利用二维傅里叶变换求解定解问题

$\begin{cases} \dfrac{\partial u}{\partial t} = a^2\left(\dfrac{\partial^2 u}{\partial x^2} + \dfrac{\partial^2 u}{\partial y^2}\right), & (x,y) \in \mathbf{R}^2, \quad t > 0 \\[2mm] u\big|_{t=0} = \varphi(x,y), & (x,y) \in \mathbf{R}^2 \end{cases}$

7.3.3　利用拉普拉斯变换求解定解问题

(1) ［第 4 章定解问题 (4.2.7)］

$$\begin{cases} T''_n(t) = -\left(\dfrac{n\pi a}{l}\right)^2 T_n(t) + f_n(t), & n=1,2,\cdots \\ T_n(0) = \varphi_n \\ T'_n(0) = \psi_n \end{cases}$$

(2) $\begin{cases} x' + x - y = e^t, \\ y' + 3x - 2y = 2e^t, \\ x(0) = 1, \quad y(0) = 1 \end{cases}$

(3) $\begin{cases} \dfrac{\partial^2 u}{\partial x \partial y} = x^2 y, \quad x>1, \quad y>0 \\ u\big|_{y=0} = x^2 \ (x \geqslant 1), \quad u\big|_{x=1} = \cos y, \quad y \geqslant 0 \end{cases}$

(4) $\begin{cases} u_t = a^2 u_{xx} + f(x,t), \quad x \in (-\infty, +\infty), \quad t>0 \\ u\big|_{t=0} = \varphi(x) \end{cases}$

(5) $\begin{cases} u_{tt} = u_{xx} + t\sin x, \quad x \in (-\infty, +\infty), \quad t>0 \\ u\big|_{t=0} = 0, \quad u_t\big|_{t=0} = \sin x, \quad x \in (-\infty, +\infty) \end{cases}$

7.3.4　设有一单位长度的细杆，杆的侧面绝热，两端的温度保持为零，初始温度为 $2\sin 3\pi x$，试求杆内的温度分布。

7.3.5　写出反应过程 $A \underset{k_2}{\overset{k_1}{\rightleftharpoons}} B$ 对应的速率方程，并求解。

第8章

格林函数法

本章要求

(1) 理解 δ-函数的定义、性质及物理意义；

(2) 掌握用 δ-函数结合傅里叶变换求解常见的定解问题；

(3) 理解电像法求典型区域（球域和半空间）的格林函数；

(4) 掌握位势方程第一边值问题的解的表达式及其应用；

(5) 了解含时间变量问题的格林函数的定义及求解公式。

前面介绍四种求解数学物理方程的求解方法：求通解法、分离变量法、行波法和积分变换。本章介绍拉普拉斯方程的格林函数（Green）法，为此先引入 δ-函数。

8.1 δ-函数

在物理学和力学中，除了连续分布的量以外，还有集中于一点或一瞬时的量，例如冲力、单位冲击信号、脉冲电压、点电荷、质点的质量等。研究此类问题需要引入一个新的函数，把这种集中的量与连续分布的量来统一处理。这就是 δ-函数，又称狄拉克（Dirac）函数或冲击函数，该函数就是用来描述这种集中量分布的密度函数。

8.1.1 δ-函数的定义

我们知道，若用 $\rho(x)$ 表示区间 $[a,b]$ 上的连续电荷密度分布，则总电量为

$$Q = \int_a^b \rho(x)\,\mathrm{d}x$$

设数轴上分布有电荷，其密度分布为

$$\rho_\varepsilon(x) = \begin{cases} \dfrac{1}{2\varepsilon}, & |x| < \varepsilon \\ 0, & |x| \geqslant \varepsilon \end{cases}$$

则电荷总电量为 $Q = \int_{-\infty}^{+\infty} \rho_\varepsilon(x)\,\mathrm{d}x = \int_{-\varepsilon}^{\varepsilon} \dfrac{1}{2\varepsilon}\,\mathrm{d}x = 1$，若 $Q=1$ 不变，让 $\varepsilon \to 0$，其

极限状态可看成一个在 $x=0$ 点处的单位点电荷，此时的电荷密度分布用 $\delta(x)$ 表示。通常我们把满足下列性质的函数称为 δ-函数。

$$\delta(x)=\begin{cases}0, & x\neq 0\\ +\infty, & x=0\end{cases}$$

$$\text{性质：}\int_{-\infty}^{+\infty}\delta(x)\mathrm{d}x=1,\quad \int_{-\infty}^{+\infty}\delta(x)f(x)\mathrm{d}x=f(0)$$

其中，$f(x)$ 为连续函数。

类似地，通过考虑位于 $x=x_0$ 处的单位点电荷的密度分布可定义一般的 δ-函数 $\delta(x-x_0)$。

$$\delta(x-x_0)=\begin{cases}0, & x\neq x_0\\ +\infty, & x=x_0\end{cases}$$

$$\text{性质：}\int_{-\infty}^{+\infty}\delta(x-x_0)\mathrm{d}x=1,\quad \int_{-\infty}^{+\infty}\delta(x-x_0)f(x)\mathrm{d}x=f(x_0)$$

图 8.1.1 为 $\delta(x)$ 和 $\delta(x-x_0)$ 的示意图。

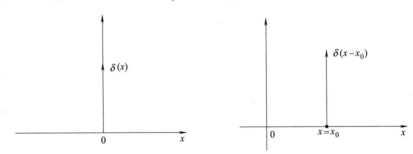

图 8.1.1

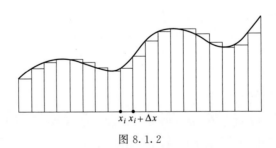

图 8.1.2

8.1.2 δ-函数的物理意义

设 $F(x)$ 表示作用于某系统的一个强迫力或源（如热源），如图 8.1.2 所示，为了分离出每个独立点的影响，我们把 $F(x)$ 分解为持续时间为的 Δx 单位脉冲的线性组合如图 8.1.3 所示，即

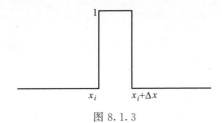

$$F(x) \approx \sum_i F(x_i) \cdot (\text{在 } x = x_i \text{ 处开始的单位脉冲})$$

图 8.1.3

比较积分的定义可以看出，这里缺少 Δx，为此我们把 $F(x)$ 表示如下

$$F(x) \approx \sum_i F(x_i) \cdot \frac{\text{单位脉冲}}{\Delta x} \Delta x \tag{8.1.1}$$

用这种方式我们得到了宽为 Δx，高为 $\dfrac{1}{\Delta x}$ 的矩形脉冲，如图 8.1.4 所示，其面积为 1。

当 $\Delta x \to 0$ 时，这个矩形脉冲无限趋近于一集中脉冲，记为 $\delta(x - x_i)$，它在 $x = x_i$ 的取值为无穷，其余为零，但仍有

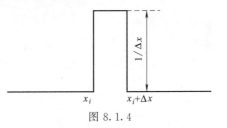

图 8.1.4

单位面积，我们把 $\delta(x - x_i)$ 看成一个在 $x = x_i$ 集中源或冲力。由式（8.1.1）得

$$F(x) = \lim_{\Delta x \to 0} \sum_i F(x_i) \delta(x - x_i) \Delta x = \int F(x_i) \delta(x - x_i) \mathrm{d}x_i$$

表示为

$$F(x) = \int F(\tau) \delta(x - \tau) \mathrm{d}\tau$$

该式反映了连续量和集中量的关系，表示连续的量可以看成集中（或瞬时）量的叠加，这正好是 δ-函数的性质。

由以上分析不难看出，δ-函数不是通常意义下逐点定义的函数，而是通过与某类函数乘积的积分来定义的，数学上称这种函数为广义函数。在泛函分析中广义函数是某基本函数空间上的连续线性泛函，这部分内容不属于本书讨论的范围。

8.1.3　广义函数与 δ-函数的数学性质

δ-函数首先由 Dirac 在量子力学中引进的，因此又称为 Dirac 函数。开始并不为数学家所接受，但后来随着数学发展，特别是泛函分析的建立，数学家们接受了并建立了一套数学理论，使该函数也能类似于普通函数来进行运算。为了更

进一步了解 δ-函数的数学性质，以下简单介绍一下广义函数。广义函数 $\varphi(x)$ 是通过积分值

$$<\varphi, f> = \int_{-\infty}^{+\infty} f(x)\varphi(x)\mathrm{d}x$$

来定义的，其中 $f(x)$ 取自某函数类，通常称为**测试函数**。对于 δ-函数，这个函数类为连续函数类。广义函数为 δ-函数和阶梯函数提供了一个很好的运算工具。

设 $\delta_{x_0}(x) = \delta(x-x_0)$，则 $\delta_{x_0}(x)$ 可定义为

$$<\delta_{x_0}, f> = \int_{-\infty}^{+\infty} f(x)\delta_{x_0}(x)\mathrm{d}x = f(x_0)$$

$f(x)$ 取自连续函数类。

一般来讲，测试函数有任意阶导数，且当 $x \to \pm\infty$ 时函数趋于零。若考虑的是有限区间，则测试函数在区间端点和区间外为零。为了进一步研究 δ-函数的性质以下引入几个概念。

定义 8.1.1（弱极限） 设 $\{u_h(x)\}$ 为以 h 为参数的函数族，M 为某函数类（通常为连续函数类），若极限

$$\lim_{h \to h_0} \int_{-\infty}^{+\infty} f(x)u_h(x)\mathrm{d}x = \int_{-\infty}^{+\infty} f(x)u(x)\mathrm{d}x$$

对任意 $f(x) \in M$ 成立，则称 $\{u_h(x)\}$ 在函数类 M 中以 $u(x)$ 为**弱极限**，记为

$$\lim_{h \to h_0} u_h(x) = u(x) \quad （在函数类 M 中） \quad 或 \quad \lim_{h \to h_0} u_h(x) \overset{弱}{=} u(x) \quad （在函数类 M$$

中）

【例 8.1.1】 δ-函数可看作普通函数的弱极限。设 M 为连续函数类，函数族为

$$u_h(x) = \begin{cases} \dfrac{1}{2h}, & |x| \leqslant h \\ 0, & |x| > h \end{cases}$$

对任意 $f(x) \in M$，由积分中值定理有

$$\int_{-\infty}^{+\infty} f(x)u_h(x)\mathrm{d}x = \frac{1}{2h}\int_{-h}^{h} f(x)\mathrm{d}x = f(\xi)$$

其中 $\xi \in [-h, h]$。所以

$$\lim_{h \to 0^+} \int_{-\infty}^{+\infty} f(x)u_h(x)\mathrm{d}x = f(0) = \int_{-\infty}^{+\infty} f(x)\delta(x)\mathrm{d}x$$

于是 $\lim\limits_{h \to 0^+} u_h(x) \overset{弱}{=} \delta(x)$（在连续函数类中）。

定义 8.1.2（广义函数的导数：弱导数） 若对给定 $f(x)$ 存在 $g(x)$ 使对任何 $\varphi(x) \in C_0^1[a, b]$，有

$$\int_a^b f(x)\varphi'(x)\mathrm{d}x = -\int_a^b g(x)\varphi(x)\mathrm{d}x \text{（或表示为} <f,\varphi'> = -<g,\varphi>\text{）}$$

则称 $g(x)$ 为 $f(x)$ 的弱导数，仍记为 $f'(x)$，即

$$<f,\varphi'> = <-f',\varphi>$$

其中

$$C_0^1[a,b] = \{\varphi(x)\in C^1[a,b]\,|\,\varphi(a)=\varphi(b)=0\}$$

$\varphi(x)$ 称测试函数。

可以看出，函数的弱导数充分利用了分部积分运算。若运用测试函数

$$C_0^\infty[a,b] = \{\varphi(x)\in C^\infty[a,b]\,|\,\varphi^{(n)}(a)=\varphi^{(n)}(b)=0, n=0,1,2,\cdots\}$$

不难定义函数的高阶弱导数：

$$<f,\varphi^{(n)}> = <(-1)^n f^{(n)},\varphi>$$

【例 8.1.2】　$\delta(x)$ 可看成 $H(x)$ 的弱导数，这里 $H(x)$ 为 Heaviside 函数（或单位阶跃函数）

$$H(x) = \begin{cases} 0, & x<0 \\ 1, & x>0 \end{cases}$$

由于

$$<H,\varphi'> \int_{-\infty}^{+\infty} H(x)\varphi'(x)\mathrm{d}x = \int_0^{+\infty}\varphi'(x)\mathrm{d}x = -\varphi(0) = -\int_{-\infty}^{+\infty}\delta(x)\varphi(x)$$

$\mathrm{d}x = <-\delta,\varphi>$ 其中 $\varphi(x)\in C_0^1(-\infty,$ $+\infty)$，所以 $\delta(x)$ 可看成 $H(x)$ 的弱导数，即 $H'(x)=\delta(x)$。

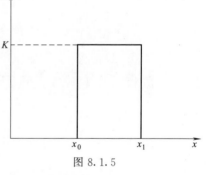

图 8.1.5

用阶跃函数可以方便地表示一些分段常量波形，如图 8.1.5 所示，方波可以分解为两个阶跃函数之差，即

$$f(x) = KH(x-x_0) - KH(x-x_1)$$

定义 8.1.3（弱相等）　设 M 为连续函数类，若对任意 $f(x)\in M$ 均成立

$$\int_{-\infty}^{+\infty} f(x)\varphi(x)\mathrm{d}x = \int_{-\infty}^{+\infty} f(x)\psi(x)\mathrm{d}x \text{（或表示为} <f,\varphi> = <f,\psi>\text{）}$$

则称函数 $\varphi(x)$ 和 $\psi(x)$ 弱相等。

性质 8.1.1　若 $x_0\in(a,b)$，则

$$\int_a^b \delta(x-x_0)\mathrm{d}x = 1, \qquad \int_a^b \delta(x-x_0)f(x)\mathrm{d}x = f(x_0)$$

性质 8.1.2　在弱相等的意义下，δ 函数为偶函数

$$\delta(x) = \delta(-x)$$
$$\delta(x-x_0) = \delta(x_0-x)$$

事实上，由

$$\int_{-\infty}^{+\infty} f(x)\delta(-x)\mathrm{d}x \xlongequal{\text{令}y=-x} \int_{-\infty}^{+\infty} f(-y)\delta(y)\mathrm{d}y = f(0) = \int_{-\infty}^{+\infty} f(x)\delta(x)\mathrm{d}x$$

及弱相等的定义可得结论。

性质 8.1.3 设函数 $f(x)$ 连续，则在弱相等的意义下有

$$f(x)\delta(x) = f(0)\delta(x), \quad f(x)\delta(x-x_0) = f(x_0)\delta(x-x_0)$$

性质 8.1.4（缩放性质） $\delta(ax) = \dfrac{1}{|a|}\delta(x)(a \neq 0)$

证明 当 $a>0$，$\displaystyle\int_{-\infty}^{+\infty} f(x)\delta(ax)\mathrm{d}x \xlongequal{\text{令}ax=t} \frac{1}{a}\int_{-\infty}^{+\infty} f\left(\frac{t}{a}\right)\delta(t)\mathrm{d}t = \frac{1}{a}f(0)$

当 $a<0$，$\displaystyle\int_{-\infty}^{+\infty} f(x)\delta(ax)\mathrm{d}x \xlongequal{\text{令}ax=t} -\frac{1}{a}\int_{-\infty}^{+\infty} f\left(\frac{t}{a}\right)\delta(t)\mathrm{d}t = -\frac{1}{a}f(0)$

综合上述可得

$$\int_{-\infty}^{+\infty} f(x)\delta(ax)\mathrm{d}x = \frac{1}{|a|}f(0) = \frac{1}{|a|}\int_{-\infty}^{+\infty} f(x)\delta(x)\mathrm{d}x$$

由此得 $$\delta(ax) = \frac{1}{|a|}\delta(x)(a \neq 0)$$

8.1.4 高维 δ-函数

高维 δ-函数定义如下

$$\delta(x-\xi, y-\eta, z-\zeta) = \begin{cases} +\infty, & x=\xi, y=\eta, z=\zeta \\ 0, & \text{其他情况} \end{cases}$$

性质：$\displaystyle\iiint_{-\infty}^{+\infty} \delta(x-\xi, y-\eta, z-\zeta)\mathrm{d}x\mathrm{d}y\mathrm{d}z = 1$

$$\iiint_{-\infty}^{+\infty} \delta(x-\xi, y-\eta, z-\zeta)f(x,y,z)\mathrm{d}x\mathrm{d}y\mathrm{d}z = f(\xi,\eta,\zeta)$$

若 $M=M(x,y,z)$，$Q=Q(\xi,\eta,\zeta)$，则第二个性质可表示为

$$\iiint_{-\infty}^{+\infty} \delta(M-Q)f(M)\mathrm{d}M = f(Q)$$

三维 δ-函数与一维 δ-函数的关系

$$\delta(x-\xi, y-\eta, z-\zeta) = \delta(x-\xi) \cdot \delta(y-\eta) \cdot \delta(z-\zeta)$$

8.1.5 δ-函数的傅里叶变换和拉普拉斯变换

（1）$\delta(x)$ 的傅里叶变换

由 $\mathcal{F}[\delta(x)] = \displaystyle\int_{-\infty}^{+\infty} \delta(x)\mathrm{e}^{-i\omega x}\mathrm{d}x = \mathrm{e}^0 = 1$ 可得

$$\mathcal{F}^{-1}[1]=\delta(x)\,,\quad \delta(x)=\frac{1}{2\pi}\int_{-\infty}^{+\infty}e^{i\omega x}\,d\omega$$

严格讲 $\delta(x)$ 不满足傅里叶变换存在的条件,这里只是形式的表述。由 $\delta(x)$ 的性质 8.1.1 得

$$\int_{-\infty}^{x}\delta(x)\,dx=\begin{cases}1,&x>0\\0,&x<0\end{cases}=H(x)$$

于是也可得到另一个算符 $H'(x)=\delta(x)$。

【例 8.1.3】 试证

$$\mathcal{F}[\cos\alpha x]=\pi[\delta(\omega-\alpha)+\delta(\omega+\alpha)],\mathcal{F}[\sin\alpha x]=-i\pi[\delta(\omega-\alpha)-\delta(\omega+\alpha)]$$

特别地 $\qquad\qquad\qquad\mathcal{F}[1]=2\pi\delta(\omega)$

证明 由 $\delta(x)$ 的性质可得

$$\int_{-\infty}^{+\infty}\delta(\omega-\alpha)e^{i\omega x}\,d\omega=e^{i\alpha x}\,,\qquad\int_{-\infty}^{+\infty}\delta(\omega+\alpha)e^{i\omega x}\,d\omega=e^{-i\alpha x}$$

两式相加并整理得

$$\frac{1}{2\pi}\int_{-\infty}^{+\infty}\pi[\delta(\omega-\alpha)+\delta(\omega+\alpha)]e^{i\omega x}\,d\omega=\cos\alpha x$$

所以

$$\mathcal{F}[\cos\alpha x]=\pi[\delta(\omega-\alpha)+\delta(\omega+\alpha)]$$

同理可得

$$\mathcal{F}[\sin\alpha x]=-i\pi[\delta(\omega-\alpha)-\delta(\omega+\alpha)]$$

这两个公式在信号处理中有重要应用。

(2) $\delta(t)$ 的拉普拉斯变换

$$\mathcal{L}[\delta(t)]=\int_{0}^{+\infty}\delta(t)e^{-pt}\,dt=1$$

$$\mathcal{L}[\delta(t-b)]=\int_{0}^{+\infty}\delta(t-b)e^{-pt}\,dt=e^{-pb}\,,\quad b>0$$

【例 8.1.4】 试用傅里叶变换和 δ-函数的性质求解定解问题

$$\begin{cases}u_t=u_{xx},&x\in\mathbf{R},\quad t>0\\u\big|_{t=0}=\cos\alpha x,&x\in\mathbf{R}(\alpha\text{ 为常数})\end{cases}$$

解 由傅里叶变换的条件知,$\cos\alpha x$ 的傅里叶变换不存在,因此在求解过程中其傅里叶变换下的像函数只是一个符号,由例 8.1.3 知可用 δ-函数表示。对定解问题中的变量 x 施行傅里叶变换,并令 $U(\omega,t)=\mathcal{F}[u(x,t)]$,则定解问题化为

$$\begin{cases}U_t=(i\omega)^2U\\U\big|_{t=0}=\pi[\delta(\omega-\alpha)+\delta(\omega+\alpha)]\end{cases}$$

解之得

$$U(\omega,t)=\pi[\delta(\omega-\alpha)+\delta(\omega+\alpha)]e^{-\omega^2 t}$$

取傅里叶逆变换得

$$
\begin{aligned}
u(x,t)&=\mathscr{F}^{-1}[U(\omega,t)]\\
&=\frac{1}{2\pi}\int_{-\infty}^{+\infty}\pi[\delta(\omega-\alpha)+\delta(\omega+\alpha)]e^{-\omega^2 t}e^{i\omega x}\,d\omega\\
&=\frac{1}{2}\left\{[e^{-\omega^2 t}e^{i\omega x}]_{\omega=\alpha}+[e^{-\omega^2 t}e^{i\omega x}]_{\omega=-\alpha}\right\}\\
&=\frac{1}{2}e^{-\alpha^2 t}(e^{i\alpha x}+e^{-i\alpha x})=e^{-\alpha^2 t}\cos\alpha x
\end{aligned}
$$

8.1.6　δ-函数及其傅里叶变换和卷积运算在通信工程中的应用

在通信系统中，信号从发射端传输到接收端一般需要进行调制和解调。因为无线电通信系统是通过空间辐射方式传送信号，由电磁波理论可知，天线尺寸为被辐射信号波长的 1/10 左右最为有效。对于语音信号，算出来的天线就要达到几十千米以上，这是不可能的，而且如果不进行处理，各个发射台可用的频段就极为有限，很容易产生混叠，为解决这一问题，实际通信系统中采用了调制的方法发射信号，即通过把各种信号的频谱搬移到较高的频率范围，使发射简便，各发射台信号不混叠，而其原理正是傅里叶变换。

下面以一个例子来说明调制和解调的原理，以此可以引出频分复用通信系统的组成原理。先来看发送端的情况，设载波信号为 $\cos\omega_0 t$，则由例 8.1.3 得其傅里变换为

$$\mathscr{F}[\cos\omega_0 t]=\pi[\delta(\omega+\omega_0)+\delta(\omega-\omega_0)]$$

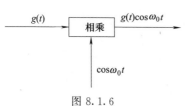

图 8.1.6

若调制信号 $g(t)$ 的频谱为 $G(\omega)$，占据有限带宽 $-\omega_m$ 至 ω_m，把 $g(t)$ 与 $\cos\omega_0 t$ 进行时域相乘，即可得到已调制的信号 $f(t)=g(t)\cos\omega_0 t$（图 8.1.6）。

仿照傅里叶变换卷积性质的证明可以证明频域卷积公式

$$\mathscr{F}[f_1(t)\cdot f_2(t)]=\frac{1}{2\pi}\hat{f}_1(\omega)*\hat{f}_2(\omega)$$

事实上

$$
\begin{aligned}
\mathscr{F}^{-1}\left[\frac{1}{2\pi}\hat{f}_1(\omega)*\hat{f}_2(\omega)\right]&=\frac{1}{2\pi}\times\frac{1}{2\pi}\int_{-\infty}^{+\infty}[\hat{f}_1(\omega)*\hat{f}_2(\omega)]e^{i\omega x}\,d\omega\\
&=\frac{1}{4\pi^2}\int_{-\infty}^{+\infty}\left[\int_{-\infty}^{+\infty}\hat{f}_1(\tau)\hat{f}_2(\omega-\tau)\,d\tau\right]e^{i\omega x}\,d\omega\\
&=\frac{1}{4\pi^2}\int_{-\infty}^{+\infty}\hat{f}_1(\tau)\,d\tau\int_{-\infty}^{+\infty}\hat{f}_2(\omega-\tau)e^{i\omega x}\,d\omega
\end{aligned}
$$

$$（在第二个积分中令 \omega-\tau=t, \quad \mathrm{d}\omega=\mathrm{d}t）$$

$$=\frac{1}{4\pi^2}\int_{-\infty}^{+\infty}\hat{f}_1(\tau)\mathrm{d}\tau\int_{-\infty}^{+\infty}\hat{f}_2(t)\mathrm{e}^{\mathrm{i}(\tau+t)x}\,\mathrm{d}t$$

$$=\frac{1}{4\pi^2}\int_{-\infty}^{+\infty}\hat{f}_1(\tau)\mathrm{e}^{\mathrm{i}\tau x}\mathrm{d}\tau\int_{-\infty}^{+\infty}\hat{f}_2(t)\mathrm{e}^{\mathrm{i}tx}\,\mathrm{d}t$$

$$=\frac{1}{4\pi^2}\times2\pi f_1(t)\times2\pi f_2(t)=f_1(t)\cdot f_2(t)$$

求出已调制信号的频谱

$$\hat{f}(\omega)=\mathcal{F}\left[f(t)\right]=\frac{1}{2\pi}G(\omega)*\left[\pi\delta(\omega+\omega_0)+\pi\delta(\omega-\omega_0)\right]$$

$$=\frac{1}{2}\left[\int_{-\infty}^{+\infty}G(\omega-\tau)\delta(\tau+\omega_0)\mathrm{d}\tau+\int_{-\infty}^{+\infty}G(\omega-\tau)\delta(\tau-\omega_0)\mathrm{d}\tau\right]$$

$$=\frac{1}{2}\left[G(\omega+\omega_0)+G(\omega-\omega_0)\right]$$

再来看接收端的情况。由已调信号 $f(t)$ 恢复原始信号 $g(t)$ 的过程称为解调。由以上过程可知，信号的频谱被搬移到了载频附近，而接收到此信号后，要想复原发送信号，就要经过解调过程，其基本原理仍是傅里叶变换，现以同步解调的方法说明其过程。设接收端有本地载波信号 $\cos\omega_0 t$，与发送端的载波同频同相，其原理如图 8.1.7 所示。

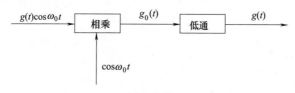

图 8.1.7

用载波信号与接收到的已调制信号时域相乘可得

$$g_0(t)=\left[g(t)\cos\omega_0 t\right]\cos\omega_0 t$$

$$=\frac{1}{2}g(t)(1+\cos2\omega_0 t)$$

$$=\frac{1}{2}g(t)+\frac{1}{2}g(t)\cos2\omega_0 t$$

由频域卷积公式得其频谱：

$$\mathcal{F}\left[g_0(t)\right]=G_0(\omega)$$

$$=\frac{1}{2}G(\omega)+\frac{1}{2}\times\frac{1}{2\pi}G(\omega)*\left[\pi\delta(\omega+2\omega_0)+\pi\delta(\omega-2\omega_0)\right]$$

$$=\frac{1}{2}G(\omega)+\frac{1}{4}\left[G(\omega)*\delta(\omega+2\omega_0)+G(\omega)*\delta(\omega-2\omega_0)\right]$$

$$= \frac{1}{2}G(\omega) + \frac{1}{4}\left[\int_{-\infty}^{+\infty}G(\omega-\tau)\delta(\tau+2\omega_0)d\tau + \int_{-\infty}^{+\infty}G(\omega-\tau)\delta(\tau-2\omega_0)d\tau\right]$$

$$= \frac{1}{2}G(\omega) + \frac{1}{4}\left[G(\omega+2\omega_0) + G(\omega-2\omega_0)\right]$$

通过一个低通滤波器消除频率在 $2\omega_0$ 附近的分量即可取出 $g(t)$，完成解调。

傅里叶变换在通信领域中的应用有着悠久的历史和广阔的范围，现代通信系统的发展处处伴随着傅里叶变换方法的精心运用，通过这个例子，可以很好地理解函数 $\delta(x)$ 和傅里叶变换的使用价值。

习题8.1

8.1.1 设在 x 轴上的 x_0 点有一电量为 q 的点电荷，试求该点电荷沿 x 轴的密度分布函数 $\rho(x)$。

8.1.2 设在 t_0 时刻，在一电流为零的电路中通入电量为 q 的脉冲，试求该电路的脉冲电流。

8.1.3 设在空间点 (x_0, y_0, z_0) 处有一电量为 q 的点电荷，试求该点电荷在空间的密度分布函数 $\rho(x, y, z)$。

8.1.4 计算积分

(1) $\displaystyle\int_{-1}^{2} e^{2x}\delta(x)dx$ (2) $\displaystyle\int_{-1}^{1}\delta\left(x+\frac{1}{3}\right)\cos x\,dx$

8.1.5 利用 δ-函数的性质证明：

(1) $\displaystyle\int_{-\infty}^{+\infty}\frac{1}{2}\left[\delta(x+at)+\delta(x-at)\right]e^{-i\omega x}dx = \cos a\omega t$

$\displaystyle\int_{-\infty}^{+\infty}\frac{1}{2i}\left[\delta(x+at)-\delta(x-at)\right]e^{-i\omega x}dx = \sin a\omega t$

(2) $\displaystyle\iiint_{-\infty}^{+\infty}\frac{\delta(r-at)-\delta(r+at)}{4\pi ar}e^{-i(\omega_1 x_1+\omega_2 x_2+\omega_3 x_3)}dx_1 dx_2 dx_3 = \frac{\sin a\rho t}{a\rho}$

其中，$a>0$，$t>0$，$r^2 = x_1^2 + x_2^2 + x_3^2$，$\rho^2 = \omega_1^2 + \omega_2^2 + \omega_3^2$。

8.1.6 试用傅里叶变换和 8.1.5（1）的结论求解定解问题

$$\begin{cases} u_{tt} = a^2 u_{xx}, & x \in \mathbf{R}, \quad t>0 \\ u|_{t=0} = \varphi(x), & u_t|_{t=0} = \psi(x)\, x \in \mathbf{R} \end{cases}$$

8.1.7 试证明

$$\lim_{n\to\infty}\frac{\sin nx}{\pi x} \overset{弱}{=} \delta(x) \quad (对光滑绝对可积的函数类)。$$

8.2 格林公式及其应用

设 $\Omega \subset \mathbf{R}^3$ 中一有界区域，$P(x,y,z)$，$Q(x,y,z)$，$R(x,y,z)$ 在 $\overline{\Omega} = \Omega + \partial$

Ω 上连续，在 Ω 内有一阶连续偏导，且 $\partial\Omega$ 分片光滑，则有高斯公式

$$\iiint\limits_{\Omega}\left(\frac{\partial P}{\partial x}+\frac{\partial Q}{\partial y}+\frac{\partial R}{\partial z}\right)\mathrm{d}V=\iint\limits_{\partial\Omega}P\,\mathrm{d}y\,\mathrm{d}z+Q\,\mathrm{d}z\,\mathrm{d}x+R\,\mathrm{d}x\,\mathrm{d}y$$

若令 $\mathbf{A}=(P,\ Q,\ R)$，上式还可记作

$$\iiint\limits_{\Omega}\mathrm{div}\mathbf{A}\,\mathrm{d}V=\iint\limits_{\partial\Omega}\mathbf{A}\cdot\mathrm{d}\mathbf{S}=\iint\limits_{\partial\Omega}\mathbf{A}\cdot\mathbf{n}\,\mathrm{d}S,$$

其中，$\mathbf{n}$ 为 $\partial\Omega$ 的单位外法向量。

8.2.1 格林公式

设 Ω 如上所述，$u=u(x,y,z)$，$v=v(x,y,z)$ 在 $\overline{\Omega}$ 上有一阶连续偏导数，在 Ω 内具有二阶连续偏导数，即 $u,v\in C^1(\overline{\Omega})\bigcap C^2(\Omega)$，则 $\mathbf{A}(x,y,z)=u\nabla v=\left(u\dfrac{\partial v}{\partial x},\ u\dfrac{\partial v}{\partial y},\ u\dfrac{\partial v}{\partial z}\right)$（$\nabla$ 为梯度算子）满足高斯公式的条件，从而

$$\iint\limits_{\partial\Omega}u\,\frac{\partial v}{\partial n}\mathrm{d}S=\iint\limits_{\partial\Omega}u\,\nabla v\cdot\mathbf{n}\,\mathrm{d}S=\iiint\limits_{\Omega}\nabla\cdot(u\,\nabla v)\mathrm{d}V=\iiint\limits_{\Omega}u\Delta v\mathrm{d}V+\iiint\limits_{\Omega}\nabla u\cdot\nabla v\mathrm{d}V$$

由此得第一格林公式

> **第一格林公式：**
> $$\iiint\limits_{\Omega}u\Delta v\mathrm{d}V=\iint\limits_{\partial\Omega}u\,\frac{\partial v}{\partial n}\mathrm{d}S-\iiint\limits_{\Omega}\nabla u\cdot\nabla v\mathrm{d}V$$
> $$u,v\in C^1(\overline{\Omega})\bigcap C^2(\Omega)$$

在第一格林公式中，交换 u,v 的位置得

$$\iiint\limits_{\Omega}v\Delta u\mathrm{d}V=\iint\limits_{\partial\Omega}v\,\frac{\partial u}{\partial n}\mathrm{d}S-\iiint\limits_{\Omega}\nabla u\cdot\nabla v\mathrm{d}V$$

两式相减得第二格林公式

> **第二格林公式：**
> $$\iiint\limits_{\Omega}(u\Delta v-v\Delta u)\mathrm{d}V=\iint\limits_{\partial\Omega}\left(u\,\frac{\partial v}{\partial n}-v\,\frac{\partial u}{\partial n}\right)\mathrm{d}S$$
> $$u,v\in C^1(\overline{\Omega})\bigcap C^2(\Omega)$$

8.2.2 应用举例

（1）诺依曼内问题有解的必要条件

考虑诺依曼内问题

$$\begin{cases} \Delta u = 0, & M(x,y,z) \in \Omega \\ \dfrac{\partial u}{\partial n} \Big|_{\partial \Omega} = f(x,y,z) \end{cases}$$

在第二格林公式中，若 $\Delta u = 0$，取 $v \equiv 1$ 代入得

$$\iint\limits_{\partial \Omega} \frac{\partial u}{\partial n} dS = 0$$

因此，该诺依曼内问题有解的必要条件是 $\displaystyle\iint\limits_{\partial \Omega} f dS = 0$

注意：这个条件也是充分条件（证略）。

（2）拉普拉斯方程解的唯一性

考虑拉普拉斯方程的狄利克雷问题

$$\begin{cases} \Delta v = 0, & M(x,y,z) \in \Omega \\ v \big|_{\partial \Omega} = \varphi(x,y,z) \end{cases}$$

该定解问题在 $C^1(\overline{\Omega}) \bigcap C^2(\Omega)$ 内的解唯一。事实上，若 u_1，u_2 为两个解，令 $v = u_1 - u_2$，则 v 满足

$$\begin{cases} \Delta v = 0, & M(x,y,z) \in \Omega \\ v \big|_{\partial \Omega} = 0 \end{cases}$$

在第一格林公式中，取 $u = v = u_1 - u_2$，有

$$\iint\limits_{\partial \Omega} v \frac{\partial v}{\partial n} dS - \iiint\limits_{\Omega} (\nabla v)^2 dV = 0$$

由 $v \big|_{\partial \Omega} = 0$ 得 $\displaystyle\iiint\limits_{\Omega} |\nabla v|^2 dV = 0$，从而 $\nabla v \equiv 0$。由 v 的可微性，知 $v \equiv C$（常数），由边值条件得 $C = 0$。所以 $v = 0$，即 $u_1 = u_2$。

习题8.2

设 D 为一平面区域，边界 ∂D 分段光滑，函数 $u = u(x,y)$，$v = v(x,y)$ 在 $\overline{D} = D + \partial D$ 上有连续的二阶偏导数，证明格林第一公式

$$\iint\limits_{D} u \Delta_2 v \, dx \, dy = \oint\limits_{\partial D} u \frac{\partial v}{\partial n} ds - \iint\limits_{D} \nabla_2 u \cdot \nabla_2 v \, dx \, dy$$

和格林第二公式

$$\iint\limits_{D} (u \Delta_2 v - v \Delta_2 u) \, dx \, dy = \oint\limits_{\partial D} \left(u \frac{\partial v}{\partial n} - v \frac{\partial u}{\partial n} \right) ds$$

其中 $\Delta_2 = \dfrac{\partial^2}{\partial x^2} + \dfrac{\partial^2}{\partial y^2}$，$\nabla_2 = \left(\dfrac{\partial}{\partial x}, \dfrac{\partial}{\partial y} \right)^{\mathrm{T}}$，$\boldsymbol{n}$ 表示边界曲线 ∂D 上每点处的单位外法向量。

8.3　位势问题的格林函数

8.3.1　格林函数的概念

考虑位势方程的第一边值问题

$$\begin{cases} \Delta u = f(M), & M(x,y,z) \in \Omega & \text{(8.3.1a)} \\ u\big|_{\partial\Omega} = \varphi(M) & & \text{(8.3.1b)} \end{cases}$$

称边值问题

$$\begin{cases} \Delta G(M,Q) = -\delta(M-Q), & M(x,y,z), \quad Q(\xi,\eta,\zeta) \in \Omega & \text{(8.3.2a)} \\ G\big|_{\partial\Omega} = 0 & & \text{(8.3.2b)} \end{cases}$$

的解为位势方程第一边值问题 (8.3.1) 关于区域 Ω 的格林函数。

现求方程 (8.3.2a) 的一个特解。方程 (8.3.2a) 的两端对 x，y，z 进行三重傅里叶变换，记 $\hat{G} = \mathcal{F}(G)$，由傅里叶变换的微分性质和 δ-函数的性质得

$$-(\omega_1^2 + \omega_2^2 + \omega_3^2)\hat{G} = -\mathrm{e}^{-\mathrm{i}(\omega_1\xi + \omega_2\eta + \omega_3\zeta)}$$

即

$$\hat{G} = \frac{1}{\omega_1^2 + \omega_2^2 + \omega_3^2}\mathrm{e}^{-\mathrm{i}(\omega_1\xi + \omega_2\eta + \omega_3\zeta)}$$

两边进行傅里叶逆变换

$$G(M,Q) = \frac{1}{(2\pi)^3}\iiint\limits_{-\infty}^{+\infty} \hat{G}\mathrm{e}^{\mathrm{i}(\omega_1 x + \omega_2 y + \omega_3 z)}\,\mathrm{d}\omega_1\mathrm{d}\omega_2\mathrm{d}\omega_3$$

$$= \frac{1}{(2\pi)^3}\iiint\limits_{-\infty}^{+\infty} \frac{1}{\omega_1^2 + \omega_2^2 + \omega_3^2}\mathrm{e}^{\mathrm{i}[\omega_1(x-\xi) + \omega_2(y-\eta) + \omega_3(z-\zeta)]}\,\mathrm{d}\omega_1\mathrm{d}\omega_2\mathrm{d}\omega_3$$

令 $r_{MQ} = \sqrt{(x-\xi)^2 + (y-\eta)^2 + (z-\zeta)^2}$，$\rho = \sqrt{\omega_1^2 + \omega_2^2 + \omega_3^2}$。为求三重积分，取 ω_3 轴的方向与矢量 $\boldsymbol{r}_{MQ} = \{x-\xi, y-\eta, z-\zeta\}$ 同方向，则在球坐标系下，上述三重积分化为

$$G(M,Q) = \frac{1}{(2\pi)^3}\int_0^{+\infty}\mathrm{d}\rho\int_0^{2\pi}\mathrm{d}\varphi\int_0^{\pi}\frac{1}{\rho^2}\cdot\mathrm{e}^{\mathrm{i}\rho r_{MQ}\cos\theta}\cdot\rho^2\sin\theta\mathrm{d}\theta$$

$$= \frac{1}{2\pi^2 r_{MQ}}\int_0^{+\infty}\frac{\sin r_{MQ}\rho}{\rho}\mathrm{d}\rho\left(\text{注意：}\int_0^{+\infty}\frac{\sin x}{x}\mathrm{d}x = \frac{\pi}{2}\right)$$

$$= \frac{1}{4\pi r_{MQ}}$$

该解是方程 (8.3.2a) 的一个特解。该特解还可以采用另一种方法导出。由点电荷周围电位的球面对称性和拉普拉斯算子 Δ 在球面坐标下的形式（附录 I）知，当 $r \neq 0$ 时（即远离点电荷）电位满足方程

$$\frac{1}{r^2}\frac{d}{dr}\left(r^2\frac{dG}{dr}\right)=0$$

简单积分可得该方程的通解为

$$G(r)=\frac{C_1}{r}+C_2$$

以下确定常数 C_1 和 C_2。由 δ-函数的性质得，对于任何以 Q 为球心 r 为半径的球面 B，对方程（8.3.2a）积分得

$$\iiint_B \Delta G\,dV=-\iiint_B \delta(M-Q)\,dV_M=-1$$

由高斯定理得

$$\iiint_B \Delta G\,dV=\iiint_B \mathrm{div}(\nabla G)\,dV=\oiint_{\partial B}\nabla G\cdot \boldsymbol{n}\,dS=\oiint_{\partial B}\frac{\partial G}{\partial n}\,dS=\oiint_{\partial B}\frac{dG}{dr}\,dS=4\pi r^2\frac{dG}{dr}$$

从而 $4\pi r^2\dfrac{dG}{dr}=-1$，即 $r^2\dfrac{dG}{dr}=-\dfrac{1}{4\pi}$。再由

$$\lim_{r\to 0}r^2\frac{dG}{dr}=\lim_{r\to 0}r^2\left(-\frac{C_1}{r^2}\right)=-C_1$$

得 $C_1=\dfrac{1}{4\pi}$。为了简单起见，选取 $C_2=0$ 便可得以上特解。我们注意到，该特解并不满足定解条件（8.3.2b）。为求定解问题（8.3.2）的解，令

$$G=G(x,y,z,\xi,\eta,\zeta)=\frac{1}{4\pi r_{MQ}}+K(x,y,z,\xi,\eta,\zeta)$$

或简记为

$$G=G(M,Q)=\frac{1}{4\pi r_{MQ}}+K(M,Q) \tag{8.3.3}$$

把式（8.3.3）代入定解问题（8.3.2）得定解问题

$$\begin{cases}\Delta K=0\\[2mm] K\big|_{\partial\Omega}=-\dfrac{1}{4\pi r_{MQ}}\end{cases} \tag{8.3.4}$$

因此，由式（8.3.3）知，只要求出式（8.3.4）的解，便得格林函数 $G(M,Q)$。通常称 $K(M,Q)$ 为格林函数的正则部分。

格林函数的物理意义：格林函数在静电学上表示位于 Ω 内部 Q 点的电量为 ε_0 的正点电荷在 $\partial\Omega$ 接地时的电位分布，它由正点电荷 ε_0 所提供的电位 $\dfrac{1}{4\pi r_{MQ}}$ 和 ε_0 在边界 $\partial\Omega$ 上的感应电荷所提供的电位 $K(M,Q)$ 组成，即正则部分表示感应电荷提供的电位。

方程（8.3.2a）的一个特解也可由物理的方法求得。由于方程 $\Delta G(M,Q)=-\delta(M-Q)$ 可表示为 $\mathrm{div}(\nabla G)=-\delta(M-Q)$。由物理中的高斯定理在点电荷

时的微分形式 $\mathrm{div}\boldsymbol{E}=\dfrac{q}{\varepsilon_0}\delta(M-Q)=\dfrac{q}{\varepsilon_0}\delta(x-\xi,y-\eta,z-\zeta)$（其中 q 为点电荷的

电量，电场 $\boldsymbol{E}=\dfrac{q}{4\pi\varepsilon_0 r_{MQ}^3}\boldsymbol{r}_{MQ}$）可得 $\nabla G=-\boldsymbol{E}(q=\varepsilon_0)$，对比可得 $\nabla G=-\boldsymbol{E}=$

$-\dfrac{1}{4\pi r_{MQ}^3}\boldsymbol{r}_{MQ}$，从而 $G=\dfrac{1}{4\pi r_{MQ}}$。

8.3.2 位势方程的第一边值问题

以下求解定解问题（8.3.1）。由于
$Q(\xi,\eta,\zeta)\in\Omega$，$G(M,Q)$ 在 Ω 上不满
足格林第二公式的条件，为此，对充分
小的 $\varepsilon>0$，作一包含于 Ω 内的球域 K_ε：
$\{M\,|\,|MQ|<\varepsilon\}$，如图 8.3.1 所示。

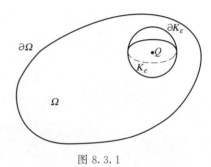

图 8.3.1

用 $G(M,Q)$ 和 $u(M)$ 分别乘方程
(8.3.1a) 和方程(8.3.2a)的两端得

$$G(M,Q)\Delta u(M)=G(M,Q)f(M) \tag{8.3.5}$$

$$u(M)\Delta G(M,Q)=-u(M)\delta(M-Q) \tag{8.3.6}$$

式 (8.3.5) 减去式 (8.3.6)，并在 $\Omega-K_\varepsilon$ 积分，同时注意到 $\delta(M-Q)=0$ 得

$$\iiint\limits_{\Omega-K_\varepsilon}[G(M,Q)\Delta u(M)-u(M)\Delta G(M,Q)]\mathrm{d}V_M$$
$$=\iiint\limits_{\Omega-K_\varepsilon}G(M,Q)f(M)\mathrm{d}V_M \tag{8.3.7}$$

对式 (8.3.7) 左端利用第二格林公式得

$$\iiint\limits_{\Omega-K_\varepsilon}[G(M,Q)\Delta u(M)-u(M)\Delta G(M,Q)]\mathrm{d}V_M$$
$$=\iint\limits_{\partial\Omega+\partial K_\varepsilon}\left(G\frac{\partial u}{\partial n}-u\frac{\partial G}{\partial n}\right)\mathrm{d}S_M \tag{8.3.8}$$
$$=\iint\limits_{\partial\Omega}\left(G\frac{\partial u}{\partial n}-u\frac{\partial G}{\partial n}\right)\mathrm{d}S_M+\iint\limits_{\partial K_\varepsilon}\left(G\frac{\partial u}{\partial n}-u\frac{\partial G}{\partial n}\right)\mathrm{d}S_M$$

其中，由式 (8.3.1b) 和式 (8.3.2b) 得

$$\iint\limits_{\partial\Omega}\left(G\frac{\partial u}{\partial n}-u\frac{\partial G}{\partial n}\right)\mathrm{d}S_M=-\iint\limits_{\partial\Omega}\varphi(M)\frac{\partial G}{\partial n}\mathrm{d}S_M \tag{8.3.9}$$

由于 $K(M,Q)$ 和 $u(M)$ 有连续的一阶偏导数，故 K 和 $\dfrac{\partial u}{\partial n}$ 在 ∂K_ε 有界。此外有

$$\iint\limits_{\partial K_\varepsilon} \frac{1}{r_{MQ}} \mathrm{d}S_M = \frac{1}{\varepsilon} \cdot 4\pi\varepsilon^2 = 4\pi\varepsilon \to 0, \varepsilon \to 0^+$$

所以

$$\lim_{\varepsilon \to 0^+} \iint\limits_{\partial K_\varepsilon} G \frac{\partial u}{\partial n} \mathrm{d}S_M = \lim_{\varepsilon \to 0^+} \iint\limits_{\partial K_\varepsilon} \left(K + \frac{1}{4\pi r_{MQ}} \right) \frac{\partial u}{\partial n} \mathrm{d}S_M = 0$$

另外

$$\lim_{\varepsilon \to 0^+} \iint\limits_{\partial K_\varepsilon} u \frac{\partial G}{\partial n} \mathrm{d}S_M = -\lim_{\varepsilon \to 0^+} \iint\limits_{\partial K_\varepsilon} u \frac{\partial G}{\partial r} \mathrm{d}S_M \quad （因为式（8.3.8）中 \partial K_\varepsilon 的外法$$

向量指向球心）

$$= -\lim_{\varepsilon \to 0^+} \iint\limits_{\partial K_\varepsilon} u \frac{\partial}{\partial r} \left(K + \frac{1}{4\pi r_{MQ}} \right) \mathrm{d}S_M （因为 u 和 \frac{\partial K}{\partial r} 有界）$$

$$= -\lim_{\varepsilon \to 0^+} \iint\limits_{\partial K_\varepsilon} u \frac{\partial}{\partial r} \left(\frac{1}{4\pi r_{MQ}} \right) \mathrm{d}S_M = \frac{-1}{4\pi} \lim_{\varepsilon \to 0^+} \iint\limits_{\partial K_\varepsilon} u \left(-\frac{1}{r_{MQ}^2} \right) \mathrm{d}S_M$$

$$= \frac{1}{4\pi\varepsilon^2} \lim_{\varepsilon \to 0^+} \iint\limits_{\partial K_\varepsilon} u \, \mathrm{d}S_M$$

$$= \lim_{\varepsilon \to 0} \frac{1}{4\pi\varepsilon^2} \int_0^{2\pi} \mathrm{d}\varphi \int_0^\pi u(\xi + \varepsilon\cos\varphi\sin\theta, \eta + \varepsilon\sin\varphi\sin\theta, \zeta + \varepsilon\cos\theta) \varepsilon^2 \sin\theta \mathrm{d}\theta$$

$$= \frac{1}{4\pi} \int_0^{2\pi} \mathrm{d}\varphi \int_0^\pi u(\xi, \eta, \zeta) \sin\theta \mathrm{d}\theta = u(Q)$$

在式（8.3.8）中，令 $\varepsilon \to 0^+$，同时利用式（8.3.9），$\Delta G(M,Q) = 0$ 以及上述结果可得

$$\iiint\limits_{\Omega} G(M,Q) \Delta u(M) \mathrm{d}V_M = -\iint\limits_{\partial\Omega} \varphi(M) \frac{\partial G}{\partial n} \mathrm{d}S_M - u(Q)$$

再利用 $\Delta u(M) = f(M)$ 可得定解问题（8.3.1）的解的表达式

$$u(Q) = -\iint\limits_{\partial\Omega} \varphi(M) \frac{\partial G}{\partial n} \mathrm{d}S_M - \iiint\limits_{\Omega} G(M,Q) f(M) \mathrm{d}V_M \tag{8.3.10}$$

该公式表明，只要求得定解问题（8.3.1）对应的格林函数，那么（8.3.1）的解也就完全确定了，这种解法称为**格林函数法**。但是并非对任何区域 Ω 都存在格林函数，有时，即使存在也不易求得。下节将对于一些特殊的区域给出求格林函数的方法。

8.3.3 用电像法求格林函数

对一般区域，格林函数不易求得，然而，对于一些特殊区域，格林函数可以求得。以下介绍求格林函数的静电像法。由上节的分析可知，格林函数分为两部分，即

$$G = G(M, Q) = \frac{1}{4\pi r_{MQ}} + K(M, Q)$$

其中，$K(M, Q)$ 满足

$$\begin{cases} \Delta K(M, Q) = 0, M(x, y, z), Q(\xi, \eta, \zeta) \in \Omega \\ K \big|_{\partial\Omega} = -\dfrac{1}{4\pi r_{MQ}} \end{cases} \tag{8.3.11}$$

由此可得，求格林函数的本质是求解定解问题（8.3.11）。

（1）球域的格林函数

【例 8.3.1】　求位势方程第一边值问题关于球域的格林函数，即

$$\Omega = \{M \mid x^2 + y^2 + z^2 < R^2\}$$

解　由以上分析，只要求解定
解问题（8.3.11）即可。$K(M,$
$Q)$ 可看做某带电体产生的电位
势。因为 $\Delta K = 0 (M \in \Omega)$，故电荷
不能在球内，只能在球外。在球外
找一点 Q_1，在该点放置一个适当
的带电体，使其电位分布满足

$K \big|_{\partial\Omega} = -\dfrac{1}{4\pi r_{MQ}}$，该点 Q_1 与 Q

有关，如图 8.3.2 所示。

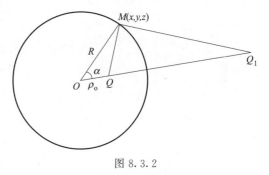

图 8.3.2

点 Q_1 选在 OQ 射线上，且满足

$$\overline{OQ} \cdot \overline{OQ_1} = R^2 \tag{8.3.12}$$

称 Q_1 为 Q 关于球面的反演点。在 Q_1 处放一电量为 q 的电荷，则在除该点外的

任一点 M，该电荷产生电场的电位势为 $K(M, Q_1) = \dfrac{q}{4\pi r_{MQ_1}}$。显然，$K(M, Q_1)$

在 Ω 内满足拉普拉斯方程 $\Delta K = 0$。要使其满足定解条件，则必有

$$-\frac{1}{4\pi r_{MQ}} = \frac{q}{4\pi r_{MQ_1}}, \quad M \in \partial\Omega$$

由上式可得

$$q = -\frac{r_{MQ_1}}{r_{MQ}}$$

当 M 在 $r = R$ 上移动时，若这种方法可行，则 q 应与 M 无关。由式
（8.3.12）得

$$\frac{\overline{OQ}}{\overline{OM}} = \frac{\overline{OM}}{\overline{OQ_1}}$$

又因为 α 为公共角，所以三角形 $\triangle OMQ_1$ 与三角形 $\triangle OQM$ 相似，从而

$$\frac{\overline{MQ_1}}{\overline{MQ}}=\frac{\overline{OM}}{\overline{OQ}}=\frac{R}{\rho_0}$$

所以

$$q=-\frac{R}{\rho_0}(与\,M\,无关), 即\, K(M,Q)=-\frac{R}{4\pi\rho_0 r_{MQ_1}}$$

于是所求的格林函数为

$$G(M,Q)=\frac{1}{4\pi}\left(\frac{1}{r_{MQ}}-\frac{R}{\rho_0 r_{MQ_1}}\right), 其中\,\overline{OQ}\cdot\overline{OQ_1}=R^2$$

【例 8.3.2】 求解拉普拉斯方程的定解问题

$$\begin{cases}\Delta u=0, M\in\Omega=\{(x,y,z)\,|\,x^2+y^2+z^2<R^2\}\\ u\,|_{x^2+y^2+z^2=R^2}=f(M)\end{cases}$$

解　由解的表达式，对任意点 $Q\in\Omega$ 有

$$u(Q)=-\iint_{\partial\Omega}f(M)\frac{\partial G}{\partial n}\mathrm{d}S_M \tag{8.3.13}$$

以下计算 $\frac{\partial G}{\partial n}\big|_{\partial\Omega}$，因为

$$\frac{1}{r_{MQ}}=\frac{1}{\sqrt{\rho_0^2+\rho^2-2\rho\rho_0\cos\alpha}}$$

$$\frac{1}{r_{MQ_1}}=\frac{1}{\sqrt{\rho_1^2+\rho^2-2\rho\rho_1\cos\alpha}}$$

其中 $\rho_0=|OQ|$，$\rho_1=|OQ_1|$，$\rho=|OM|$。代入格林函数得

$$G(M,Q)=\frac{1}{4\pi}\left(\frac{1}{\sqrt{\rho_0^2+\rho^2-2\rho\rho_0\cos\alpha}}-\frac{R}{\rho_0\sqrt{\rho_1^2+\rho^2-2\rho\rho_1\cos\alpha}}\right)$$

利用 $\rho_0\rho_1=R^2$ 可得 $\frac{\partial G}{\partial n}\big|_{\partial\Omega}=\frac{\partial G}{\partial\rho}\big|_{\rho=R}=-\frac{1}{4\pi R}\frac{R^2-\rho_0^2}{(R^2+\rho_0^2-2R\rho_0\cos\alpha)^{3/2}}$

代入式（8.3.13）得

$$u(Q)=\frac{1}{4\pi R}\iint_{\partial\Omega}\frac{(R^2-\rho_0^2)f(M)}{(R^2+\rho_0^2-2R\rho_0\cos\alpha)^{3/2}}\mathrm{d}S_M$$

把 Q 和 M 互换即得解为

$$u(M)=\frac{1}{4\pi R}\iint_{\partial\Omega}\frac{(R^2-\rho_0^2)f(Q)}{(R^2+\rho_0^2-2R\rho_0\cos\alpha)^{3/2}}\mathrm{d}S_Q$$

（2）半空间区域的格林函数

【例 8.3.3】 求解拉普拉斯方程的定解问题

$$\begin{cases}\Delta u=0,\quad M\in\Omega=\{(x,y,z)\in\mathbf{R}^3\,|\,z>0\}\\ u\,|_{\partial\Omega(z=0)}=f(x,y),(x,y)\in\mathbf{R}^2\end{cases} \tag{8.3.14}$$

解　先求位势方程的第一边值问题关于该半空间区域的格林函数，为此求解定解问题

$$\begin{cases} \Delta K(M,Q)=0, & M(x,y,z), \quad Q(\xi,\eta,\zeta)\in\Omega \\ K\big|_{\partial\Omega}=-\dfrac{1}{4\pi r_{MQ}} \end{cases}$$

由于 $\Delta K=0$，故电荷不能在上半空间，只能在下半空间，如图 8.3.3 所示，在下半空间找一点 Q_1，在 Q_1 处放一电量为 q 的电荷。

由边界条件得

$$-\frac{1}{4\pi r_{MQ}}=\frac{q}{4\pi r_{MQ_1}}, \quad M\in\partial\Omega$$

$$q=-\frac{r_{MQ_1}}{r_{MQ}}=-1$$

所以 Q_1 的坐标应为 $(\xi,\eta,-\zeta)$，即 Q 与 Q_1 关于 $z=0$ 对称。从而，所求的格林函数为

$$G(M,Q)=\frac{1}{4\pi}\left(\frac{1}{r_{MQ}}-\frac{1}{r_{MQ_1}}\right)$$

为了求得定解问题（8.3.14）的解，先计算 $\dfrac{\partial G}{\partial n}\bigg|_{z=0}$，这里外法向量 $\boldsymbol{n}$ 是 z 轴的负方向，于是有

$$\frac{\partial G}{\partial n}\bigg|_{z=0}=-\frac{\partial G}{\partial z}\bigg|_{z=0}$$

$$=\frac{1}{4\pi}\left\{\frac{z-\zeta}{\left[(x-\xi)^2+(y-\eta)^2+(z-\zeta)^2\right]^{\frac{3}{2}}}-\frac{z+\zeta}{\left[(x-\xi)^2+(y-\eta)^2+(z+\zeta)^2\right]^{\frac{3}{2}}}\right\}_{z=0}$$

$$=-\frac{1}{2\pi}\frac{\zeta}{\left[(x-\xi)^2+(y-\eta)^2+\zeta^2\right]^{\frac{3}{2}}}$$

$$(8.3.15)$$

把式（8.3.15）代入解的公式（8.3.10）即得定解问题（8.3.14）的解为

$$u(Q)=\frac{1}{2\pi}\iint\limits_{-\infty}^{+\infty}\frac{\zeta f(x,y)}{\left[(x-\xi)^2+(y-\eta)^2+\zeta^2\right]^{\frac{3}{2}}}\mathrm{d}x\,\mathrm{d}y$$

习题8.3

8.3.1　求位势方程第一边值问题关于上半球域

$$\Omega: x^2+y^2+z^2<R^2, \quad z>0$$

的格林函数。

8.3.2 求二维位势方程第一边值问题关于以下区域的格林函数。

(1) 圆域 $x^2+y^2<R^2$；

(2) 上半平面 $-\infty<x<\infty$，$y>0$；

(3) 上半圆域 $x^2+y^2<R^2$，$y>0$。

8.3.3 仿照位势方程第一边值问题 (8.3.1) 的求解方法，导出二维泊松问题

$$\begin{cases} \Delta_2 u=f(x,y)，& (x,y)\in D \\ u|_{\partial D}=\varphi(x,y) \end{cases}$$

的求解公式。

8.4 含时间问题的格林函数

上节讨论了位势方程第一边值问题的格林函数法。对于波动与输运这类含时间的问题，同样可以由格林函数法求解。本节只导出这两类初值问题的格林函数，只给出定解问题解的积分表达式，证明从略。

8.4.1 波动方程的初值问题

(1) 一维波动初值问题的格林函数

考虑初值问题

$$\begin{cases} u_{tt}=a^2 u_{xx}+f(x,t)，& x\in\mathbf{R}，\quad t>0 \\ u|_{t=0}=\varphi(x)，\quad u_t|_{t=0}=\psi(x) \end{cases} \tag{8.4.1}$$

定解问题

$$\begin{cases} G_{tt}=a^2 G_{xx}+\delta(x-\xi,t-\tau)，& x\in\mathbf{R}，\quad t>0 \\ G|_{t=0}=0，\quad G_t|_{t=0}=0 \end{cases} \tag{8.4.2}$$

的解 $G=G(x,\xi,t,\tau)$ 称为定解问题 (8.4.1) 的格林函数。设 $f(x,t)$，$\varphi(x)$ 和 $\psi(x)$ 均为连续函数，则定解问题 (8.4.1) 的解的表达式为

$$u(x,t)=\frac{\partial}{\partial t}\int_{-\infty}^{+\infty}G(x,\xi,t,0)\varphi(\xi)\mathrm{d}\xi+\int_{-\infty}^{+\infty}G(x,\xi,t,0)\psi(\xi)\mathrm{d}\xi$$
$$+\int_0^t \mathrm{d}\tau\int_{-\infty}^{+\infty}G(x,\xi,t,\tau)f(\xi,\tau)\mathrm{d}\xi$$

格林函数的物理意义指在 $x=\xi$ 处和在 $t=\tau$ 时刻受到一瞬时力作用而产生的位移。在信号与系统中又称为冲击相应。根据 Duhamel 原理，式 (8.4.2) 的解可表示为以下定解问题的解

$$\begin{cases} G_{tt}=a^2 G_{xx}，& x\in\mathbf{R}，\quad t>\tau \\ G|_{t=\tau}=0，\quad G_t|_{t=\tau}=\delta(x-\xi) \end{cases} \tag{8.4.3}$$

对式（8.4.3）实施傅里叶变换，令 $\hat{G}=\mathcal{F}[G]$，则有

$$\begin{cases} \hat{G}_{tt}=-a^2\omega^2\hat{G}, t>\tau \\ \hat{G}\big|_{t=\tau}=0, \hat{G}_t\big|_{t=\tau}=\mathrm{e}^{-\mathrm{i}\omega\xi} \end{cases} \tag{8.4.4}$$

解之得通解为

$$\hat{G}=C\cos a\omega(t-\tau)+D\sin a\omega(t-\tau)$$

由式（8.4.4）的初始条件可得

$$\hat{G}=\frac{\sin a\omega(t-\tau)}{a\omega}\mathrm{e}^{-\mathrm{i}\omega\xi}$$

查傅里叶变换表得

$$\mathcal{F}[h(x)]=\frac{\sin a\omega(t-\tau)}{a\omega}, \quad h(x)=\begin{cases} \dfrac{1}{2a}, & |x|\leqslant a(t-\tau) \\ 0, & |x|>a(t-\tau) \end{cases}$$

另外，$\mathcal{F}[\delta(x-\xi)]=\mathrm{e}^{-\mathrm{i}\omega\xi}$。取傅里叶逆变换可得格林函数

$$G(x,\xi,t,\tau)=\mathcal{F}^{-1}[\hat{G}]=h(x)*\delta(x-\xi)=\int_{-\infty}^{+\infty}h(x-y)\delta(y-\xi)\mathrm{d}y$$

$$=h(x-\xi)=\begin{cases} \dfrac{1}{2a}, & |x-\xi|\leqslant a(t-\tau) \\ 0, & |x-\xi|>a(t-\tau) \end{cases}$$

把 $G(x,\xi,t,\tau)$ 代入上述解的表达式便可得第 3 章导出的达朗贝尔公式，以下以第三项为例说明导出过程。

$$\int_0^t \mathrm{d}\tau \int_{-\infty}^{+\infty} G(x,\xi,t,\tau)f(\xi,\tau)\mathrm{d}\xi=\int_0^t \mathrm{d}\tau \int_{|x-\xi|\leqslant a(t-\tau)} \frac{1}{2a}f(\xi,\tau)\mathrm{d}\xi$$

$$=\frac{1}{2a}\int_0^t \mathrm{d}\tau \int_{x-a(t-\tau)}^{x+a(t-\tau)} f(\xi,\tau)\mathrm{d}\xi$$

若规定 $f(x,t)=0(t<0)$，并令

$$K(x,t)=\begin{cases} \dfrac{1}{2a}, & |x|\leqslant at \\ 0, & |x|>at \end{cases}$$

则定解问题（8.4.1）的解还可以表示为如下卷积形式

$$u(x,t)=\frac{\partial}{\partial t}K(x,t)*\varphi(x)+K(x,t)*\psi(x)+K(x,t)*f(x,t)$$

解的表达式表明，连续分布所产生的场可通过瞬时冲击源所产生的场表示。在信号与系统中表示任意激励信号作用时的响应可以利用冲击响应和叠加原理求得，这也是卷积方法的原理。

（2）三维波动初值问题的格林函数

考虑波动方程的初值问题

$$\begin{cases} u_{tt} = a^2 \Delta u + f(M, t), & M(x, y, z) \in \mathbf{R}^3, \quad t > 0 \\ u\big|_{t=0} = \varphi(M), \quad u_t\big|_{t=0} = \psi(M) \end{cases} \quad (8.4.5)$$

定解问题

$$\begin{cases} G_{tt} = a^2 \Delta G + \delta(M - Q, t - \tau), & M(x, y, z), \quad Q(\xi, \eta, \zeta) \in \mathbf{R}^3, \quad t > 0 \\ G\big|_{t=0} = 0, \quad G_t\big|_{t=0} = 0 \end{cases}$$

$$(8.4.6)$$

的解 $G = G(M, Q, t, \tau) = G(x, y, z, \xi, \eta, \zeta, t, \tau)$ 称为定解问题（8.4.5）的格林函数。

设 $f(M, t)$，$\varphi(M)$ 和 $\psi(M)$ 均为连续函数，则定解问题（8.4.5）的解的表达式为

$$\begin{aligned} u(M, t) = u(x, y, z, t) &= \frac{\partial}{\partial t} \iiint\limits_{-\infty}^{+\infty} G(M, Q, t, 0) \varphi(\xi, \eta, \zeta) \mathrm{d}\xi \mathrm{d}\eta \mathrm{d}\zeta \\ &+ \iiint\limits_{-\infty}^{+\infty} G(M, Q, t, 0) \psi(\xi, \eta, \zeta) \mathrm{d}\xi \mathrm{d}\eta \mathrm{d}\zeta \\ &+ \int_0^t \mathrm{d}\tau \iiint\limits_{-\infty}^{+\infty} G(M, Q, t, \tau) f(\xi, \eta, \zeta, \tau) \mathrm{d}\xi \mathrm{d}\eta \mathrm{d}\zeta \end{aligned}$$

因此只要求出初值问题（8.4.6）的解，便可求得定解问题（8.4.5）的解。由 Duhamel 原理得，式(8.4.6) 的解可化为以下初值问题的解

$$\begin{cases} G_{tt} = a^2 \Delta G, & M \in \mathbf{R}^3, \quad t > \tau \\ G\big|_{t=\tau} = 0, \quad G_t\big|_{t=\tau} = \delta(x - \xi, y - \eta, z - \zeta) \end{cases} \quad (8.4.7)$$

对式(8.4.7) 实施三重的傅里叶变换，令

$$\hat{G} = \hat{G}(\omega_1, \omega_2, \omega_3, t) = \mathcal{F}[G(x, y, z, t)] = \iiint\limits_{-\infty}^{+\infty} G(x, y, z, t) \mathrm{e}^{-\mathrm{i}(\omega_1 x + \omega_2 y + \omega_3 z)} \mathrm{d}x \mathrm{d}y \mathrm{d}z$$

则有

$$\begin{cases} \hat{G}_{tt} = -a^2 \rho^2 \hat{G}, & \rho^2 = \omega_1^2 + \omega_2^2 + \omega_3^2 \\ \hat{G}\big|_{t=\tau} = 0, \quad \hat{G}_t\big|_{t=\tau} = \mathrm{e}^{-\mathrm{i}(\omega_1 \xi + \omega_2 \eta + \omega_3 \zeta)} \end{cases} \quad (8.4.8)$$

式(8.4.8) 的通解为

$$\hat{G} = A \cos a\rho(t - \tau) + B \sin a\rho(t - \tau)$$

由式(8.4.8) 的初始条件可得

$$\hat{G} = \frac{\sin a\rho(t - \tau)}{a\rho} \mathrm{e}^{-\mathrm{i}(\omega_1 \xi + \omega_2 \eta + \omega_3 \zeta)}$$

由习题 8.1.5 可得

$$\mathcal{F}^{-1}\left[\frac{\sin a\rho(t-\tau)}{a\rho}\right]=\frac{\delta[r-a(t-\tau)]}{4\pi ar}, \quad r^2=x^2+y^2+z^2$$

另外，由于 $\delta(x)=\dfrac{1}{2\pi}\displaystyle\int_{-\infty}^{+\infty}e^{i\omega x}\,d\omega$，故有

$$\mathcal{F}^{-1}\left[e^{-i(\omega_1\xi+\omega_2\eta+\omega_3\zeta)}\right]=\frac{1}{(2\pi)^3}\iiint_{-\infty}^{+\infty}e^{-i(\omega_1\xi+\omega_2\eta+\omega_3\zeta)}e^{i(\omega_1 x+\omega_2 y+\omega_3 z)}\,d\omega_1\,d\omega_2\,d\omega_3$$

$$=\frac{1}{(2\pi)^3}\iiint_{-\infty}^{+\infty}e^{i[\omega_1(x-\xi)+\omega_2(y-\eta)+\omega_3(z-\zeta)]}\,d\omega_1\,d\omega_2\,d\omega_3$$

$$=\delta(x-\xi,y-\eta,z-\zeta)$$

于是，取傅里叶逆变换可得

$$G=\mathcal{F}^{-1}[\hat{G}]=\frac{1}{4\pi ar}\delta[r-a(t-\tau)]*\delta(x-\xi,y-\eta,z-\zeta)$$

$$=\frac{1}{4\pi ar_{MQ}}\delta[r_{MQ}-a(t-\tau)]$$

其中，$r_{MQ}=\sqrt{(x-\xi)^2+(y-\eta)^2+(z-\zeta)^2}$。

若规定 $f(x,t)=0(t<0)$，并令

$$K(x,y,z,t)=\frac{1}{4\pi a\sqrt{x^2+y^2+z^2}}\delta(\sqrt{x^2+y^2+z^2}-at)$$

则定解问题 (8.4.5) 的解又可表示为如下卷积形式

$$u(M,t)=\frac{\partial}{\partial t}K(x,y,z,t)*\varphi(x,y,z)+K(x,y,z,t)*\psi(x,y,z)$$
$$+K(x,y,z,t)*f(x,y,z,t)$$

把格林函数代入解的表达式可得 3.2 的 Kirchhoff 公式，以下以第三项为例
说明导出过程。

$$\int_0^t d\tau\iiint_{-\infty}^{+\infty}G(M,Q,t,\tau)f(\xi,\eta,\zeta,\tau)\,d\xi d\eta d\zeta$$

$$=\int_0^t d\tau\iiint_{-\infty}^{+\infty}\frac{1}{4\pi ar_{MQ}}\delta[r_{MQ}-a(t-\tau)]f(\xi,\eta,\zeta,\tau)\,d\xi d\eta d\zeta$$

$$=\int_0^t d\tau\int_0^{+\infty}dr\iint_{S_r^M}\frac{1}{4\pi ar}\delta[r-a(t-\tau)]f(\xi,\eta,\zeta,\tau)\,dS$$

（S_r^M 为以 M 为球心，r 为半径的球面）

$$=\frac{1}{4\pi a}\int_0^t d\tau\iint_{S_{a(t-\tau)}^M}\frac{f(\xi,\eta,\zeta,\tau)}{a(t-\tau)}\,dS\text{（由 δ 函数的性质）}$$

（作变换 $a(t-\tau)=r$）

$$= \frac{1}{4\pi a^2} \int_0^{at} \mathrm{d}r \iint_{S_r^M} \frac{f\left(\xi, \eta, \zeta, t - \dfrac{r}{a}\right)}{r} \mathrm{d}S$$

$$= \frac{1}{4\pi a^2} \iiint_{T_{at}^M} \frac{f\left(\xi, \eta, \zeta, t - \dfrac{r}{a}\right)}{r} \mathrm{d}V$$

其中，T_{at}^M 表示以 M 为球心 at 为半径的球。这正是三维非齐次 Kirchhoff 公式的第三项。

8.4.2　热传导方程的初值问题

（1）一维热传导初值问题的格林函数

考虑初值问题

$$\begin{cases} u_t = a^2 u_{xx} + f(x,t), & x \in \mathbf{R}, \quad t > 0 \\ u\big|_{t=0} = \varphi(x) \end{cases} \tag{8.4.9}$$

定解问题

$$\begin{cases} G_t = a^2 G_{xx} + \delta(x - \xi, t - \tau), & x \in \mathbf{R}, \quad t > 0 \\ G\big|_{t=0} = 0 \end{cases} \tag{8.4.10}$$

的解 $G = G(x, \xi, t, \tau)$ 称为定解问题（8.4.9）的格林函数。设 $f(x,t)$ 和 $\varphi(x)$ 均为连续函数，则定解问题（8.4.9）的解的表达式为

$$u(x,t) = \int_{-\infty}^{+\infty} G(x, \xi, t, 0) \varphi(\xi) \mathrm{d}\xi + \int_0^t \mathrm{d}\tau \int_{-\infty}^{+\infty} G(x, \xi, t, \tau) f(\xi, \tau) \mathrm{d}\xi$$

根据 Duhamel 原理，式（8.4.10）的解可表示为以下定解问题的解

$$\begin{cases} G_t = a^2 G_{xx}, & x \in \mathbf{R}, \quad t > \tau \\ G\big|_{t=\tau} = \delta(x - \xi) \end{cases} \tag{8.4.11}$$

对式（8.4.11）实施傅里叶变换，令 $\hat{G} = \mathcal{F}[G]$，则有

$$\begin{cases} \hat{G}_t = -a^2 \omega^2 \hat{G}, & t > \tau \\ \hat{G}\big|_{t=\tau} = \mathrm{e}^{-\mathrm{i}\omega\xi} \end{cases} \tag{8.4.12}$$

解之得通解为

$$\hat{G} = \mathrm{e}^{-\mathrm{i}\omega\xi} \mathrm{e}^{-a^2 \omega^2 (t - \tau)}$$

查傅里叶变换表得

$$\mathcal{F}\left[\frac{1}{\sqrt{2\pi}\sigma} \mathrm{e}^{-\frac{x^2}{2\sigma^2}} \right] = \mathrm{e}^{-\frac{\omega^2 \sigma^2}{2}}$$

取 $\sigma^2 = 2a^2(t - \tau)$ 可得

$$\mathcal{F}\left[\frac{1}{2a\sqrt{\pi(t - \tau)}} \mathrm{e}^{-\frac{x^2}{4a^2(t - \tau)}} \right] = \mathrm{e}^{-a^2 \omega^2 (t - \tau)}$$

取傅里叶逆变换，并注意到 $\mathcal{F}[\delta(x-\xi)]=e^{-i\omega\xi}$，可得格林函数

$$G(x,\xi,t,\tau)=\mathcal{F}^{-1}[\hat{G}]=\frac{1}{2a\sqrt{\pi(t-\tau)}}e^{-\frac{x^2}{4a^2(t-\tau)}}*\delta(x-\xi)$$

$$=\frac{1}{2a\sqrt{\pi(t-\tau)}}\int_{-\infty}^{+\infty}e^{-\frac{(x-y)^2}{4a^2(t-\tau)}}\delta(y-\xi)dy=\frac{1}{2a\sqrt{\pi(t-\tau)}}e^{-\frac{(x-\xi)^2}{4a^2(t-\tau)}}$$

把 $G(x,\xi,t,\tau)$ 代入上述解的表达式便可得定解问题（8.4.9）的解，参见例 7.3.5。

若规定 $f(x,t)=0(t<0)$，并令

$$K(x,t)=\begin{cases}\dfrac{1}{2a\sqrt{\pi t}}e^{-\frac{x^2}{4a^2 t}}, & t>0\\[2mm] 0, & t\leq 0\end{cases}$$

则定解问题（8.4.9）的解还可以表示为如下卷积形式

$$\boxed{u(x,t)=K(x,t)*\varphi(x)+K(x,t)*f(x,t)}$$

（2）三维热传导初值问题的格林函数

考虑热传导方程的初值问题

$$\begin{cases}u_t=a^2\Delta u+f(M,t), & M\in\mathbf{R}^3, \quad t>0\\ u\big|_{t=0}=\varphi(M)\end{cases}\tag{8.4.13}$$

定解问题

$$\begin{cases}G_t=a^2\Delta G+\delta(M-Q,t-\tau), & M(x,y,z),\quad Q(\xi,\eta,\zeta)\in\mathbf{R}^3, \quad t>0\\ G\big|_{t=0}=0\end{cases}$$

$$\tag{8.4.14}$$

的解 $G=G(M,Q,t,\tau)=G(x,y,z,\xi,\eta,\zeta,t,\tau)$ 称为定解问题（8.4.13）的格林函数。

设 $f(M,t)$ 和 $\varphi(M)$ 连续，则定解问题（8.4.13）的解可表示为

$$u(M,t)=\iiint_{-\infty}^{+\infty}G(x,y,z,\xi,\eta,\zeta,t,0)\varphi(\xi,\eta,\zeta)d\xi d\eta d\zeta$$

$$+\int_0^t d\tau\iiint_{-\infty}^{+\infty}G(x,y,z,\xi,\eta,\zeta,t,\tau)f(\xi,\eta,\zeta,\tau)d\xi d\eta d\zeta$$

根据 Duhamel 原理，式（8.4.14）的解可化为以下定解问题的解

$$\begin{cases}G_t=a^2\Delta G, & M\in\mathbf{R}^3, \quad t>\tau\\ G\big|_{t=\tau}=\delta(x-\xi,y-\eta,z-\zeta)\end{cases}\tag{8.4.15}$$

对式（8.4.15）实施三重傅里叶变换，令

$$\hat{G}=\hat{G}(\omega_1,\omega_2,\omega_3,t)=\mathcal{F}[G(x,y,z,t)]=\iiint\limits_{-\infty}^{+\infty} G(x,y,z,t)\mathrm{e}^{-\mathrm{i}(\omega_1 x+\omega_2 y+\omega_3 z)}\,\mathrm{d}x\,\mathrm{d}y\,\mathrm{d}z$$

则有

$$\begin{cases} \hat{G}_t=-a^2(\omega_1^2+\omega_2^2+\omega_3^2)\hat{G}, & t>\tau \\ \hat{G}\,\big|_{t=\tau}=\mathrm{e}^{-\mathrm{i}(\omega_1\xi+\omega_2\eta+\omega_3\zeta)} \end{cases} \tag{8.4.16}$$

解之得 $\hat{G}=\mathrm{e}^{-\mathrm{i}(\omega_1\xi+\omega_2\eta+\omega_3\zeta)}\cdot\mathrm{e}^{-a^2(\omega_1^2+\omega_2^2+\omega_3^2)(t-\tau)]}$，取傅里叶逆变换得

$$G(M,Q,t,\tau)=G(x,y,z,\xi,\eta,\zeta,t,\tau)$$

$$=\mathcal{F}^{-1}[\hat{G}]=\frac{1}{(2\pi)^3}\iiint\limits_{-\infty}^{+\infty}\mathrm{e}^{-\mathrm{i}(\omega_1\xi+\omega_2\eta+\omega_3\zeta)}\,\mathrm{e}^{-a^2(\omega_1^2+\omega_2^2+\omega_3^2)(t-\tau)}\,\mathrm{e}^{\mathrm{i}(\omega_1 x+\omega_2 y+\omega_3 z)}\,\mathrm{d}\omega_1\,\mathrm{d}\omega_2\,\mathrm{d}\omega_3$$

$$=\frac{1}{(2\pi)^3}\iiint\limits_{-\infty}^{+\infty}\mathrm{e}^{\mathrm{i}[\omega_1(x-\xi)+\omega_2(y-\eta)+\omega_3(z-\zeta)]}\,\mathrm{e}^{-a^2(\omega_1^2+\omega_2^2+\omega_3^2)(t-\tau)]}\,\mathrm{d}\omega_1\,\mathrm{d}\omega_2\,\mathrm{d}\omega_3$$

$$=\left[\frac{1}{2\pi}\int_{-\infty}^{+\infty}\mathrm{e}^{-a^2\omega_1^2(t-\tau)}\,\mathrm{e}^{\mathrm{i}\omega_1(x-\xi)}\,\mathrm{d}\omega_1\right]\cdot\left[\frac{1}{2\pi}\int_{-\infty}^{+\infty}\mathrm{e}^{-a^2\omega_2^2(t-\tau)}\,\mathrm{e}^{\mathrm{i}\omega_2(x-\eta)}\,\mathrm{d}\omega_2\right]\cdot$$

$$\left[\frac{1}{2\pi}\int_{-\infty}^{+\infty}\mathrm{e}^{-a^2\omega_3^2(t-\tau)}\,\mathrm{e}^{\mathrm{i}\omega_3(x-\zeta)}\,\mathrm{d}\omega_3\right]$$

$$=\left[\frac{1}{2a\sqrt{\pi(t-\tau)}}\right]^3\mathrm{e}^{-\frac{(x-\xi)^2+(y-\eta)^2+(z-\zeta)^2}{4a^2(t-\tau)}}\quad(\text{由一维的结果})$$

若规定 $f(x,y,z,t)=0(t<0)$，并令

$$K(x,y,z,t)=\begin{cases}\left(\dfrac{1}{2a\sqrt{\pi t}}\right)^3\mathrm{e}^{-\frac{x^2+y^2+z^2}{4a^2 t}}, & t>0 \\ 0, & t\leqslant 0\end{cases}$$

则定解问题（8.4.13）的解还可表示为卷积的形式：

$$u(M,t)=K(M,t)*\varphi(M)+K(M,t)*f(M,t)$$
$$=K(x,y,z,t)*\varphi(x,y,z)+K(x,y,z,t)*f(x,y,z,t)$$

习题8.4

利用本节得到的格林公式导出第 3 章关于波动方程解的达朗贝尔公式和 Kirchhoff 公式。

---- 第9章 ----

数值求解法

本章要求

（1）理解差分法的基本思想，会用差分法求解波动方程，热传导方程及位势方程的简单定解问题；

（2）掌握同步迭代法和异步迭代法求解简单位势方程。

前面讨论了几种求解数学物理方程定解问题的求解方法，主要包括：求通解法、行波法、分离变量法、积分变换法及格林函数法。这些方法只有当方程比较简单而求解区域又很规则时才有可能应用，这些方法的优点在于可求出准确解。然而工程技术中遇到的定解问题往往方程比较复杂，求解区域不很规则，以至于无法求出准确解。因此大多数问题均需采用数值解法。

求解数学物理方程定解问题常用的数值方法有差分法、有限元法和变分法。本章只对差分法作简要介绍。与前面介绍的解析方法不同，数值方法不能得到整个求解区域所有点均能满足的解的表达式，而只能得到求解区域内网格化后离散节点处解的近似值。本章将把这种方法用于三种类型偏微分方程（波动方程、热传导方程及位势方程）的求解。

由微分学中导数的定义可知，函数的导数是函数的增量与自变量的增量之比的极限，定义如下

$$u'(x) = \lim_{h \to 0} \frac{u(x+h) - u(x)}{h} = \lim_{h \to 0} \frac{u(x) - u(x-h)}{h}$$

对于充分光滑的函数，利用泰勒公式有

$$u(x+h) = u(x) + hu'(x) + \frac{1}{2}h^2 u''(x) + o(h^2)$$

$$u(x-h) = u(x) - hu'(x) + \frac{1}{2}h^2 u''(x) + o(h^2)$$

两式相加得

$$u(x+h) + u(x-h) = 2u(x) + h^2 u''(x) + o(h^2)$$

从而当 $|h|$ 充分小时，$u'(x)$ 可近似地用差商

$$\frac{u(x+h)-u(x)}{h} \quad \text{或} \quad \frac{u(x)-u(x-h)}{h}$$

代替，$u''(x)$ 可近似地用差商

$$\frac{u(x+h)-2u(x)+u(x-h)}{h^2}$$

代替，从而一维微分方程可用一个差分方程来代替。

9.1　波动方程的差分解法

本节讨论波动方程的定解问题——弦振动的混合问题

$$\begin{cases} \dfrac{\partial^2 u}{\partial t^2}=a^2\dfrac{\partial^2 u}{\partial x^2}+f(x,t), & 0<x<l, \quad 0<t<T \\ u|_{t=0}=\varphi(x), \quad u_t|_{t=0}=\psi(x), & 0\leqslant x\leqslant l \\ u|_{x=0}=\mu(t), \quad u|_{x=l}=\nu(t), & 0\leqslant t\leqslant T \end{cases} \tag{9.1.1}$$

其中，$\varphi(x)$，$\psi(x)$，$\mu(t)$ 和 $\nu(t)$ 均为已知的连续函数，并满足相容性条件 $\varphi(0)=\mu(0)$，$\varphi(l)=\nu(0)$。初边值问题（9.1.1）的求解区域为 $G=[0,l]\times[0,T]$，即图 9.1.1 所示的区域。

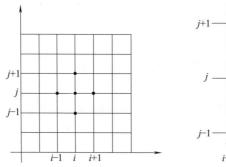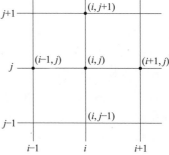

图 9.1.1

令 $h=\dfrac{l}{m}$，$\tau=\dfrac{T}{n}$，作两组平行线

$$x=x_i=ih, \quad i=0,1,\cdots,m$$

$$t=t_j=j\tau, \quad j=0,1,\cdots,n$$

两族平行线称为**网格线**，其交点称为**节点**，在求解区域内的节点称为**内节点**，在边界上的节点称为**边界节点**，h 和 τ 分别称为**空间步长**和**时间步长**。解 $u(x,t)$ 在节点 (x_i,t_j) 处的值 $u(x_i,t_j)$ 的近似值记作 $u_{i,j}$，令 $f_{ij}=$

$f(x_i,t_j)$。由初始条件知

$$\begin{cases} u_{i,0}=u(x_i,0)=\varphi(x_i), \quad i=0,1,\cdots,m \\ u_{0,j}=u(0,t_j)=\mu(t_j), \\ u_{m,j}=u(l,t_j)=\nu(t_j), \quad j=0,1,\cdots,n \end{cases}$$

差分方法的目的是求内节点处的近似值 $u_{i,j}$。在 G 内节点 (x_i,t_j) 处将微

分方程 (9.1.1) 的偏导数 $\dfrac{\partial^2 u}{\partial t^2}$ 和 $\dfrac{\partial^2 u}{\partial x^2}$ 分别用

$$\frac{u(x_i,t_j+\tau)-2u(x_i,t_j)+u(x_i,t_j-\tau)}{\tau^2}=\frac{u_{i,j+1}-2u_{i,j}+u_{i,j-1}}{\tau^2}$$

$$\frac{u(x_i+h,t_j)-2u(x_i,t_j)+u(x_i-h,t_j)}{h^2}=\frac{u_{i+1,j}-2u_{i,j}+u_{i-1,j}}{h^2}$$

代替，同时令 $\omega=a\dfrac{\tau}{h}$，于是式 (9.1.1) 中的微分方程化为差分方程

$$u_{i,j+1}=\omega^2(u_{i-1,j}+u_{i+1,j})-2(1-\omega^2)u_{ij}-u_{i,j-1}+\tau^2 f_{ij}$$

$$(i=1,2,\cdots,n-1; \quad j=1,2,\cdots,m)$$
(9.1.2)

此式称为**显式格式**，在边界处的初始条件和边界条件为

$$\begin{cases} u_{i,0}=\varphi(x_i), \\ u_{i,1}-u_{i,0}=\psi(x_i)\tau, \quad i=0,1,\cdots,m \\ u_{0,j}=\mu(t_j),u_{n,j}=\nu(t_j), \quad j=0,1,\cdots,n \end{cases}$$

这样就把解定解问题 (9.1.1) 化为求解代数方程组 (9.1.2)。第 0 层 ($j=0$)
和第一层 ($j=1$) 节点处的值由初始条件和边值 $u_{0,0}=\mu(0)$ 和 $u_{m,0}=\nu(0)$ 得
到，代入式 (9.1.2) 再利用边值 $u_{0,1}=\mu(t_1)$ 和 $u_{n,1}=\nu(t_1)$ 可求得 $u(x,t)$
在第二层节点处的值 $u_{i,2}(i=0,1,\cdots,m-1)$。如此下去可逐层求得定解问题
(9.1.1) 的近似解。可以证明，当 $a\dfrac{\tau}{h}\leqslant1$ 时，差分格式 (9.1.2) 不仅是稳定
的，而且是收敛的。只要定解条件中的函数满足一定的光滑条件，差分方程
(9.1.2) 的解必收敛于原定解问题的解。

9.2 热传导方程的差分解法

本节讨论热传导方程的差分法求解，这里选择第一边值问题

$$\begin{cases} \dfrac{\partial u}{\partial t}=a^2\dfrac{\partial^2 u}{\partial x^2}+f(x,t), & 0<x<l, \quad 0<t<T \\ u|_{t=0}=\varphi(x), & 0\leqslant x\leqslant l \\ u|_{x=0}=\mu(t), \quad u|_{x=l}=\nu(t), & 0\leqslant t\leqslant T \end{cases}$$

(9.2.1)

其中，$\varphi(x)$，$\mu(t)$ 和 $\nu(t)$ 都是已知的连续函数，且满足相容性条件 $\varphi(0)=\mu(0)$，$\varphi(l)=\nu(0)$。作两族平行线把求解区域 $G=[0,l]\times[0,T]$（如图 9.2.1）进行分割。两族平行线为

$$x=x_i=ih，\quad i=0,1,\cdots,m\quad\left(m=\frac{l}{h}\right)$$

$$t=t_j=j\tau，\quad j=0,1,\cdots,n\quad\left(n=\frac{T}{\tau}\right)$$

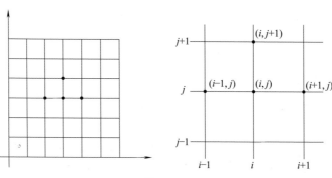

图 9.2.1

用 $u_{i,j}$ 表示解 $u(x,t)$ 在节点 (x_i,t_j) 处的值 $u(x_i,t_j)$ 的近似值，令 $f_{ij}=f(x_i,t_j)$。由初始条件知

$$\begin{cases} u_{i,0}=u(x_i,0)=\varphi(x_i)，\quad i=0,1,\cdots,m \\ u_{0,j}=u(0,t_j)=\mu(t_j)， \\ u_{m,j}=u(l,t_j)=\nu(t_j)，\quad j=0,1,\cdots,n \end{cases}$$

在 G 内节点 (x_i,t_j) 处将微分方程（9.2.1）的偏导数 $\dfrac{\partial u}{\partial t}$ 和 $\dfrac{\partial^2 u}{\partial x^2}$ 分别用

$$\frac{u(x_i,t_j+\tau)-u(x_i,t_j)}{\tau}=\frac{u_{i,j+1}-u_{i,j}}{\tau}$$

$$\frac{u(x_i+h,t_j)-2u(x_i,t_j)+u(x_i-h,t_j)}{h^2}=\frac{u_{i+1,j}-2u_{i,j}+u_{i-1,j}}{h^2}$$

代替，同时令 $r=a^2\dfrac{\tau}{h^2}$，于是式（9.2.1）中的微分方程化为差分方程

$$\begin{array}{r} u_{i,j+1}=ru_{i-1,j}+(1-2r)u_{i,j}+ru_{i+1,j}+\tau f_{ij} \\ (i=1,2,\cdots,m-1;\quad j=0,1,2,\cdots,n-1) \end{array} \tag{9.2.2}$$

此式称为显式的差分格式。

由于 $u_{i,0}$（0 层）的值已知，由式（9.2.2）和边值 $u_{0,0}=\mu(0)$ 和 $u_{m,0}=\nu(0)$ 可求得 $u_{i,1}(i=1,2,\cdots,m-1)$（1 层）的值。以此类推，可逐层求出其他层的节

点处的值 $(u_{0,j}, u_{1,j}, \cdots, u_{m,j})^{\mathrm{T}}, (j=1,2,\cdots,n)$。

9.3　位势方程的差分解法

本节讨论泊松方程的第一边值问题

$$\begin{cases} \dfrac{\partial^2 u}{\partial x^2}+\dfrac{\partial^2 u}{\partial y^2}=f(x,y), & (x,y)\in G \\[2mm] u\big|_{\Gamma}=\varphi(x,y), & (x,y)\in \Gamma \end{cases} \tag{9.3.1}$$

其中求解区域 G 是 x, y 平面内由分段光滑的已知曲线 Γ 围成的单连通区域，$f(x,y)$，$\varphi(x,y)$ 为已知函数，$u=u(x,y)$ 为未知函数。

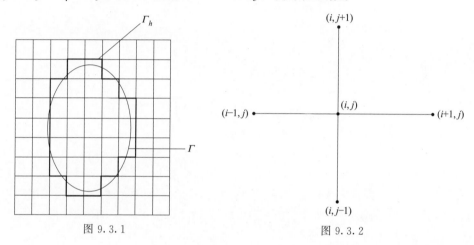

图 9.3.1　　　　　　　　　　　图 9.3.2

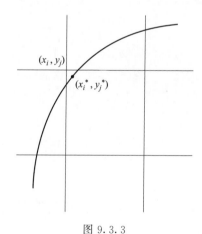

图 9.3.3

与前两节类似，用两族平行线

$$x=x_0+ih, \quad i=0,\pm1,\pm2,\cdots$$

和
$$y = y_0 + j\tau, \quad j = 0, \pm 1, \pm 2, \cdots$$

分割 x，y 平面，我们只计算在 G 中的网点 $(x_i, y_j) = (x_0 + ih, y_0 + j\tau)$ 处解 $u(x_i, y_j)$ 的近似值 $u_{i,j}$。为简便起见，以下取 x 方向和 y 方向的步长相同，即 $h = \tau$，此时网格变为方格。用 Γ_h 表示与 Γ 最近的网点的连线所成的封闭折线，如图 9.3.1 中粗线所示。Γ_h 所围得区域记作 G_h，显然 G_h 是一个与区域 G 很近似的区域。

现在来导出差分方程，为此我们采用以下两个二阶导数的近似式：

$$\left.\frac{\partial^2 u}{\partial x^2}\right|_{(x_i, y_j)} \approx \frac{u(x_i + h, y_j) - 2u(x_i, y_j) + u(x_i - h, y_j)}{h^2} = \frac{u_{i+1,j} - 2u_{i,j} + u_{i-1,j}}{h^2}$$

和

$$\left.\frac{\partial^2 u}{\partial y^2}\right|_{(x_i, y_j)} \approx \frac{u(x_i, y_j + h) - 2u(x_i, y_j) + u(x_i, y_j - h)}{h^2} = \frac{u_{i,j+1} - 2u_{i,j} + u_{i,j-1}}{h^2}$$

代入方程（9.3.1）可得差分方程

$$u_{i+1,j} + u_{i,j+1} + u_{i-1,j} + u_{i,j-1} - 4u_{i,j} = h^2 f_{ij}, \quad f_{ij} = f(x_i, y_j) \quad (9.3.2)$$

可以证明方程组（9.3.2）的解存在且唯一。当步长很小时，差分方程未知数较多，直接求解法（如高斯消去法）会占用计算机的大量内存空间而不适用，通常采用迭代方法。为了采用迭代方法，通常把方程（9.3.2）改为以下形式（如图 9.3.2）

$$u_{i,j} = \frac{u_{i,j+1} + u_{i,j-1} + u_{i-1,j} + u_{i+1,j} - h^2 f_{ij}}{4} = \frac{上 + 下 + 左 + 右 - h^2 f_{ij}}{4}$$

$$(9.3.3)$$

现在的问题是怎样用 Γ 上的边值条件确定在 Γ_h 上节点处的值作为差分方程的边值条件。为此，对 Γ_h 上的任一节点 (x_i, y_j) 我们在 Γ 上找一个与 Γ 距离最近的点 (x_i^*, y_j^*)（如图 9.3.3），我们规定

$$u|_{(x_i, y_j) \in \Gamma_h} = \varphi(x_i^*, y_j^*) \quad (9.3.4)$$

这样就给出了 Γ_h 上每个节点处的近似值，以此作为求解差分方程的边值。

9.3.1　同步迭代法

该方法首先任意给定 G_h 内节点 (x_i, y_j) 处的数值作为解的零次近似 $\{u_{i,j}^{(0)}\}$，把这组数代入式（9.3.3）右端得

$$u_{i,j}^{(1)} = \frac{1}{4}\left[u_{i,j+1}^{(0)} + u_{i,j-1}^{(0)} + u_{i-1,j}^{(0)} + u_{i+1,j}^{(0)} - h^2 f_{ij}\right]$$

称为解的一次近似，其中涉及边界上的值时，均用式（9.3.4）来计算。一般地，

若已得到 k 次近似 $\{u_{i,j}^{(k)}\}$，则可由公式

$$u_{i,j}^{(k+1)}=\frac{1}{4}\big[u_{i,j+1}^{(k)}+u_{i,j-1}^{(k)}+u_{i-1,j}^{(k)}+u_{i+1,j}^{(k)}-h^2f_{ij}\big] \qquad (9.3.5)$$

得到第 $k+1$ 次近似 $\{u_{i,j}^{(k+1)}\}$，如此下去可得一近似解序列。可以证明，无论零次近似 $\{u_{i,j}^{(0)}\}$ 如何选取，当 $k\to\infty$ 时，此序列收敛于差分方程的解，因此当 k 足够大时 $\{u_{i,j}^{(k)}\}$ 就是所求得的近似解。

通常对于适当小的控制参数 $\varepsilon>0$，当最大误差

$$\max_{i,j}|u_{i,j}^{(k)}-u_{i,j}^{(k-1)}|<\varepsilon$$

满足时可结束迭代运算。一般来说，同步迭代的收敛速度较慢，为加快收敛速度，常常采用异步迭代法。

9.3.2　异步迭代法

异步迭代的基本思想是首先将网格区域的节点按一定的顺序排列，并逐个按顺序进行迭代，通常每一层从左到右依次迭代，然后到上一层用同一顺序进行迭代，如图 9.3.4 所示。在计算 $k+1$ 次近似值 $\{u_{i,j}^{(k+1)}\}$ 时，如图 9.3.3 所示的四个相邻节点中有些节点处的第 $k+1$ 次近似已求得，就用这些值代替式（9.3.5）右端原来的第 k 次近似值。如在求节点 (x_i,y_j) 处第 $k+1$ 次近似值 $\{u_{i,j}^{(k+1)}\}$ 时，其周围四个相邻节点中的左边节点 (x_{i-1},y_j) 和下方节点处的第 $k+1$ 次近似值已求得，而另外两个节点 (x_{i+1},y_j)（右方）和 (x_i,y_{j+1})（上方）处还是 k 次近似值。故异步迭代法相应的迭代公式为

$$u_{i,j}^{(k+1)}=\frac{1}{4}\big[u_{i,j+1}^{(k)}+u_{i,j-1}^{(k+1)}+u_{i-1,j}^{(k+1)}+u_{i+1,j}^{(k)}-h^2f_{ij}\big]$$

此时边界节点处的值仍用式（9.3.4）计算。

由于异步迭代法中有一半使用了迭代的新值，因此其收敛速度较同步迭代法快一倍左右。因此，异步迭代法常用来求解拉普拉斯定解问题。

上面仅就第一边值条件介绍了拉普拉斯定解问题的差分方法，对于第二和第三边值条件，怎样用差分方程求解？这里的关键问题是边界条件中的方向导数的处理，有关这部分内容，读者可以参考相关数值分析教材。

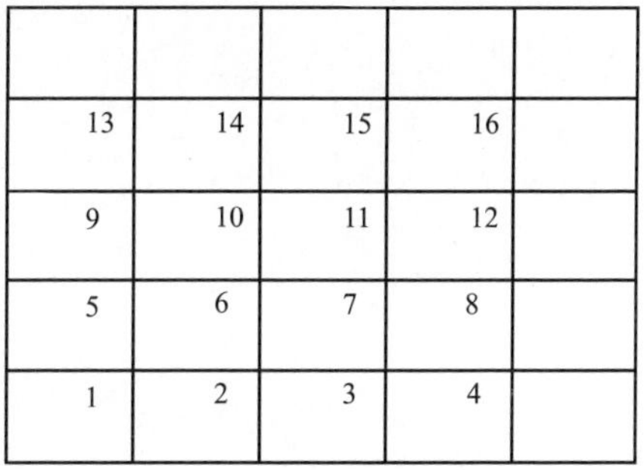

13	14	15	16
9	10	11	12
5	6	7	8
1	2	3	4

图 9.3.4

【例 9.3.1】　设 G 为如图 9.3.5 所示的区域，用同步迭代法求解定解问题

$$
\begin{cases}
\dfrac{\partial^2 u}{\partial x^2} + \dfrac{\partial^2 u}{\partial y^2} = 0, & (x,y) \in G \\[2mm]
u\big|_{x=0} = y(1-y), \quad u\big|_{y=0} = x(1-x) \\[2mm]
x \in [0,1], \quad y \in [0,1] \\[2mm]
u = 0, \quad (x,y) \in ABCDE
\end{cases}
$$

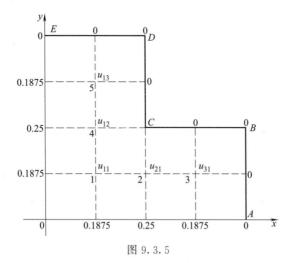

图 9.3.5

解 取 $h = \tau = \dfrac{1}{4}$，边界条件及节点编号如图 9.3.5 所示。由于节点不多，零次近似为边界值的平均值，即

$$
u_{i,j}^{(0)} = \frac{1}{16}(0 \times 4 + 0.1875 \times 4 + 0.25 \times 2) \approx 0.0781
$$

利用同步迭代公式

$$
u_{i,j}^{(k+1)} = \frac{1}{4}\big[u_{i,j+1}^{(k)} + u_{i,j-1}^{(k)} + u_{i-1,j}^{(k)} + u_{i+1,j}^{(k)}\big] = \frac{1}{4}(上+下+左+右)
$$

进行计算得

$$
u_{1,1}^{(1)} = \frac{1}{4}[0.1875 \times 2 + 0.0781 \times 2] = 0.1328
$$

$$
u_{2,1}^{(1)} = \frac{1}{4}[0 + 0.25 + 0.0781 \times 2] \approx 0.1016
$$

$$
u_{3,1}^{(1)} = \frac{1}{4}[0 + 0.1875 + 0.0781 + 0] = 0.0664
$$

$$
u_{1,2}^{(1)} = \frac{1}{4}[0.0781 \times 2 + 0.25 + 0] \approx 0.1016
$$

$$
u_{1,3}^{(1)} = \frac{1}{4}[0 + 0.0781 + 0.1875 + 0] = 0.0664
$$

这样一次次迭代下去，一直到 $u_{i,j}^{(10)}$，可以发现小数点后四位数都相同，所以 $u_{i,j}^{(10)}$ 可作为该定解问题的近似解

$$u_{1,1}^{(10)} \approx 0.1538，\quad u_{1,2}^{(10)} = u_{2,1}^{(10)} = 0.1202，\quad u_{3,1}^{(10)} = u_{1,3}^{(10)} = 0.0769$$

当然我们也可以通过求解方程组（9.3.3）来求近似解。

习题9.3

9.3.1　用差分方法求解定解问题

$$\begin{cases} \dfrac{\partial^2 u}{\partial t^2} = \dfrac{\partial^2 u}{\partial x^2}，& 0 < x < 1, t > 0 \\ u\big|_{t=0} = \sin \pi x, u_t\big|_{t=0} = x(1-x)，& 0 \leqslant x \leqslant 1 \\ u\big|_{x=0} = u\big|_{x=1} = 0，& t \geqslant 0 \end{cases}$$

取 $\omega = 1$，$h = 0.2$。

9.3.2　用差分方法求解定解问题

$$\begin{cases} \dfrac{\partial u}{\partial t} = \dfrac{\partial^2 u}{\partial x^2}，& 0 < x < 1, t > 0 \\ u\big|_{t=0} = 4x(1-x)，& 0 \leqslant x \leqslant 1 \\ u\big|_{x=0} = u\big|_{x=1} = 0，& t \geqslant 0 \end{cases}$$

取 $r = 1/6$，$h = 0.2$。

9.3.3　试用异步迭代法求解例9.3.1中的定解问题，并与同步迭代法比较收敛速度的较慢。

附　录

附录Ⅰ　常用公式

（1）三角恒等式及重要函数

$$\begin{cases} \sin(\alpha+\beta)=\sin\alpha\cos\beta+\cos\alpha\sin\beta \\ \sin(\alpha-\beta)=\sin\alpha\cos\beta-\cos\alpha\sin\beta \\ \cos(\alpha+\beta)=\cos\alpha\cos\beta-\sin\alpha\sin\beta \\ \cos(\alpha-\beta)=\cos\alpha\cos\beta+\sin\alpha\sin\beta \end{cases}$$

$$\begin{cases} \cos\alpha\cos\beta=\dfrac{1}{2}\left[\cos(\alpha+\beta)+\cos(\alpha-\beta)\right] \\ \sin\alpha\sin\beta=-\dfrac{1}{2}\left[\cos(\alpha+\beta)-\cos(\alpha-\beta)\right] \\ \sin\alpha\cos\beta=\dfrac{1}{2}\left[\sin(\alpha+\beta)+\sin(\alpha-\beta)\right] \\ \cos\alpha\sin\beta=\dfrac{1}{2}\left[\sin(\alpha+\beta)-\sin(\alpha-\beta)\right] \end{cases}$$

$$\begin{cases} \sin\alpha+\sin\beta=2\sin\dfrac{\alpha+\beta}{2}\cos\dfrac{\alpha-\beta}{2} \\ \sin\alpha-\sin\beta=2\cos\dfrac{\alpha+\beta}{2}\sin\dfrac{\alpha-\beta}{2} \\ \cos\alpha+\cos\beta=2\cos\dfrac{\alpha+\beta}{2}\cos\dfrac{\alpha-\beta}{2} \\ \cos\alpha-\cos\beta=-2\sin\dfrac{\alpha+\beta}{2}\sin\dfrac{\alpha-\beta}{2} \end{cases}$$

$$\sin^2\alpha+\cos^2\alpha=1 \qquad \sin^2\alpha=\frac{1}{2}(1-\cos2\alpha) \qquad \cos^2\alpha=\frac{1}{2}(1+\cos2\alpha)$$

$$\sin2\alpha=2\sin\alpha\cos\alpha \qquad\qquad\qquad \cos2\alpha=\cos^2\alpha-\sin^2\alpha$$

双曲函数：$\sinh x=\dfrac{e^x-e^{-x}}{2}$，$\cosh x=\dfrac{e^x+e^{-x}}{2}$，$\tanh x=\dfrac{\sinh x}{\cosh x}$，$\coth x=\dfrac{\cosh x}{\sinh x}$

（2）欧拉等式及其相关等式（x 为实数）

$$e^{ix}=\cos x+i\sin x \qquad e^{-ix}=\cos x-i\sin x \qquad e^{ix}=\overline{e^{-ix}} \qquad |e^{ix}|=1$$

$$\cos x = \frac{e^{ix} + e^{-ix}}{2} \quad \sin x = \frac{e^{ix} - e^{-ix}}{2i} \quad (\cos x + i\sin x)^n = e^{inx} = \cos nx + i\sin nx$$

（3）极坐标表示及复数

如附图Ⅰ-1所示：$x = r\cos\theta$，$y = r\sin\theta$，$z = x + iy = re^{i\theta} = r(\cos\theta + i\sin\theta)$，$r = |z| = \sqrt{x^2 + y^2}$

（4）柱面坐标下的微分算子

如附图Ⅰ-2所示直角坐标 $M(x,y,z)$ 与柱面坐标 $M(r,\theta,z)$ 的关系：

$$x = r\cos\theta, \quad y = r\sin\theta, \quad z = z \quad (0 \leqslant r < +\infty, \quad 0 \leqslant \theta \leqslant 2\pi, \quad -\infty < z < +\infty)$$

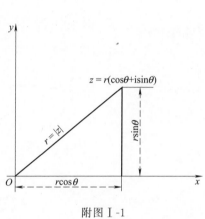

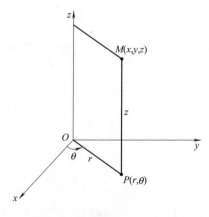

附图Ⅰ-1　　　　　　　　　　　　附图Ⅰ-2

设 $\boldsymbol{u} = u_r\boldsymbol{e}_r + u_\theta\boldsymbol{e}_\theta + u_z\boldsymbol{e}_z$，其中（$\boldsymbol{e}_r$，$\boldsymbol{e}_\theta$，$\boldsymbol{e}_z$）为坐标线上的单位向量。

梯度：
$$\nabla\phi = \frac{\partial\phi}{\partial r}\boldsymbol{e}_r + \frac{1}{r}\frac{\partial\phi}{\partial\theta}\boldsymbol{e}_\theta + \frac{\partial\phi}{\partial z}\boldsymbol{e}_z$$

散度：
$$\mathrm{div}\boldsymbol{u} = \nabla\cdot\boldsymbol{u} = \frac{\partial u_r}{\partial r} + \frac{u_r}{r} + \frac{1}{r}\frac{\partial u_\theta}{\partial\theta} + \frac{\partial u_z}{\partial z}$$

拉普拉斯算子：
$$\Delta\phi = \frac{1}{r}\frac{\partial}{\partial r}\left(r\frac{\partial\phi}{\partial r}\right) + \frac{1}{r^2}\frac{\partial^2\phi}{\partial\theta^2} + \frac{\partial^2\phi}{\partial z^2}$$

（5）球面坐标下的微分算子

如附图Ⅰ-3所示直角坐标 $M(x,y,z)$ 与球面坐标 $M(r,\theta,\varphi)$ 的关系：

$$x = r\sin\theta\cos\varphi, \quad y = r\sin\theta\sin\varphi, \quad z = r\cos\theta \quad (0 \leqslant r < +\infty, \quad 0 \leqslant \theta \leqslant \pi, \quad 0 \leqslant \varphi \leqslant 2\pi)$$

设 $\boldsymbol{u} = u_r\boldsymbol{e}_r + u_\theta\boldsymbol{e}_\theta + u_\varphi\boldsymbol{e}_\varphi$，其中（$\boldsymbol{e}_r$，$\boldsymbol{e}_\theta$，$\boldsymbol{e}_\varphi$）为坐标线上的单位向量。

梯度：
$$\nabla\phi = \frac{\partial\phi}{\partial r}\boldsymbol{e}_r + \frac{1}{r}\frac{\partial\phi}{\partial\theta}\boldsymbol{e}_\theta + \frac{1}{r\sin\theta}\frac{\partial\phi}{\partial\varphi}\boldsymbol{e}_\varphi$$

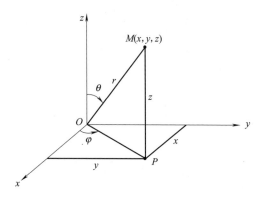

附图 I -3

散度：
$$\mathrm{div}\boldsymbol{u} = \nabla \cdot \boldsymbol{u} = \frac{1}{r^2}\frac{\partial(r^2 u_r)}{\partial r} + \frac{1}{r\sin\theta}\frac{\partial(u_\theta \sin\theta)}{\partial \theta} + \frac{1}{r\sin\theta}\frac{\partial u_\varphi}{\partial \varphi}$$

拉普拉斯算子：
$$\Delta\phi = \frac{1}{r^2}\frac{\partial}{\partial r}\left(r^2\frac{\partial\phi}{\partial r}\right) + \frac{1}{r^2\sin\theta}\cdot\frac{\partial}{\partial\theta}\left(\sin\theta\cdot\frac{\partial\phi}{\partial\theta}\right) + \frac{1}{r^2\sin^2\theta}\cdot\frac{\partial^2\phi}{\partial\varphi^2}$$

（6）无穷积分

$$\int_0^\infty \frac{\sin x}{x}\mathrm{d}x = \frac{\pi}{2}, \quad \int_0^\infty \mathrm{e}^{-a^2 x^2}\mathrm{d}x = \frac{\sqrt{\pi}}{2|a|}, \quad a \neq 0$$

$$\int_0^\infty \mathrm{e}^{-a^2 x^2}\cos bx\,\mathrm{d}x = \frac{\sqrt{\pi}}{2|a|}\mathrm{e}^{-b^2/(4a^2)}, \quad a \neq 0, \quad b \neq 0$$

$$\int_{-\infty}^\infty \cos(x^2)\mathrm{d}x = \int_{-\infty}^\infty \sin(x^2)\mathrm{d}x = \sqrt{\frac{\pi}{2}}$$

（7）积分计算公式

① 极坐标计算二重积分

$$\iint\limits_D f(x,y)\mathrm{d}x\mathrm{d}y = \iint\limits_D f(r\cos\theta, r\sin\theta)r\,\mathrm{d}r\,\mathrm{d}\theta$$

② 二重积分换元法

$$\iint\limits_D f(x,y)\mathrm{d}x\mathrm{d}y = \iint\limits_D f[x(u,v), y(u,v)]\,|J(u,v)|\,\mathrm{d}u\mathrm{d}v$$

$$x = x(u,v), y = y(u,v)$$

$$J(u,v) = \frac{\partial(x,y)}{\partial(u,v)} = \begin{vmatrix} \dfrac{\partial x}{\partial u} & \dfrac{\partial x}{\partial v} \\[2mm] \dfrac{\partial y}{\partial u} & \dfrac{\partial y}{\partial v} \end{vmatrix} \neq 0,$$ 称为雅可比行列式。

③ 柱面坐标计算三重积分

$$\iiint\limits_{\Omega} f(x,y,z)\mathrm{d}x\mathrm{d}y\mathrm{d}z = \iiint\limits_{\Omega} f(r\cos\theta,r\sin\theta,z)r\mathrm{d}r\mathrm{d}\theta\mathrm{d}z$$

$$0 \leqslant r < +\infty, 0 \leqslant \theta \leqslant 2\pi, -\infty < z < +\infty$$

④ 球面坐标计算三重积分

$$\iiint\limits_{\Omega} f(x,y,z)\mathrm{d}x\mathrm{d}y\mathrm{d}z = \iiint\limits_{\Omega} f(r\sin\theta\cos\varphi,r\sin\theta\sin\varphi,r\cos\theta)r^2\sin\theta\mathrm{d}r\mathrm{d}\theta\mathrm{d}\varphi$$

$$0 \leqslant r < +\infty, \quad 0 \leqslant \theta \leqslant \pi, \quad 0 \leqslant \varphi \leqslant 2\pi$$

⑤ 三重积分换元法

$$\iiint\limits_{\Omega} f(x,y,z)\mathrm{d}x\mathrm{d}y\mathrm{d}z = \iint\limits_{D} f(x(u,v,w),y(u,v,w),z(u,v,w))\mid J(u,v,w)\mid \mathrm{d}u\mathrm{d}v\mathrm{d}w$$

$$x = x(u,v,w), \quad y = y(u,v,w), \quad z = z(u,v,w), \quad (u,v,w) \in D$$

$$J(u,v,w) = \frac{\partial(x,y,z)}{\partial(u,v,w)} = \begin{vmatrix} \dfrac{\partial x}{\partial u} & \dfrac{\partial x}{\partial v} & \dfrac{\partial x}{\partial w} \\ \dfrac{\partial y}{\partial u} & \dfrac{\partial y}{\partial v} & \dfrac{\partial y}{\partial w} \\ \dfrac{\partial z}{\partial u} & \dfrac{\partial z}{\partial v} & \dfrac{\partial z}{\partial w} \end{vmatrix} \neq 0,称为雅可比行列式$$

⑥ 第一类曲线积分的计算　以空间曲线为例

$$\int_{\Gamma} f(x,y,z)\mathrm{d}s = \int_{\alpha}^{\beta} f[x(t),y(t),z(t)]\sqrt{x'^2(t)+y'^2(t)+z'^2(t)}\,\mathrm{d}t$$

$$\Gamma: \quad x = x(t), y = y(t), z = z(t), \alpha \leqslant t \leqslant \beta$$

⑦ 第二类曲线积分的计算　以空间曲线为例

$$\int_{\Gamma} P(x,y,z)\mathrm{d}x + Q(x,y,z)\mathrm{d}y + R(x,y,z)\mathrm{d}z$$

$$= \int_{\Gamma} \{P[x(t),y(t),z(t)]x'(t) + Q[x(t),y(t),z(t)]y'(t) + R[x(t),y(t),z(t)]z'(t)\}\mathrm{d}t$$

$$\Gamma: x = x(t), y = y(t), z = z(t)$$

这里下限 α 对应有向曲线 Γ 的起点，上限 β 对应 Γ 的终点。

⑧ 两类曲线积分的联系　平面曲线 L 上的两类曲线积分之间有如下关系：

$$\int_{L} P\mathrm{d}x + Q\mathrm{d}y = \int_{L} (P\cos\alpha + Q\cos\beta)\mathrm{d}s$$

其中，$\alpha(x,y),\beta(x,y)$ 为 L 在点 (x,y) 处与有向曲线 L 的方向一致的切向量的方向角。

空间曲线 Γ 上的两类曲线积分之间有如下关系：

$$\int_{\Gamma} P\mathrm{d}x + Q\mathrm{d}y + R\mathrm{d}z = \int_{\Gamma} (P\cos\alpha + Q\cos\beta + R\cos\gamma)\mathrm{d}s$$

其中，$\alpha(x,y,z)$，$\beta(x,y,z)$，$\gamma(x,y,z)$ 为在点 (x,y,z) 处与有向曲线

Γ 的方向一致的切向量的方向角。

以空间曲线为例，两类曲线积分联系的向量形式如下：

$$\int_\Gamma \boldsymbol{A} \cdot \mathrm{d}\boldsymbol{r} = \int_\Gamma \boldsymbol{A} \cdot \boldsymbol{\tau} \,\mathrm{d}s$$

其中，$\boldsymbol{A} = (P, Q, R)$，$\boldsymbol{\tau} = (\cos\alpha, \cos\beta, \cos\gamma)$ 为在点 (x, y, z) 处与有向曲线 Γ 的方向一致的单位切向量，$\mathrm{d}\boldsymbol{r} = \boldsymbol{\tau}\,\mathrm{d}s = (\mathrm{d}x, \mathrm{d}y, \mathrm{d}z)$。

⑨ 格林公式　设 $P(x, y)$，$Q(x, y)$ 在闭区域 D 上连续，且有一阶连续的偏导数，则

$$\oint_L P\,\mathrm{d}x + Q\,\mathrm{d}y = \iint_D \left(\frac{\partial Q}{\partial x} - \frac{\partial P}{\partial y} \right) \mathrm{d}x\,\mathrm{d}y$$

其中，L 是 D 的取正向的边界曲线。

在应用中常出现下列形式的格林公式：

$$\oint_L (P\cos<x, \boldsymbol{n}> + Q\cos<y, \boldsymbol{n}>)\,\mathrm{d}s = \iint_D \left(\frac{\partial P}{\partial x} + \frac{\partial Q}{\partial y} \right) \mathrm{d}x\,\mathrm{d}y$$

其中，$<x, \boldsymbol{n}>$，$<y, \boldsymbol{n}>$ 为 L 在点 (x, y) 处的法向量 $\boldsymbol{n}$ 的方向角。

事实上，如附图 I-4 所示，$\cos<x, \boldsymbol{n}> = \sin\alpha$，$\cos<y, \boldsymbol{n}> = \sin<x, \boldsymbol{n}> = -\cos\alpha$，

所以

$$\int_L (P\cos<x, \boldsymbol{n}> + Q\cos<y, \boldsymbol{n}>)\,\mathrm{d}s$$

$$= \int_L (P\sin\alpha - Q\cos\alpha)\,\mathrm{d}s = \int_L P\,\mathrm{d}y - Q\,\mathrm{d}x$$

$$= \iint_D \left(\frac{\partial P}{\partial x} + \frac{\partial Q}{\partial y} \right) \mathrm{d}x\,\mathrm{d}y$$

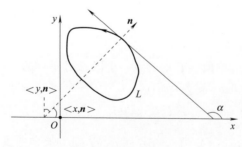

附图 I-4

⑩ 第一类曲面积分的计算

$$\iint_S f(x, y, z)\,\mathrm{d}S = \iint_D f[x(u, v), y(u, v), z(u, v)]$$

$$\sqrt{\left[\frac{\partial(x,y)}{\partial(u,v)}\right]^2+\left[\frac{\partial(x,z)}{\partial(u,v)}\right]^2+\left[\frac{\partial(y,z)}{\partial(u,v)}\right]^2}\,\mathrm{d}u\,\mathrm{d}v$$

$$S:x=x(u,v),y=y(u,v),z=z(u,v),(u,v)\in D$$

特别地，如果 $S:z=z(x,y),(x,y)\in D$，则

$$\iint\limits_{S}f(x,y,z)\mathrm{d}S=\iint\limits_{D}f[x,y,z(x,y)]\sqrt{1+z_x^2+z_y^2}\,\mathrm{d}x\,\mathrm{d}y$$

在球面坐标下有

$$\sqrt{\left[\frac{\partial(x,y)}{\partial(\theta,\varphi)}\right]^2+\left[\frac{\partial(x,z)}{\partial(\theta,\varphi)}\right]^2+\left[\frac{\partial(y,z)}{\partial(\theta,\varphi)}\right]^2}=r^2\sin\theta$$

⑪ 第二类曲面积分的计算

设 S：$z=z(x,y)$，$(x,y)\in D_{xy}$，则

$$\iint\limits_{S}R(x,y,z)\mathrm{d}x\,\mathrm{d}y=\pm\iint\limits_{D_{xy}}R[x,y,z(x,y)]\mathrm{d}x\,\mathrm{d}y\ (上侧取正，下侧取负)$$

同理，对于 S：$x=x(y,z)$，$(y,z)\in D_{yz}$，有

$$\iint\limits_{S}P(x,y,z)\mathrm{d}y\,\mathrm{d}z=\pm\iint\limits_{D_{yz}}P[x(y,z),y,z]\mathrm{d}y\,\mathrm{d}z\ (前侧取正，后侧取负)$$

对于 S：$y=y(z,x)$，$(z,x)\in D_{zx}$，有

$$\iint\limits_{S}Q(x,y,z)\mathrm{d}y\,\mathrm{d}z=\pm\iint\limits_{D_{zx}}Q[x,y(z,x),z]\mathrm{d}z\,\mathrm{d}x\ (右侧取正，左侧取负)。$$

⑫ 高斯公式　设 S 为一分片光滑的封闭曲面，所围的区域为 V，$\boldsymbol{A}=(P(x,y,z),Q(x,y,z),R(x,y,z))$，$\boldsymbol{n}$ 为 S 的外法向量，P,Q 和 R 在 $\partial V\cup V$ 上连续，且在 V 内有一阶连续的偏导数，则

$$\oiint\limits_{S}P\mathrm{d}y\,\mathrm{d}z+Q\mathrm{d}z\,\mathrm{d}x+R\mathrm{d}x\,\mathrm{d}y=\oiint\limits_{S}\boldsymbol{A}\cdot\boldsymbol{n}\mathrm{d}S=\iiint\limits_{V}\left(\frac{\partial P}{\partial x}+\frac{\partial Q}{\partial y}+\frac{\partial R}{\partial z}\right)\mathrm{d}x\,\mathrm{d}y\,\mathrm{d}z$$

$$=\iiint\limits_{V}\mathrm{div}\boldsymbol{A}\,\mathrm{d}V=\iiint\limits_{V}\nabla\cdot\boldsymbol{A}\,\mathrm{d}V(\mathrm{d}V=\mathrm{d}x\,\mathrm{d}y\,\mathrm{d}z)$$

⑬ 两类曲面积分之间的联系

$$\iint\limits_{S}P(x,y,z)\mathrm{d}y\,\mathrm{d}z+Q(x,y,z)\mathrm{d}z\,\mathrm{d}x+R(x,y,z)\mathrm{d}x\,\mathrm{d}y$$

$$=\iint\limits_{S}[P(x,y,z)\cos\alpha+Q(x,y,z)\cos\beta+R(x,y,z)\cos\gamma]\mathrm{d}S$$

其中，$(\cos\alpha,\cos\beta,\cos\gamma)$ 为第二类曲面积分所选侧的法向量的方向余弦。

（8）泰勒公式

① 一元函数的泰勒公式　如果函数 $f(x)$ 在含有 x_0 的某个开区间 (a,b)

内具有直到 $n+1$ 的导数，则对任一 $x \in (a,b)$，有

$$f(x) = f(x_0) + f'(x_0)(x-x_0) + \frac{f''(x_0)}{2!}(x-x_0)^2 + \cdots$$

$$+ \frac{f^{(n)}(x_0)}{n!}(x-x_0)^n + R_n(x)$$

$$R_n(x) = \frac{f^{(n+1)}(\xi)}{(n+1)!}(x-x_0)^{n+1}$$

这里 ξ 是位于 x_0 与 x 之间的某值，该公式称为 $f(x)$ 按 $x-x_0$ 的幂展开的带拉格朗日型余项的 n 阶泰勒公式。在不需要余项精确表达式时，n 阶泰勒公式也可写成

$$f(x) = f(x_0) + f'(x_0)(x-x_0) + \frac{f''(x_0)}{2!}(x-x_0)^2 + \cdots$$

$$+ \frac{f^{(n)}(x_0)}{n!}(x-x_0)^n + o[(x-x_0)^n]$$

该公式称为 $f(x)$ 按 $x-x_0$ 的幂展开的带有皮亚诺型余项的 n 阶泰勒公式。

② 二元函数的泰勒公式　如果函数 $f(x,y)$ 在点 (x_0,y_0) 的某个领域内具有直到 $n+1$ 的连续偏导数，(x_0+h,y_0+k) 为此领域内任一点，则有

$$f(x_0+h,y_0+k) = f(x_0,y_0) + \left(h\frac{\partial}{\partial x} + k\frac{\partial}{\partial y}\right)f(x_0,y_0)$$

$$+ \frac{1}{2!}\left(h\frac{\partial}{\partial x} + k\frac{\partial}{\partial y}\right)^2 f(x_0,y_0) + \cdots + \frac{1}{n!}\left(h\frac{\partial}{\partial x} + k\frac{\partial}{\partial y}\right)^n f(x_0,y_0)$$

$$+ \frac{1}{(n+1)!}\left(h\frac{\partial}{\partial x} + k\frac{\partial}{\partial y}\right)^{n+1} f(x_0+\theta h, y_0+\theta k), \quad 0<\theta<1$$

其中记号

$$\left(h\frac{\partial}{\partial x} + k\frac{\partial}{\partial y}\right)f(x_0,y_0) \text{表示} \quad hf_x(x_0,y_0) + kf_y(x_0,y_0)$$

$$\left(h\frac{\partial}{\partial x} + k\frac{\partial}{\partial y}\right)^2 f(x_0,y_0) \text{表示} h^2 f_{xx}(x_0,y_0) + 2hk f_{xy}(x_0,y_0) + k^2 f_{yy}(x_0,y_0)$$

一般地，记号

$$\left(h\frac{\partial}{\partial x} + k\frac{\partial}{\partial y}\right)^n f(x_0,y_0) \text{表示} \sum_{m=0}^{n} C_n^m h^m k^{n-m} \frac{\partial^n f(x_0,y_0)}{\partial x^m \partial y^{n-m}}$$

附录 II　线性常微分方程的通解

（1）一阶线性微分方程

方程
$$\frac{\mathrm{d}y}{\mathrm{d}x} + P(x)y = Q(x)$$

的通解为

$$y = \mathrm{e}^{-\int P(x)\mathrm{d}x}\left[\int Q(x)\mathrm{e}^{\int P(x)\mathrm{d}x}\,\mathrm{d}x + C\right]$$

定解问题 $\dfrac{\mathrm{d}y}{\mathrm{d}x}+Py=f(x)$ $y(0)=y_0(x>0,P$ 为常数)的解为

$$y = \mathrm{e}^{-Px}\left[\int_0^x f(\tau)\mathrm{e}^{P\tau}\,\mathrm{d}\tau + y_0\right] = y_0\mathrm{e}^{-Px} + \int_0^x f(\tau)\mathrm{e}^{-P(x-\tau)}\,\mathrm{d}\tau$$

（2）二阶常系数线性微分方程

非齐次方程 $y''+py'+qy=f(x)$ 的通解如附表 II-1 所示。

附表 II-1

特征方程 $r^2+pr+q=0$ 的两个根 r_1,r_2	微分方程 $y''+py'+qy=f(x)$ 的通解
两个不相等的实根 r_1,r_2	$y=C_1\mathrm{e}^{r_1x}+C_2\mathrm{e}^{r_2x}+y^*$
两个相等的实根 $r_1=r_2=r$	$y=(C_1+C_2x)\mathrm{e}^{r_2x}+y^*$
一对共轭复根 $r_{1,2}=\alpha\pm\mathrm{i}\beta$	$y=\mathrm{e}^{\alpha x}(C_1\cos\beta x+C_2\sin\beta x)+y^*$

其中，y^* 为非齐次方程的一个特解，对于 $f(x)=\mathrm{e}^{\lambda x}P_m(x)$ 或 $f(x)=\mathrm{e}^{\lambda x}[P_l(x)\cos\omega x+P_n(x)\sin\omega x]$，$y^*$ 由附表 II-2 给出：

附表 II-2

$f(x)=\mathrm{e}^{\lambda x}P_m(x)$	$y^*=Q(x)\mathrm{e}^{\lambda x}=x^kQ_m(x)\mathrm{e}^{\lambda x}$ $k=\begin{cases}0, & \lambda \text{ 不是特征方程的根}\\ 1, & \lambda \text{ 是特征方程单根}\\ 2, & \lambda \text{ 是特征方程的重根}\end{cases}$
$f(x)=\mathrm{e}^{\lambda x}[P_l(x)\cos\omega x+P_n(x)\sin\omega x]$ $P_l(x),P_n(x)$ 分别为 l 次和 n 次多项式	$y^*=x^k\mathrm{e}^{\lambda x}[R_m^{(1)}(x)\cos\omega x+R_m^{(2)}(x)\sin\omega x]$, $m=\max\{l,n\},R_m^{(1)}(x),R_m^{(2)}(x)$ 是 m 次多项式, $k=\begin{cases}0, & \lambda+\mathrm{i}\omega \text{ 不是特征方程的根}\\ 1, & \lambda+\mathrm{i}\omega \text{ 是特征方程根}\end{cases}$

其中，$Q(x)=x^kQ_m(x)$ 满足 $Q''(x)+(2\lambda+p)Q'(x)+(\lambda^2+p\lambda+q)Q(x)=P_m(x)$，$P_m(x)$，$Q_m(x)$ 均为 m 次多项式。

（3）n 阶常系数齐次线性微分方程

n 阶常系数齐次线性微分方程一般形式

$$\frac{\mathrm{d}^n y}{\mathrm{d}x^n}+p_1\frac{\mathrm{d}^{n-1}y}{\mathrm{d}x^{n-1}}+\cdots+p_{n-1}\frac{\mathrm{d}y}{\mathrm{d}x}+p_n y=0（系数为实数）$$

特征方程是

$$\lambda^n+p_1\lambda^{n-1}+\cdots+p_{n-1}\lambda+p_n=0$$

通解是附表 II-3 所列项的线性组合。

附表Ⅱ-3

特征根	通解包含项
特征根包含单实根 r	e^{rx}
特征根包含 m 重实根 r	$e^{rx}, x e^{rx}, x^2 e^{rx}, \cdots, x^{m-1} e^{rx}$
特征根包含一对共轭复根 $\alpha \pm i\beta$	$e^{\alpha x} \cos\beta x, \quad e^{\alpha x} \sin\beta x$
特征根包含 m 重复根 $\alpha + i\beta$，则 $\alpha - i\beta$ 也是 m 重复特征根	$e^{\alpha x} \cos\beta x, x e^{\alpha x} \cos\beta x, \cdots, x^{m-1} e^{\alpha x} \cos\beta x$ $e^{\alpha x} \sin\beta x, x e^{\alpha x} \sin\beta x, \cdots, x^{m-1} e^{\alpha x} \sin\beta x$

（4）欧拉方程

形如

$$x^n \frac{d^n y}{dx^n} + p_1 x^{n-1} \frac{d^{n-1} y}{dx^{n-1}} + \cdots + p_{n-1} x \frac{dy}{dx} + p_n y = 0$$

的方程（其中 $p_1, p_2, \cdots, p_n$ 为常数），叫做欧拉方程。

作变换 $x = e^t$ 或 $t = \ln x$，欧拉方程可化为常系数线性微分方程的求解。

特征方程是

$$K(K-1)\cdots(K-n+1) + p_1 K(K-1)\cdots(K-n+2) + \cdots + p_n = 0$$

通解是附表Ⅱ-4所列项的线性组合。

附表Ⅱ-4

特征根	通解包含项
特征根包含单实根 K_0	x^{K_0}
特征根包含 m 重实根 K_0	$x^{K_0}, x^{K_0} \ln x, x^{K_0} \ln^2 x, \cdots, x^{K_0} \ln^{m-1} x$
特征根包含一对共轭复根 $\alpha \pm i\beta$	$x^\alpha \cos(\beta \ln x), \quad x^\alpha \sin(\beta \ln x)$
特征根包含 m 重复根 $\alpha + i\beta$，则定包含 $\alpha - i\beta$ 也是 m 重复特征根	$x^\alpha \cos(\beta \ln x), x^\alpha \ln x \cos(\beta \ln x), \cdots, x^\alpha \ln^{m-1} x \cos(\beta \ln x)$ $x^\alpha \sin(\beta \ln x), x^\alpha \ln x \sin(\beta \ln x), \cdots, x^\alpha \ln^{m-1} x \sin(\beta \ln x)$

附录Ⅲ　傅里叶级数

傅里叶级数展开式

设周期为 $2l$ 的周期函数 $f(x)$，如果它在一个周期内连续或只有有限个第一类间断点，在一个周期内至多只有有限个极值点，则有：

$$\frac{1}{2}[f(x^-) + f(x^+)] = \frac{a_0}{2} + \sum_{n=1}^{\infty} \left(a_n \cos\frac{n\pi x}{l} + b_n \sin\frac{n\pi x}{l} \right)$$

其中，$f(x^-)$ 和 $f(x^+)$ 表示 $f(x)$ 在 x 处的左右极限，在连续点有

$$f(x) = \frac{1}{2}[f(x^-) + f(x^+)]$$

傅里叶系数 a_0，a_n，$b_n(n=1，2，\cdots)$ 为：

$$a_n = \frac{1}{l}\int_{-l}^{l} f(x)\cos\frac{n\pi x}{l}\mathrm{d}x\,(n=0,1,2,\cdots)$$

$$b_n = \frac{1}{l}\int_{-l}^{l} f(x)\sin\frac{n\pi x}{l}\mathrm{d}x\,(n=1,2,\cdots)$$

当 $f(x)$ 为偶函数时

$$\frac{1}{2}[f(x^-)+f(x^+)] = \frac{a_0}{2} + \sum_{n=1}^{\infty} a_n\cos\frac{n\pi x}{l}$$

其中，$a_n = \dfrac{2}{l}\displaystyle\int_0^l f(x)\cos\dfrac{n\pi x}{l}\mathrm{d}x\,(n=0，1，2，\cdots)$。

当 $f(x)$ 为奇函数时

$$\frac{1}{2}[f(x^-)+f(x^+)] = \sum_{n=1}^{\infty} a_n\sin\frac{n\pi x}{l}$$

其中，$a_n = \dfrac{2}{l}\displaystyle\int_0^l f(x)\sin\dfrac{n\pi x}{l}\mathrm{d}x\,(n=1,2,\cdots)$。

附录Ⅳ　傅里叶变换表

像原函数	像函数
$f(x)$	$F(\omega)$
$f'(x)$	$(\mathrm{i}\omega)F(\omega)$
$f^{(n)}(x)$	$(\mathrm{i}\omega)^n F(\omega)$
$f(x)\mathrm{e}^{\mathrm{i}ax}$	$F(\omega-a)$
$\displaystyle\int_{-\infty}^{+\infty} f_1(\tau)f_2(x-\tau)\mathrm{d}\tau$	$F_1(\omega)F_2(\omega)$，其中，$F_i(\omega)$ 是 $f_i(t)$ 的傅里叶变换
$f(x\pm x_0)$	$\mathrm{e}^{\pm\mathrm{i}\omega x_0}F(\omega)$
$\displaystyle\int_{-\infty}^{x} f(t)\mathrm{d}t$	$\dfrac{1}{\mathrm{i}\omega}F(\omega)$
$x^n f(x)$	$\mathrm{i}^n F^{(n)}(\omega)$
$f(x)=\begin{cases} h, & -\tau<x<\tau \\ 0, & 其他 \end{cases}$	$2h\,\dfrac{\sin\omega\tau}{\omega}$
$\delta(x)$	1
单位函数 $u(x)$	$\dfrac{1}{\mathrm{i}\omega}+\pi\delta(\omega)$
$u(x)\mathrm{e}^{-ax},a>0$	$\dfrac{1}{a+\mathrm{i}\omega}$
$\mathrm{e}^{-a|x|},a>0$	$\dfrac{2a}{a^2+\omega^2}$
$u(x)x$	$\dfrac{1}{(\mathrm{i}\omega)^2}$

续表

像原函数	像函数
$u(x)\sin\alpha x$	$\dfrac{\alpha}{\alpha^2-\omega^2}$
$u(x)\cos\alpha x$	$\dfrac{\mathrm{i}\omega}{\alpha^2-\omega^2}$
$\cos\alpha x$	$\pi\left[\delta(\omega-\alpha)+\delta(\omega+\alpha)\right]$
$\sin\alpha x$	$\mathrm{i}\pi\left[\delta(\omega+\alpha)-\delta(\omega-\alpha)\right]$
$\dfrac{1}{\sqrt{2\pi}\sigma}\mathrm{e}^{-\frac{x^2}{2\sigma^2}}$	$\mathrm{e}^{-\frac{\omega^2\sigma^2}{2}}$
$\dfrac{1}{\alpha^2+x^2},\mathrm{Re}\,\alpha<0$	$-\dfrac{\pi}{\alpha}\mathrm{e}^{\alpha\mid\omega\mid}$
1	$2\pi\delta(\omega)$

附录 V　拉普拉斯变换表

像原函数	像函数
$f(t)$	$F(p)$
$f^{(n)}(t)$	$p^n F(p)-\left[p^{n-1}f(0)+p^{n-2}f'(0)+\cdots+f^{(n-1)}(0)\right]$
$(-t)^n f(t)$	$F^{(n)}(p)$
$\displaystyle\int_0^t f(\tau)\mathrm{d}\tau$	$\dfrac{F(p)}{p}$
$f(t-\tau)$	$\mathrm{e}^{-p\tau}F(p)$
$\mathrm{e}^{p_0 t}f(t)$	$F(p-p_0)$
$\displaystyle\int_0^t f_1(\tau)f_2(t-\tau)\mathrm{d}\tau$	$F_1(p)F_2(p)$,其中 $F_i(p)$ 是 $f_i(t)$ 的拉普拉斯变换
$\delta(t)$	1
$H(t)$	$\dfrac{1}{p}$
e^{at}	$\dfrac{1}{p-a}$
$t^n\,(n>-1)$	$\dfrac{\Gamma(n+1)}{p^{n+1}}$
$\sin kt$	$\dfrac{k}{p^2+k^2}$
$\cos kt$	$\dfrac{p}{p^2+k^2}$
$\sinh kt$	$\dfrac{k}{p^2-k^2}$

像原函数	像函数
$\cosh kt$	$\dfrac{p}{p^2-k^2}$
$\mathrm{e}^{-at}\sin kt$	$\dfrac{k}{(p+a)^2+k^2}$
$\mathrm{e}^{-at}\cos kt$	$\dfrac{p+a}{(p+a)^2+k^2}$
$\mathrm{e}^{-at}t^n\,(n>-1)$	$\dfrac{\Gamma(n+1)}{(p+a)^{n+1}}$
$\sqrt{t}$	$\dfrac{\sqrt{\pi}}{2\sqrt{p^3}}$
$\dfrac{1}{\sqrt{t}}$	$\sqrt{\dfrac{\pi}{p}}$
$\mathrm{e}^{at}-\mathrm{e}^{bt}\,(a>b)$	$\dfrac{a-b}{(p-a)(p-b)}$
$\dfrac{1}{a}\sin at-\dfrac{1}{b}\sin bt$	$\dfrac{b^2-a^2}{(p^2+a^2)(p^2+b^2)}$
$\cos at-\cos bt$	$\dfrac{(b^2-a^2)p}{(p^2+a^2)(p^2+b^2)}$
$J_0(t)$	$\dfrac{1}{\sqrt{p^2+1}}$
$J_0(2\sqrt{t})$	$\dfrac{2}{p}\mathrm{e}^{-\frac{1}{p}}$
$\dfrac{1}{\sqrt{\pi t}}\mathrm{e}^{-2a\sqrt{t}}$	$\dfrac{1}{\sqrt{p}}\mathrm{e}^{-\frac{a^2}{p}}erfc\left(\dfrac{a}{\sqrt{p}}\right)$
$\dfrac{1}{\sqrt{\pi t}}\cos 2\sqrt{kt}$	$\dfrac{1}{\sqrt{p}}\mathrm{e}^{-\frac{k}{p}}$
$\dfrac{1}{\sqrt{\pi t}}\sin 2\sqrt{kt}$	$\dfrac{1}{p^{3/2}}\mathrm{e}^{-\frac{k}{p}}$
$\mathrm{erfc}\left(\dfrac{k}{2\sqrt{t}}\right)$	$\dfrac{1}{p}\mathrm{e}^{-k\sqrt{p}}\,(k\geqslant0)$
$\dfrac{1}{\sqrt{\pi t}}\mathrm{e}^{-\frac{k^2}{4t}}$	$\dfrac{1}{\sqrt{p}}\mathrm{e}^{-k\sqrt{p}}\,(k\geqslant0)$
$\mathrm{erf}(\sqrt{at})$	$\dfrac{\sqrt{a}}{p\sqrt{p+a}}$

像原函数	像函数
$e^t \operatorname{erfc}(\sqrt{t})$	$\dfrac{1}{p+\sqrt{p}}$
$J_n(at)\,(\operatorname{Re} a > -1)$	$\dfrac{a^n}{\sqrt{a^2+p^2}}\left(\dfrac{1}{p+\sqrt{a^2+p^2}}\right)^n$

注：误差函数 $\operatorname{erf}(y) = \dfrac{2}{\sqrt{\pi}}\displaystyle\int_0^y e^{-t^2}\,\mathrm{d}t$ ，　$\operatorname{erf}(\infty)=1$

$$\operatorname{erf}(y) = \frac{2}{\sqrt{\pi}}\left(y - \frac{y^3}{1!\ 3} + \frac{y^5}{2!\ 5} - \frac{y^7}{3!\ 7} + \cdots\right)$$

余误差函数 $\operatorname{erfc}(y) = 1 - \operatorname{erf}(y) = \dfrac{2}{\sqrt{\pi}}\displaystyle\int_y^{+\infty} e^{-t^2}\,\mathrm{d}t$

部分习题参考答案

习题1.1

1.1.1 在式（1.1.1）中令 $F(x,t) = -ku_t$，则 $\dfrac{\partial^2 u}{\partial t^2} + c\,\dfrac{\partial u}{\partial t} = a^2\,\dfrac{\partial^2 u}{\partial x^2}\left(a^2 = \dfrac{T}{\rho}, c = \dfrac{k}{\rho}\right)$

1.1.2
$$\begin{cases} \dfrac{\partial^2 u}{\partial t^2} = a^2\,\dfrac{\partial^2 u}{\partial x^2}\,(0 < x < l, \quad t > 0) \\[2mm] u\big|_{x=0} = u_x\big|_{x=l} = 0\,(t \geqslant 0) \\[2mm] u\big|_{t=0} = \dfrac{e}{l}x, \quad u_t\big|_{t=0} = 0\,(0 < x < l) \end{cases}$$

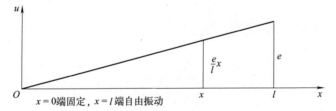

习题 1.1.2 图

1.1.3 如习题 1.1.3 图，由 $x = \dfrac{l}{2}$ 处外力平衡得 $2T\sin\alpha = F_0$，$\sin\alpha = \dfrac{F_0}{2T}$。对 $x \in \left[0, \dfrac{l}{2}\right]$，$x$ 处的位移为

$$u = x\tan\alpha = \frac{x\sin\alpha}{\sqrt{1-\sin^2\alpha}} = \frac{xF_0}{\sqrt{4T^2 - F_0^2}}$$

对 $x \in \left[\dfrac{l}{2}, l\right]$，由对称性知，位移与 $l-x \in \left[0, \dfrac{l}{2}\right]$ 的位移相同，即

$$u = \frac{(l-x)F_0}{\sqrt{4T^2 - F_0^2}}。$$

$$\begin{cases} \dfrac{\partial^2 u}{\partial t^2} = a^2 \dfrac{\partial^2 u}{\partial x^2}, \quad 0 < x < l, \quad t > 0 \\[2mm] u\big|_{x=0} = u\big|_{x=l} = 0, \quad t \geqslant 0 \\[2mm] u\big|_{t=0} = \begin{cases} \dfrac{x F_0}{\sqrt{4T^2 - F_0^2}}, \quad 0 \leqslant x < l/2 \\[3mm] \dfrac{(l-x) F_0}{\sqrt{4T^2 - F_0^2}}, \quad l/2 \leqslant x \leqslant l \end{cases} \\[6mm] u_t\big|_{t=0} = 0 \end{cases}$$

于是

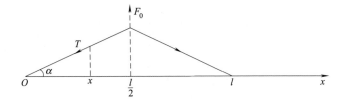

习题 1.1.3 图

1.1.4　如习题 1.1.4 图，对于区间 $[x, x+\mathrm{d}x]$ 对应的截体，由胡克定律，$x+\mathrm{d}x$ 端所受的应力为 $E \dfrac{\partial u(x+\mathrm{d}x, t)}{\partial x} S(x+\mathrm{d}x)$，方向沿 x 轴正向，x 端所受的应力为 $E \dfrac{\partial u(x, t)}{\partial x} S(x)$，方向沿 x 轴负向。由牛顿第二定律得

$$E \frac{\partial u(x+\mathrm{d}x, t)}{\partial x} S(x+\mathrm{d}x) - E \frac{\partial u(x, t)}{\partial x} S(x)$$

$$= \rho \left[\frac{1}{3}(x+\mathrm{d}x) S(x+\mathrm{d}x) - \frac{1}{3} x S(x) \right] \cdot \frac{\partial^2 u}{\partial t^2}$$

两边同除 $\mathrm{d}x$，令 $\mathrm{d}x \to 0$ 得

$$E \frac{\partial}{\partial x} \left[\frac{\partial u}{\partial x} S(x) \right] = \frac{1}{3} \rho \frac{\mathrm{d}}{\mathrm{d}x} [x S(x)] \cdot \frac{\partial^2 u}{\partial t^2}$$

把 x 处截面面积 $S(x) = \pi [x \tan\alpha]^2$ 代入该式，立即可得：

$$\frac{\partial^2 u}{\partial t^2} = \frac{a^2}{x^2} \frac{\partial}{\partial x} \left(x^2 \frac{\partial u}{\partial x} \right), \quad a^2 = \frac{E}{\rho}$$

1.1.5　设 x_0 两侧弦的张力如习题 1.1.5 图所示，连续性的衔接条件为

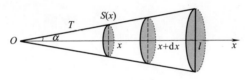

习题 1.1.4 图

$u_1(x_0-0,t)=u_2(x_0+0,t)$。由牛顿第二定律得 $T\sin\theta_1+T\sin\theta_2-mg=ma$ $(a=u_{tt}|_{x=x_0})$，由波动方程的导出过程得 $\sin\theta_1=-u_{1x}(x_0-0,t)$，$\sin\theta_2=u_{2x}(x_0+0,t)$，代入立即可得另一个衔接条件，于是

$$\begin{cases} u_1(x_0-0,t)=u_2(x_0+0,t) \\ Tu_{2x}(x_0+0,t)-Tu_{1x}(x_0-0,t)=m[u_{tt}|_{x=x_0}+g] \\ \text{这里 } u_{tt}|_{x=x_0}=u_{1tt}|_{x=x_0-0}=u_{2tt}|_{x=x_0+0} \end{cases}$$

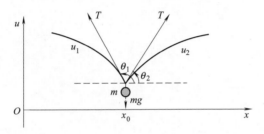

习题 1.1.5 图

1.1.6 如习题 1.1.6 图任一点 x 处所受张力由绳段 $[x,l]$ 的离心力所提供，即

$$T=T(x)=\int_x^l \Omega^2 x\rho \mathrm{d}x=\frac{1}{2}\Omega^2\rho(l^2-x^2)$$

由牛顿第二定律，并参照式 (1.1.1) 可得

$(Tu_x)|_{x+\mathrm{d}x}-(Tu_x)|_x=\underbrace{\rho\mathrm{d}x}_{m}\cdot\underbrace{u_{tt}}_{a}$，把 $T(x)$ 代入该式，两边同除 $\mathrm{d}x$，令 $\mathrm{d}x\to0$ 可得

$$u_{tt}-\frac{1}{2}\Omega^2\frac{\partial}{\partial x}\left[(l^2-x^2)\frac{\partial u}{\partial x}\right]=0$$

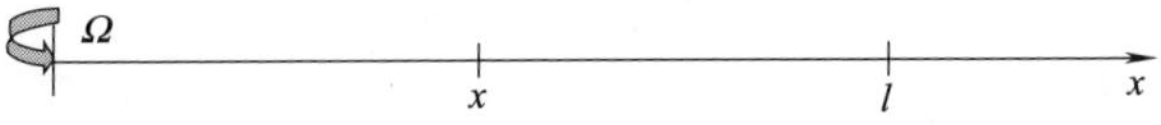

习题 1.1.6 图

习题1.2

1.2.1 选取 $[x_1,x_2]\times[t_1,t_2]$，截面积为 S，杆段 $[x_1,x_2]$ 从 t_1 到 t_2

时刻温度升高所需热量为

$$Q_1 = \int_{x_1}^{x_2} [u(x,t_2) - u(x,t_1)] c \cdot \underbrace{\rho S \mathrm{d}x}_{m} = \rho S c \int_{x_1}^{x_2} \mathrm{d}x \int_{t_1}^{t_2} \frac{\partial u}{\partial t} \mathrm{d}t$$

从两端流入的热量为

$$Q_2 = \int_{t_1}^{t_2} \left[S \cdot k \left(\frac{\partial u}{\partial n} \right)_{x_1} + S \cdot k \left(\frac{\partial u}{\partial n} \right)_{x_2} \right] \mathrm{d}t = Sk \int_{t_1}^{t_2} \left[\left(\frac{\partial u}{\partial x} \right)_{x_2} - \left(\frac{\partial u}{\partial x} \right)_{x_1} \right] \mathrm{d}t$$

$$= Sk \int_{t_1}^{t_2} \mathrm{d}t \int_{x_1}^{x_2} \frac{\partial^2 u}{\partial x^2} \mathrm{d}x$$

热源产生的热量为 $Q_3 = S \int_{t_1}^{t_2} \mathrm{d}t \int_{x_1}^{x_2} F(x,t) \mathrm{d}x$。热量守恒：$Q_1 = Q_2 + Q_3$。设被积函数均连续，再由 $[x_1, x_2] \times [t_1, t_2]$ 的任意性便可得所求的微分方程为

$$\frac{\partial u}{\partial t} = a^2 \frac{\partial^2 u}{\partial x^2} + \frac{F(x,t)}{c\rho}, \quad a^2 = \frac{k}{c\rho}$$

1.2.2　$u|_{x=0} = \rho_0, u_x|_{x=l} = 0$（$x=0$ 端开放，$x=l$ 端封闭）

1.2.3　
$$\begin{cases} \dfrac{\partial u}{\partial t} = a^2 \dfrac{\partial^2 u}{\partial x^2} \quad (0 < x < l, t > 0) \\[2mm] u|_{x=0} = 0, u_x|_{x=l} = \dfrac{q}{k} \quad (t \geqslant 0) \\[2mm] u|_{t=0} = \dfrac{x(l-x)}{2} (0 \leqslant x \leqslant l) \end{cases}$$

1.2.4　$(1) u|_{x=0} = 0, u|_{x=l} = 0; (2) u_x|_{x=0} = 0, u_x|_{x=l} = 0; (3) u|_{x=0} = 0,$ $u_x|_{x=l} = 0$

1.2.5　参见习题图 1.2.5 在 x_0 处左边杆在 x_0 端流出的热量完全进入右边杆，故

$$-k_1 \frac{\partial u_1}{\partial n} \bigg|_{x_0} = k_2 \frac{\partial u_2}{\partial n} \bigg|_{x_0} \Rightarrow -k_1 \frac{\partial u_1}{\partial x} \bigg|_{x_0} = -k_2 \frac{\partial u_2}{\partial x} \bigg|_{x_0}$$

于是再由连续性可得衔接条件为

$$u_1|_{x=x_0-0} = u_2|_{x=x_0+0} \text{ 和 } k_1 \frac{\partial u_1}{\partial x} \bigg|_{x_0-0} = k_2 \frac{\partial u_2}{\partial x} \bigg|_{x_0+0}$$

所以，定解问题为

$$\begin{cases} u_{1t} = \dfrac{k_1}{c_1 \rho_1} u_{1xx}, \quad x \in (0, x_0), \quad u_1|_{t=0} = \varphi_0, \quad u_1|_{x=0} = 0 \\[2mm] u_{2t} = \dfrac{k_2}{c_2 \rho_2} u_{2xx}, \quad x \in (x_0, l), \quad u_2|_{t=0} = \varphi_0, \quad u_2|_{x=l} = 0 \\[2mm] u_1|_{x=x_0-0} = u_2|_{x=x_0+0}, \quad k_1 u_{1x}|_{x=x_0-0} = k_2 u_{2x}|_{x=x_0+0} \end{cases}$$

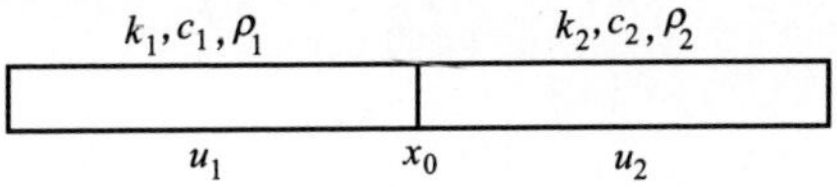

习题 1.2.5 图

习题1.4

1.4.1 $\dfrac{\mathrm{d}x}{\mathrm{d}t}=\pm a$ ， $x-at=x_0-at_0$ ， $x+at=x_0+at_0$

1.4.2 (1) 在 $x\neq0$ ， $y\neq0$ 处为双曲型方程，特征线为 $xy=C$ ， $x^{-3}y=D$ 。

   (2) 方程为抛物型方程，特征线为 $x\sin t=C$ 。

习题2.1

2.1.1 易见 $u(x,t)=x-at$ 是方程的解，该解不包含在解中 $u(x,t)=f(x+at)+g(x+at)$ 。事实上，由 $f(x+at)+g(x+at)=x-at$ ，分别令 $x=at$ 和 $x=2at$ 可得： $f(2at)+g(2at)=0$ 和 $f(3at)+g(3at)=at$ ，由此分别可得 $f(z)+g(z)=0$ 和 $f(z)+g(z)=\dfrac{z}{3}$ ， f 和 g 无解。实际上，此时 f 和 g 并不独立，可以合并成一个函数。

习题2.2

(1) $u(x,y)=x\phi_1(x+y)+\phi_2(x+y)$

(2) $u(x,y)=\phi_1(x+\mathrm{i}y)+\phi_2(x-\mathrm{i}y)$

(3) $u(x,t)=\mathrm{e}^{-5t}\phi(x+2t)$

(4) 方程可表示为 $(D_t-2D_x)(D_t-3D_x-5)u=0$ ，于是为

$$u(x,y)=\phi_1(x+2t)+\mathrm{e}^{5t}\phi_2(x+3t)$$

习题2.3

2.3.1

(1) $u(x,y)=\phi_1(x+at)+\phi_2(x-at)+\dfrac{\sin(p_1x+q_1t)}{a^2p_1^2-q_1^2}+\dfrac{\cos(p_2x+q_2t)}{a^2p_2^2-q_2^2}$

(2) $u(x,y)=x\phi_1(x+y)+\phi_2(x+y)+x^4+2x^3y$ （通解形式不唯一）

(3) $u(x,y)=\phi_1(x+\mathrm{i}y)+\phi_2(x-\mathrm{i}y)+\dfrac{1}{12}(x+y)^3$

2.3.2 (1) $u^*(x,t)=xt+\dfrac{1}{2}t^2$ (2) $u^*(x,t)=\dfrac{\mathrm{e}^{p_1x+q_1t}}{p_1^2+aq_1^2+bp_1+cq_1}$

(3) 仿照例题 2.3.2 可得 $u^*(x,y)=\phi_1(x+\mathrm{i}y)+\phi_2(x-\mathrm{i}y)-\dfrac{\cos(ax+by)}{2(a^2+b^2)}\mathrm{e}^{ax+by}$

习题3.1

3.1.1　(1) $u(x,t)=\dfrac{1}{2}\big[\ln(1+x^2+2axt+a^2t^2)+\ln(1+x^2-2axt+a^2t^2)\big]+2t$

(2) $u(x,t)=10+x^2t+\dfrac{1}{3}a^2t^3+\dfrac{1}{2a^2}(\mathrm{e}^{x+at}+\mathrm{e}^{x-at}-2\mathrm{e}^x)$

(3) $u(x,t)=x^2+t^2(1+a^2)+\dfrac{1}{a}\sin x\sin at$

(4) $u(x,t)=x+\dfrac{1}{a}\sin x\sin at+\dfrac{xt^2}{2}+\dfrac{at^3}{6}$

(5) $u(x,y)=-4y^2$

3.1.3　$u(x,t)=\begin{cases}\dfrac{1}{2}\big[\varphi(x+at)+\varphi(x-at)\big]+\dfrac{1}{2a}\displaystyle\int_{x-at}^{x+at}\psi(\xi)\mathrm{d}\xi,&x\geqslant at\\[3mm]\dfrac{1}{2}\big[\varphi(x+at)-\varphi(at-x)\big]+\dfrac{1}{2a}\displaystyle\int_{at-x}^{at+x}\psi(\xi)\mathrm{d}\xi+\mu\Big(t-\dfrac{x}{a}\Big),&x<at\end{cases}$

习题3.2

3.2.1　(1) $u(x,y,z,t)=x^3+3xa^2t^2+y^2z+za^2t^2$

(2) $u(x,y,z,t)=z(tx+y)$

(3) $u(x,y,t)=t(x+y)$

(4) 提示：由二维齐次泊松公式得：

$$u(x,y,t)=\frac{1}{2\pi a}\frac{\partial}{\partial t}\iint\limits_{C_{at}^M}\frac{\varphi(\sqrt{X^2+Y^2})}{\sqrt{(at)^2-(X-x)^2-(Y-y)^2}}\mathrm{d}X\mathrm{d}Y$$

$$+\frac{1}{2\pi a}\iint\limits_{C_{at}^M}\frac{\psi(\sqrt{X^2+Y^2})}{\sqrt{(at)^2-(X-x)^2-(Y-y)^2}}\mathrm{d}X\mathrm{d}Y$$

其中 $C_{at}^M=\{(X,Y)\,|\,(X-x)^2+(Y-y)^2\leqslant(at)^2\}$。如习题 3.2.1 图，设 $P(X,Y)$，$M(x,y)$，原点为 $O(0,0)$，θ 为 MO 和 MP 的夹角，$0\leqslant\theta\leqslant2\pi$。

$|MO|=r$，　$|OP|=\sqrt{X^2+Y^2}$，　$\rho=\sqrt{(X-x)^2+(Y-y)^2}$，则 $P(X,Y)$ 可用极坐标 (ρ,φ) 表示为

$$\begin{cases}X=x+\rho\cos\varphi,&0\leqslant\varphi\leqslant2\pi\\Y=y+\rho\sin\varphi,&0\leqslant\rho\leqslant at\end{cases}$$

再由

$$X^2+Y^2=(x+\rho\cos\varphi)^2+(y+\rho\sin\varphi)^2$$
$$=r^2+\rho^2+2\rho(x\cos\varphi+y\sin\varphi)$$
$$=r^2+\rho^2+2\rho r\left(\frac{x}{r}\cos\varphi+\frac{y}{r}\sin\varphi\right)$$
$$=r^2+\rho^2+2\rho r(\cos\beta\cos\varphi+\sin\beta\sin\varphi)$$
$$=r^2+\rho^2+2\rho r\cos(\varphi-\beta)$$
$$=r^2+\rho^2-2\rho r\cos\theta \quad (因为 \varphi-\beta=\pi-\theta)$$

参照附录中二重积分的换元公式可得

$$\iint_{C_{at}^M}\frac{\varphi(\sqrt{X^2+Y^2})}{\sqrt{(at)^2-(X-x)^2-(Y-y)^2}}\mathrm{d}X\mathrm{d}Y=\int_0^{2\pi}\mathrm{d}\varphi\int_0^{at}\frac{\varphi(\sqrt{r^2+\rho^2-2r\rho\cos\theta})}{\sqrt{(at)^2-\rho^2}}\rho\mathrm{d}\rho$$

$$(\theta=\pi-\varphi+\beta,\ \mathrm{d}\theta=-\mathrm{d}\varphi)$$

$$=\int_{-\pi+\beta}^{\pi+\beta}\mathrm{d}\theta\int_0^{at}\frac{\varphi(\sqrt{r^2+\rho^2-2r\rho\cos\theta})}{\sqrt{(at)^2-\rho^2}}\rho\mathrm{d}\rho$$

$$=\int_0^{2\pi}\mathrm{d}\theta\int_0^{at}\frac{\varphi(\sqrt{r^2+\rho^2-2r\rho\cos\theta})}{\sqrt{(at)^2-\rho^2}}\rho\mathrm{d}\rho \quad (因为被积函数关于 \theta 以 2\pi 为周期)$$

同理可得第二项。所以解为

$$u(x,y,t)=\frac{1}{2\pi a}\frac{\partial}{\partial t}\int_0^{2\pi}\mathrm{d}\theta\int_0^{at}\frac{\varphi(\sqrt{r^2+\rho^2-2r\rho\cos\theta})}{\sqrt{(at)^2-\rho^2}}\rho\mathrm{d}\rho$$

$$+\frac{1}{2\pi a}\int_0^{2\pi}\mathrm{d}\theta\int_0^{at}\frac{\psi(\sqrt{r^2+\rho^2-2r\rho\cos\theta})}{\sqrt{(at)^2-\rho^2}}\rho\mathrm{d}\rho$$

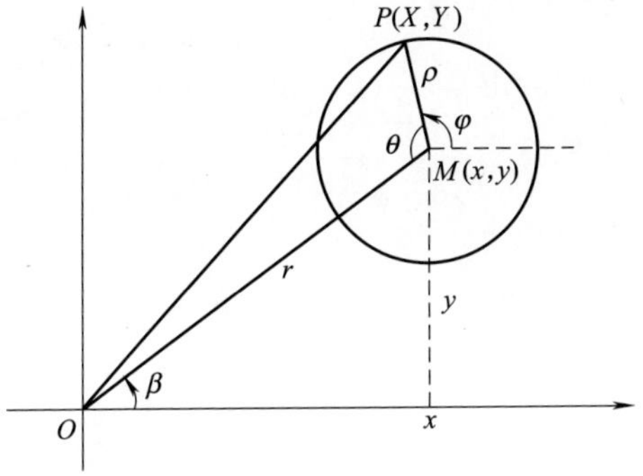

习题 3.2.1 图

3.2.2 参照泊松公式的导出过程。

在球面坐标系下定解问题为

$$\begin{cases} \dfrac{\partial^2(rV)}{\partial t^2}=a^2\dfrac{\partial^2(rV)}{\partial r^2}, & 0<r<+\infty,\ t>0 \\[2mm] (rV)\big|_{t=0}=r\varphi(r),\ \dfrac{\partial(rV)}{\partial t}\bigg|_{t=0}=r\psi(r) \end{cases}$$

其中 $V=V(r,\theta,\varphi,t)=u(r\sin\theta\cos\varphi,r\sin\theta\sin\varphi,r\cos\theta,t)$。通解为 $rV(r,t)=f_1(r+at)+f_2(r-at)$，由定解条件得

$$f_1(r)+f_2(r)=r\varphi(r),\quad f_1'(r)-f_2'(r)=\frac{1}{a}r\psi(r)$$

第二个方程两边积分得 $f_1(r)-f_2(r)=\dfrac{1}{a}\displaystyle\int_0^r \xi\psi(\xi)\mathrm{d}\xi+C$（为常数）与第一个方程联立求解可得

$$f_1(r)=\frac{1}{2a}\int_0^r \xi\psi(\xi)\mathrm{d}\xi+\frac{1}{2}r\varphi(r)+\frac{C}{2},$$

$$f_2(r)=-\frac{1}{2a}\int_0^r \xi\psi(\xi)\mathrm{d}\xi+\frac{1}{2}r\varphi(r)-\frac{C}{2}\,。\ (*)$$

若 $r\geqslant at$，则

$$\begin{aligned} rV(r,t)&=f_1(r+at)+f_2(r-at)\\ &=\frac{(r+at)\varphi(r+at)+(r-at)\varphi(r-at)}{2}+\frac{1}{2a}\int_{r-at}^{r+at}\xi\psi(\xi)\mathrm{d}\xi\,。 \end{aligned}$$

若 $r<at$，不能直接代入，因为 $\varphi(\cdot)$，$\psi(\cdot)$ 只在 $(0,+\infty)$ 有定义。令 $r=0$ 可得

$f_1(at)+f_2(-at)=0$，于是 $f_2(-at)=-f_1(at)$，从而 $f_2(r-at)=-f_1(at-r)$。由（*）式得

$$\begin{aligned} rV(r,t)&=f_1(r+at)+f_2(r-at)\\ &=f_1(r+at)-f_1(at-r)\\ &=\frac{1}{2a}\int_0^{r+at}\xi\psi(\xi)\mathrm{d}\xi+\frac{1}{2}(r+at)\varphi(r+at)+\frac{C}{2}\\ &\quad-\left[\frac{1}{2a}\int_0^{at-r}\xi\psi(\xi)\mathrm{d}\xi+\frac{1}{2}(at-r)\varphi(at-r)+\frac{C}{2}\right]\\ &=\frac{1}{2}[(r+at)\varphi(r+at)+(r-at)\varphi(at-r)]+\frac{1}{2a}\int_{at-r}^{r+at}\xi\psi(\xi)\mathrm{d}\xi\,。 \end{aligned}$$

综上述，解可统一表示为：

$$V(r,t)=\frac{(r+at)\varphi(r+at)+(r-at)\varphi(|r-at|)}{2r}+\frac{1}{2ar}\int_{|r-at|}^{r+at}\xi\psi(\xi)\mathrm{d}\xi\,。$$

3.2.4 对于初始条件 $u|_{t=0}=x^2(x+y^2)$ 关于 y 不满足线性性。

习题4.1

参见表 4.1.1。

习题4.2

4.2.1 (1)

$$u(x,t) = \cos\pi at \sin\pi x + \frac{1}{2\pi a}\sin 2\pi at \sin 2\pi x + \left(-\frac{1}{9\pi^2 a^2}\cos 3\pi at + \frac{1}{9\pi^2 a^2}\right)\sin 3\pi x$$

(2) $u(x,t) = \sum_{k=1}^{\infty}(-1)^k\frac{2}{(k\pi)^3 a^2}(\cos k\pi at - 1)\sin k\pi x$

(3) 该问题的本征函数系为 $\left\{\sin\dfrac{n\pi x}{3}\right\}_{n=1}^{\infty}$

解为 $u(x,y) = \sum_{n=1}^{\infty}Y_n(y)\sin\dfrac{n\pi x}{3}$，代入方程比较系数得 $Y_n''(y) - \left(\dfrac{n\pi}{3}\right)^2 Y_n$

$(y) = 0$，解之得 $Y_n(y) = C_n e^{-\frac{n\pi y}{3}} + D_n e^{\frac{n\pi y}{3}}$。由 $\lim\limits_{y\to+\infty}u = 0$ 得 $D_n = 0$，所以

$u(x,y) = \sum_{n=1}^{\infty}C_n e^{-\frac{n\pi y}{3}}\sin\dfrac{n\pi x}{3}$。再由 $u(x,0) = u_0 = \sum_{n=1}^{\infty}C_n\sin\dfrac{n\pi x}{3}$ 可得

$$C_n = \frac{2u_0}{3}\int_0^3\sin\frac{n\pi x}{3}\mathrm{d}x = \frac{2u_0}{n\pi}\{1 - (-1)^n\}$$

于是 $\qquad u(x,y) = \dfrac{4u_0}{\pi}\sum_{k=0}^{\infty}\dfrac{1}{2k+1}e^{-\frac{(2k+1)\pi}{3}y}\sin\dfrac{(2k+1)\pi}{3}x$

(4) $u(x,t) = \dfrac{B-A}{2l}x^2 + Ax - \dfrac{Al}{2} + \dfrac{4Al}{\pi^2}\sum_{n=1}^{\infty}\dfrac{1}{(2n-1)^2}\cos\dfrac{(2n-1)\pi at}{l}\cos\dfrac{(2n-1)\pi x}{l}$

4.2.2 定解问题为 $\begin{cases} u_{tt} = a^2 u_{xx} - g, & 0 < x < l, \quad t > 0 \\ u|_{x=0} = 0, \quad u|_{x=l} = 0, & t > 0 \\ u|_{t=0} = u_t|_{t=0} = 0, & 0 \le x \le l \end{cases}$

解为 $u(x,t) = \dfrac{-2gl^2}{\pi^3 a^2}\sum_{n=1}^{\infty}\sin\dfrac{n\pi x}{l}\left[\dfrac{1-(-1)^n}{n^3}\left(1 - \cos\dfrac{n\pi a}{l}t\right)\right]$

4.2.3 设杆的两端所受压力大小相等，杆受压后长度改变量为 $l - l(1 - 2\varepsilon) = 2l\varepsilon$，两端的改变量大小相等，如习题 4.2.3 图所示，$x=0$ 端的位移为 $l\varepsilon$，$x=l$ 端的位移为 $-l\varepsilon$。

因而，定解问题为 $\begin{cases} u_{tt} = a^2 u_{xx}, & 0 < x < l, \quad t > 0 \\ u_x|_{x=0} = 0, \quad u_x|_{x=l} = 0, & t > 0 \\ u|_{t=0} = 2\varepsilon\left(\dfrac{l}{2} - x\right), \quad u_t|_{t=0} = 0, & 0 \le x \le l \end{cases}$

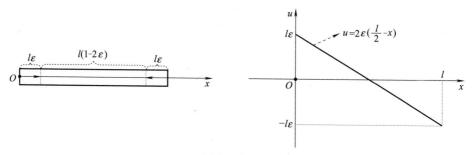

习题4.2.3　图

解为　　$u(x,t)=\dfrac{8\varepsilon l}{\pi^2}\displaystyle\sum_{k=0}^{\infty}\dfrac{1}{(2k+1)^2}\cos\dfrac{(2k+1)\pi a}{l}t\cdot\cos\dfrac{(2k+1)\pi}{l}x$

4.2.5

$$u(x,t)=\sum_{n=0}^{\infty}\left[\varphi_n\cos\dfrac{(2n+1)\pi at}{2l}+\dfrac{2l}{(2n+1)\pi a}\psi_n\sin\dfrac{(2n+1)\pi at}{2l}\right]\cos\dfrac{(2n+1)\pi}{2l}x$$

其中，φ_n 和 ψ_n 分别为 $\varphi(x)$ 和 $\psi(x)$ 关于本征函数系 $\left\{\cos\dfrac{(2n+1)\pi}{2l}x\right\}_{n=0}^{\infty}$ 展开的傅里叶系数，见表 4.1.1。

习题4.3

4.3.1

(1) $u(x,t)=\mathrm{e}^{-\frac{\pi^2 a^2}{4}t}\cos\dfrac{\pi}{2}x+\mathrm{e}^{-\pi^2 a^2 t}\cos\pi x$

(2) $u(x,t)=\mathrm{e}^{-4\pi^2 a^2 t}\cos2\pi x+\dfrac{A}{\pi^2 a^2}(1-\mathrm{e}^{-\pi^2 a^2 t})\cos\pi x$

(3) $u(x,t)=\mathrm{e}^{-a^2 t}\sin x+2\mathrm{e}^{-9a^2 t}\sin3x$

(4)

$$u(x,t)=\left[\sum_{n=1}^{\infty}\varphi_n\mathrm{e}^{-(\frac{n\pi a}{l})^2 t}\sin\dfrac{n\pi}{l}x\right]+\left\{\sum_{n=1}^{\infty}\left[\int_0^t f_n(\tau)\mathrm{e}^{-(\frac{n\pi a}{l})^2(t-\tau)}\,\mathrm{d}\tau\right]\sin\dfrac{n\pi}{l}x\right\}$$

其中，φ_n 和 $f_n(t)$ 分别为 $\varphi(x)$ 和 $f(x,t)$ 关于本征函数系 $\left\{\sin\dfrac{n\pi}{l}x\right\}_{n=1}^{\infty}$ 展开的傅里叶系数。

(5) $$w(x,t)=A_1+\dfrac{x}{l}(A_2-A_1)$$

$$u(x,t) = A_1 + \frac{x}{l}(A_2 - A_1) +$$

$$\frac{2}{\pi}\sum_{n=1}^{\infty}\frac{1}{n}\{(A_0 - A_1)[1-(-1)^n]+(-1)^n(A_2-A_1)\}e^{-\left(\frac{n\pi a}{l}\right)^2 t}\sin\frac{n\pi}{l}x$$

4.3.2

解为 $u(x,t) = \sum_{n=1}^{\infty}\varphi_n e^{\left[\beta-D\left(\frac{n\pi}{l}\right)^2\right]t}\sin\frac{n\pi}{l}x$，$\varphi_n = \frac{2}{l}\int_0^l\varphi(x)\sin\frac{n\pi}{l}x\,\mathrm{d}x$

提示：该问题的本征函数系为 $\left\{\sin\frac{n\pi x}{l}\right\}_{n=1}^{\infty}$，解为 $u(x,t) = \sum_{n=1}^{\infty}T_n(t)\sin$

$\frac{n\pi x}{l}$，代入方程比较系数得 $T_n'(t) + \left[D\left(\frac{n\pi}{l}\right)^2 - \beta\right]T_n(t) = 0$

解之得 $T_n(t) = C_n e^{-\left[D\left(\frac{n\pi}{l}\right)^2-\beta\right]t}$。所以 $u(x,t) = \sum_{n=1}^{\infty}C_n e^{-\left[D\left(\frac{n\pi}{l}\right)^2-\beta\right]t}\sin$

$\frac{n\pi x}{l}$。再由 $u(x,0) = \varphi(x) = \sum_{n=1}^{\infty}C_n\sin\frac{n\pi x}{l}$ 可得 $C_n = \frac{2}{l}\int_0^l\varphi(x)\sin\frac{n\pi x}{l}\mathrm{d}x$。

4.3.3 定解问题为

$$\begin{cases}\dfrac{\partial u}{\partial t} = a^2\dfrac{\partial^2 u}{\partial x^2}(0<x<l,t>0)\\ u(0,t)=0,u_x(l,t)=0(t\geq 0)\\ u(x,0)=\varphi(x)(0\leq x\leq l)\end{cases}$$

解为 $u(x,t) = \sum_{n=0}^{\infty}\varphi_n e^{-\left[\frac{(2n+1)a\pi}{2l}\right]^2 t}\sin\frac{(2n+1)\pi}{2l}x$，其中，$\varphi_n$ 为 $\varphi(x)$ 关

于本征函数系 $\left\{\sin\frac{(2n+1)\pi}{2l}x\right\}_{n=0}^{\infty}$ 展开的傅里叶系数，见表 4.1.1。

4.3.4 定解问题为 $\begin{cases}\dfrac{\partial u}{\partial t} = a^2\dfrac{\partial^2 u}{\partial x^2} \quad (0<x<l,\quad t>0)\\ u_x(0,t)=0,\quad u_x(l,t)+hu(l,t)=0 \quad (t\geq 0)\\ u(x,0)=A_0 \quad (0\leq x\leq l)\end{cases}$

分离变量：$u(x,t) = X(x)T(t)$，代入方程整理可得 $\dfrac{X''(x)}{X(x)} = \dfrac{T'(t)}{a^2 T(t)} =$

$-\lambda$，所以有

$$\begin{cases}X''(x)+\lambda X(x)=0\\ T'(t)+\lambda a^2 T(t)=0\end{cases}$$ 和边界条件 $X'(0)=0,X'(l)+hX(l)=0$

求解 $\begin{cases}X''(x)+\lambda X(x)=0\\ X'(0)=0,X'(l)+hX(l)=0\end{cases}$ 可知对于 $\lambda>0$ 才有非零解，通解为

$X(x) = A\cos\sqrt{\lambda}\,x + B\sin\sqrt{\lambda}\,x$，由 $X'(0) = 0 \Rightarrow B = 0$，所以 $X(x) = A\cos\sqrt{\lambda}\,x$。由 $X'(l) + hX(l) = 0$ 得 $-\sqrt{\lambda}\sin\sqrt{\lambda}\,l + h\cos\sqrt{\lambda}\,l = 0$，令 $\sqrt{\lambda}\,l = \gamma$ 得 $\cot\gamma = \dfrac{\gamma}{lh}$。设 $\gamma_1, \gamma_2, \cdots, \gamma_n, \cdots$ 为方程 $\cot\gamma = \dfrac{\gamma}{lh}$ 的正根，则可得本征值和本征函数系为

$$\lambda_n = \left(\frac{\gamma_n}{l}\right)^2, \quad \left\{\cos\frac{\gamma_n}{l}x\right\} \quad (n = 1, 2, \cdots)。$$

类似于【例 4.3.4】可以证明本征函数系 $\left\{\cos\dfrac{\gamma_n}{l}x\right\}_{n=1}^{\infty}$ 的正交性。解为 $u(x,t) = \displaystyle\sum_{n=1}^{\infty} T_n(t)\cos\frac{\gamma_n}{l}x$，$T_n(t)$ 满足方程 $T'_n(t) + \lambda_n a^2 T_n(t) = 0$，解为 $T_n(t) = \mathrm{e}^{-\left(\frac{\gamma_n a}{l}\right)^2 t}$，所以 $u(x,t) = \displaystyle\sum_{n=1}^{\infty} C_n \mathrm{e}^{-\left(\frac{\gamma_n a}{l}\right)^2 t}\cos\frac{\gamma_n}{l}x$

由 $u(x,0) = A_0 = \displaystyle\sum_{n=1}^{\infty} C_n\cos\frac{\gamma_n}{l}x$ 可得 $C_n = \dfrac{A_0}{L_n}\displaystyle\int_0^l \cos\frac{\gamma_n}{l}x\,\mathrm{d}x = \dfrac{A_0 l}{L_n \gamma_n}\sin\gamma_n$。

其中，$L_n = \displaystyle\int_0^l \left(\cos\frac{\gamma_n}{l}x\right)^2 \mathrm{d}x = \dfrac{l(h^2 + l^2\gamma_n^2) + l^2 h}{2(l^2 h^2 + \gamma_n^2)}$，$\sin^2\gamma_n = \dfrac{l^2}{h^2 + l^2\gamma_n^2}$。

解为 $\quad u(x,t) = 2A_0 lh \displaystyle\sum_{n=1}^{\infty} \frac{\sqrt{h^2 l^2 + \gamma_n^2}}{(h^2 l^2 + \gamma_n^2 + hl)\gamma_n} \mathrm{e}^{-\left(\frac{\gamma_n a}{l}\right)^2 t}\cos\frac{\gamma_n}{l}x$

习题4.4

4.4.1 利用式(4.4.5)得解为

$$u(\rho,\theta) = A + \frac{B}{\rho_0}\rho\sin\theta$$

4.4.2

$$u(\rho,\theta) = c_0 + d_0\ln\rho$$

$$+ \sum_{n=1}^{\infty}\rho^n(a_n\cos n\theta + b_n\sin n\theta) + \sum_{n=1}^{\infty}\rho^{-n}(\bar{a}_n\cos n\theta + \bar{b}_n\sin n\theta)$$

由 $u\big|_{\rho=b} = 0$ 得 $c_0 + d_0\ln b = 0$，且 $\begin{cases} b^n a_n + b^{-n}\bar{a}_n = 0 \\ b^n b_n + b^{-n}\bar{b}_n = 0 \end{cases} \quad (n = 1, 2, \cdots)$

由 $u\big|_{\rho=a} = \sin\theta$ 得 $c_0 + d_0\ln a = 0$，且 $\begin{cases} aa_1 + a^{-1}\bar{a}_1 = 0 \\ ab_1 + a^{-1}\bar{b}_1 = 1 \end{cases}$，$\begin{cases} a^n a_n + a^{-n}\bar{a}_n = 0 \\ a^n b_n + a^{-n}\bar{b}_n = 0 \end{cases}$

$(n = 2, 3, \cdots)$

求解 $\begin{cases} c_0 + d_0 \ln a = 0 \\ c_0 + d_0 \ln b = 0 \end{cases}$　可得 $c_0 = d_0 = 0$。

求解 $\begin{cases} b^n a_n + b^{-n} \overline{a}_n = 0 \\ a^n a_n + a^{-n} \overline{a}_n = 0 \end{cases}$　可得 $a_n = \overline{a}_n = 0$,　$n = 1, 2, \cdots$。

求解 $\begin{cases} a^n b_n + a^{-n} \overline{b}_n = 0 \\ b^n b_n + b^{-n} \overline{b}_n = 0 \end{cases}$　可得 $b_n = \overline{b}_n = 0$,　$n = 2, 3, \cdots$。

求解 $\begin{cases} bb_1 + b^{-1} \overline{b}_1 = 0 \\ ab_1 + a^{-1} \overline{b}_1 = 1 \end{cases}$　并代入上述解式可得解为:

$$u(\rho, \theta) = \left(\frac{a}{a^2 - b^2} \rho - \frac{ab^2}{a^2 - b^2} \frac{1}{\rho} \right) \sin\theta$$

4.4.3　提示:分离变量 $u(r, \theta) = R(\rho)\Theta(\theta)$,得本征值问题

$$\begin{cases} \Theta''(\theta) + \lambda\Theta(\theta) = 0 \\ \Theta(\alpha) = \Theta(\beta) = 0 \end{cases} \qquad \begin{cases} \rho^2 R''(\rho) + \rho R'(\rho) - \lambda R(\rho) = 0 \\ |R(0)| < +\infty \end{cases}$$

令 $\varphi = \theta - \alpha$,第一个本征值问题变为

$$\begin{cases} \overline{\Theta}''(\varphi) + \lambda\overline{\Theta}(\varphi) = 0 \\ \overline{\Theta}(0) = \overline{\Theta}(\beta - \alpha) = 0 \end{cases},\quad \text{其中, } \overline{\Theta}(\varphi) = \Theta(\varphi + \alpha), \text{ 则 } \Theta(\theta) = \overline{\Theta}(\theta - \alpha)\text{。}$$

这相当于 $l = \beta - \alpha$。查表 4.1.1 得本征值和本征函数为

$$\lambda_n = \left(\frac{n\pi}{\beta - \alpha} \right)^2, \quad \Theta_n(\theta) = \sin\frac{n\pi}{\beta - \alpha}(\theta - \alpha), \quad n = 1, 2, \cdots$$

把 λ_n 代入第二个本征值问题求得 $R_n(\rho) = \rho^{\frac{n\pi}{\beta - \alpha}}$,叠加得

$$u(r, \theta) = \sum_{n=1}^{\infty} A_n \rho^{\frac{n\pi}{\beta - \alpha}} \sin\frac{n\pi}{\beta - \alpha}(\theta - \alpha)$$

其中,

$$A_n \rho_0^{\frac{n\pi}{\beta - \alpha}} = \frac{2}{\beta - \alpha} \int_\alpha^\beta f(\theta) \sin\frac{n\pi}{\beta - \alpha}(\theta - \alpha) \mathrm{d}\theta$$

4.4.4　提示:把方程齐次化,通过 $u(x, y) = v(x, y) + w(x, y)$,其中

$$w(x, y) = \frac{a}{4}(x^2 + y^2) + \frac{b}{12}(x^2 - y^2)(x^2 + y^2)$$

原方程变为 [其中 $w(x, y)$ 为方程的特解]

$$\begin{cases} \dfrac{\partial^2 v}{\partial x^2} + \dfrac{\partial^2 v}{\partial y^2} = 0, & R_1^2 < x^2 + y^2 < R_2^2 \\[3mm] v\big|_{x^2+y^2=R_1^2} = A - \dfrac{aR_1^2}{4} - \dfrac{b}{12}(x^2-y^2)R_1^2 \\[3mm] v\big|_{x^2+y^2=R_2^2} = -\dfrac{aR_2^2}{4} - \dfrac{b}{12}(x^2-y^2)R_2^2 \end{cases}$$

令 $V(\rho,\theta) = v(\rho\cos\theta, \rho\sin\theta)$，则有

$$\begin{cases} \dfrac{\partial^2 V}{\partial \rho^2} + \dfrac{1}{\rho}\dfrac{\partial V}{\partial \rho} + \dfrac{1}{\rho^2}\dfrac{\partial^2 V}{\partial \theta^2} = 0, & R_1 < \rho < R_2, \quad 0 \le \theta \le 2\pi \\[3mm] V\big|_{\rho=R_1} = A - \dfrac{a}{4}R_1^2 - \dfrac{b}{12}R_1^4\cos2\theta, & 0 \le \theta \le 2\pi \\[3mm] V\big|_{\rho=R_2} = -\dfrac{a}{4}R_2^2 - \dfrac{b}{12}R_2^4\cos2\theta, & 0 \le \theta \le 2\pi \end{cases}$$

解为

$$V(\rho,\theta) = c_0 + d_0\ln\rho$$
$$+ \sum_{n=1}^{\infty} \rho^n(a_n\cos n\theta + b_n\sin n\theta) + \sum_{n=1}^{\infty} \rho^{-n}(\overline{a}_n\cos n\theta + \overline{b}_n\sin n\theta)$$

由

$$V\big|_{\rho=R_1} = A - \dfrac{a}{4}R_1^2 - \dfrac{b}{12}R_1^4\cos2\theta$$

$$= c_0 + d_0\ln R_1$$

$$+ \sum_{n=1}^{\infty} R_1^n(a_n\cos n\theta + b_n\sin n\theta) + \sum_{n=1}^{\infty} R_1^{-n}(\overline{a}_n\cos n\theta + \overline{b}_n\sin n\theta)$$

$$V\big|_{\rho=R_2} = -\dfrac{a}{4}R_2^2 - \dfrac{b}{12}R_2^4\cos2\theta$$

$$= c_0 + d_0\ln R_2$$

$$+ \sum_{n=1}^{\infty} R_2^n(a_n\cos n\theta + b_n\sin n\theta) + \sum_{n=1}^{\infty} R_2^{-n}(\overline{a}_n\cos n\theta + \overline{b}_n\sin n\theta)$$

对比系数得:

$$n=0: \begin{cases} c_0 + d_0\ln R_1 = A - \dfrac{a}{4}R_1^2 \\[3mm] c_0 + d_0\ln R_2 = -\dfrac{a}{4}R_2^2 \end{cases}$$

$$n=2: \begin{cases} R_1^2 a_2 + R_1^{-2}\overline{a}_2 = -\dfrac{b}{12}R_1^4 \\ R_2^2 a_2 + R_2^{-2}\overline{a}_2 = -\dfrac{b}{12}R_2^4 \end{cases}$$

$$n \neq 0,2: \quad a_n = \overline{a}_n = b_n = \overline{b}_n = 0$$

求解上述方程组可得解：

$$V(\rho,\theta) = -\frac{a}{4}\cdot\frac{R_1^2\ln\left(\dfrac{R_2}{\rho}\right)+R_2^2\ln\left(\dfrac{\rho}{R_1}\right)}{\ln\left(\dfrac{R_2}{R_1}\right)} + A\frac{\ln\left(\dfrac{R_2}{\rho}\right)}{\ln\left(\dfrac{R_2}{R_1}\right)}$$

$$+\frac{b}{12}\left(-\frac{R_1^4+R_1^2R_2^2+R_2^4}{R_1^2+R_2^2}\rho^2 + \frac{R_1^4 R_2^4}{R_1^2+R_2^2}\rho^{-2}\right)\cos 2\theta$$

习题5.1

5.1.2 (1) 0；(2) 0；(3) 0；(4)；$\dfrac{6}{35}$；(5) 0。

提示：(4) 由性质 5.1.3 的 $(n+1)P_{n+1}(x)+nP_{n-1}(x)=(2n+1)xP_n(x)$，取 $n=2$ 得 $xP_2(x)=\dfrac{1}{5}\big[3P_3(x)+2P_1(x)\big]$。代入积分，由勒让德多项式的正交性可得：原式 $=\dfrac{3}{5}\displaystyle\int_{-1}^{1}P_3^2(x)\,\mathrm{d}x \xlongequal{性质 5.1.4} \dfrac{3}{5}\cdot\dfrac{2}{7}=\dfrac{6}{35}$。

(5) 类似于习题 5.1.2 (4)，由性质 5.1.3 得：$xP_6(x)=\dfrac{1}{13}\big[7P_7(x)+6P_5(x)\big]$，$xP_7(x)=\dfrac{1}{15}\big[8P_8(x)+7P_6(x)\big]$。代入积分，由勒让德多项式的正交性可得结论。

5.1.3 由性质 5.1.3 的第二式得 $P_n(x)=\dfrac{1}{2n+1}\big[P'_{n+1}(x)+-P'_{n-1}(x)\big]$，两端在区间 $[x,1]$ 上积分得：

$$\int_x^1 P_n(x)\,\mathrm{d}x = \frac{1}{2n+1}\left[\int_x^1 P'_{n+1}(x)\,\mathrm{d}x - \int_x^1 P'_{n-1}(x)\,\mathrm{d}x\right]$$

$$\xlongequal{例 5.1.1,\,P_n(1)=1} \frac{1}{2n+1}\big[P_{n-1}(x)-P_{n+1}(x)\big]$$

5.1.5 提示：仿照性质 5.1.3 的第一个递推公式的证明。

习题5.2

5.2.1 (1) $u(r,\theta)=20+20r\cos\theta$

(2) 令 $x = \cos\theta$

$$2 + x^2 = A_0 P_0(x) + A_1 P_1(x) + A_2 P_2(x)$$

$$= A_0 + A_1 x + A_2\left[\frac{1}{2}(3x^2 - 1)\right]$$

$$= \left(A_0 - \frac{1}{2}A_2\right) + A_1 x + \frac{3}{2}A_2 x^2$$

比较系数得 $A_0 = \dfrac{7}{3}$，$A_1 = 0$，$A_2 = \dfrac{2}{3}$。由解公式 $u(r,\theta) = \displaystyle\sum_{n=0}^{\infty} A_n r^n P_n(\cos\theta)$ 和 $u(1,\theta) = 2 + \cos^2\theta = \displaystyle\sum_{n=0}^{\infty} A_n P_n(\cos\theta)$ 可得解为 $u(r,\theta) = \dfrac{7}{3} + \dfrac{2}{3}r^2 P_2(\cos\theta)$。

(3) $u(r,\theta) = \displaystyle\sum_{n=0}^{\infty} A_n r^n P_n(\cos\theta)$，$A_n = \dfrac{2n+1}{2}\displaystyle\int_0^{\pi} f(\theta) P_n(\cos\theta)\sin\theta\,d\theta$

$A_0 = \dfrac{1}{2}\displaystyle\int_0^{\frac{\pi}{2}}\cos\theta\sin\theta\,d\theta = \dfrac{1}{8}$，$A_1 = \dfrac{3}{2}\displaystyle\int_0^{\frac{\pi}{2}}\cos^2\theta\sin\theta\,d\theta = \dfrac{1}{2}$

对于 $n > 1$，

$$A_n = \frac{2n+1}{2}\int_0^{\pi/2}\cos\theta\cdot P_n(\cos\theta)\sin\theta\,d\theta$$

$$= \frac{2n+1}{2}\int_0^1 x\cdot P_n(x)\,dx$$

$$\xlongequal{\text{式}(5.1.10b)} \frac{n+1}{2}\int_0^1 P_{n+1}(x)\,dx + \frac{n}{2}\int_0^1 P_{n-1}(x)\,dx$$

$$\xlongequal{\text{习题}5.1.3} \frac{n+1}{2(2n+3)}[P_n(0) - P_{n+2}(0)] + \frac{n}{2(2n-1)}[P_{n-2}(0) - P_n(0)]$$

$$\xlongequal{\text{例}5.1.1} \begin{cases} (-1)^{k+1}\dfrac{k(2k-2)!}{2^{2k+1}(k!)^2}\left(\dfrac{4k+1}{k+1}\right), & n = 2k \\[3mm] 0, & n = 2k+1 \end{cases}$$

于是，解为

$$u(r,\theta) = \frac{1}{4} + \frac{1}{2}r\cos\theta + \sum_{n=1}^{\infty}(-1)^{n+1}\frac{n(2n-2)!}{2^{2n+1}(n!)^2}\left(\frac{4n+1}{n+1}\right)r^{2n}P_{2n}(\cos\theta)$$

5.2.2 $u(r,\theta) = 50(1 - r\cos\theta)$

5.2.3 (1) $u(r,\theta) = \displaystyle\sum_{n=0}^{\infty}(C_n r^n + D_n r^{-(n+1)})P_n(\cos\theta)$。由 $u(r_1,\theta) = f_1(\theta)$，$u(r_2,\theta) = f_2(\theta) = 0$ 得

$$\begin{cases} \sum_{n=0}^{\infty} (C_n r_1^n + D_n r_1^{-(n+1)}) P_n(\cos\theta) = f_1(\theta) \\ \sum_{n=0}^{\infty} (C_n r_2^n + D_n r_2^{-(n+1)}) P_n(\cos\theta) = 0 \end{cases}$$

由 $f(\theta) = \sum_{n=0}^{\infty} A_n P_n(\cos\theta)$, $\quad A_n = \dfrac{2n+1}{2} \int_0^{\pi} f_1(\theta) P_n(\cos\theta) \sin\theta \, d\theta$

得 $\begin{cases} C_n r_1^n + D_n r_1^{-(n+1)} = A_n = \dfrac{2n+1}{2} \int_0^{\pi} f_1(\theta) P_n(\cos\theta) \sin\theta \, d\theta \\ C_n r_2^n + D_n r_2^{-(n+1)} = 0 \end{cases}$

解之得

$$\begin{cases} C_n = A_n \left[\left(\dfrac{r_1}{r_2}\right)^n - \left(\dfrac{r_1}{r_2}\right)^{-(n+1)} \right]^{-1} r_2^{-n} \\ D_n = A_n \left[\left(\dfrac{r_1}{r_2}\right)^{-(n+1)} - \left(\dfrac{r_1}{r_2}\right)^n \right]^{-1} r_2^{n+1} \end{cases}$$

代入解的公式可得:

$$u(r,\theta) = \sum_{n=0}^{\infty} A_n \left[\left(\dfrac{r_1}{r_2}\right)^n - \left(\dfrac{r_2}{r_1}\right)^{n+1} \right]^{-1} \left\{ \left(\dfrac{r}{r_2}\right)^n - \left(\dfrac{r_2}{r}\right)^{n+1} \right\} P_n(\cos\theta)$$

(2) $u_2(r,\ \theta) = \sum_{n=0}^{\infty} D_n \left[\left(\dfrac{r}{r_1}\right)^n - \left(\dfrac{r_1}{r}\right)^{n+1} \right] P_n(\cos\theta)$

其中, D_n 满足: $D_n \left[\left(\dfrac{r_2}{r_1}\right)^n - \left(\dfrac{r_1}{r_2}\right)^{n+1} \right] = \dfrac{2n+1}{2} \int_0^{\pi} f_2(\theta) P_n(\cos\theta) \sin\theta \, d\theta$

(3) $u(r,\theta) = u_1(r,\theta) + u_2(r,\theta)$

5.2.4

$$u(r,\theta) = 60r^{-1} + 20 \sum_{n=0}^{\infty} (-1)^n \frac{(2n)!}{2^{2n}(n!)^2} \left(\frac{4n+3}{n+1} \right) r^{-(2n+2)} P_{2n+1}(\cos\theta)$$

习题5.3

5.3.1 (1) 第一步: 先把 $f(\theta,\varphi) = U_0 \sin^2\theta \cos\varphi \sin\varphi$ 展开为关于 $\{1,$ $\cos m\varphi, \sin m\varphi\}$ 的傅里叶级数, 即 $f(\theta,\varphi) = U_0 \sin^2\theta \cos\varphi \sin\varphi = \dfrac{1}{2} U_0 \sin^2\theta \sin 2\varphi$。

只有一项为 $m=2$, 记 $f_2(\theta) = \dfrac{1}{2} U_0 \sin^2\theta$。

第二步: 把 $f_2(\theta)$ 按 $P_n^2(\cos\theta)$ 展开, 由式 (5.3.9) 得

$$f_2(\theta) = \frac{1}{2} U_0 \sin^2\theta = \frac{1}{6} U_0 (3\sin^2\theta) = \frac{1}{6} U_0 P_2^2(\cos\theta)$$

于是　　　　$f(\theta,\varphi)=\dfrac{1}{2}U_0\sin^2\theta\sin2\varphi=\dfrac{1}{6}U_0P_2^2(\cos\theta)\sin2\varphi$

(2)

$$f(\theta,\varphi)=4\sin^2\theta\left(\sin\varphi\cos\varphi+\dfrac{1}{2}\right)=2\sin^2\theta+2\sin^2\theta\sin2\varphi$$

$$m=0,\ f_0(\theta)=2\sin^2\theta=2-2\cos^2\theta=\dfrac{4}{3}P_0^0(\cos\theta)-\dfrac{4}{3}P_2^0(\cos\theta)$$

$$m=2,\ f_2(\theta)=2\sin^2\theta=\dfrac{2}{3}P_2^2(\cos\theta)$$

于是 $f(\theta,\varphi)=\dfrac{4}{3}P_0^0(\cos\theta)-\dfrac{4}{3}P_2^0(\cos\theta)+\dfrac{2}{3}P_2^2(\cos\theta)\sin2\varphi$

(3)

$$f(\theta,\varphi)=U_0(3\sin^2\theta\sin^2\varphi-1)$$

$$=U_0\left[\dfrac{3}{2}\sin^2\theta(1-\cos2\varphi)-1\right]$$

$$=-U_0\left[P_2(\cos\theta)+\dfrac{1}{2}P_2^2(\cos\theta)\cos2\varphi\right]$$

5.3.2　(1) 由习题 5.3.1 结论和求解公式（5.3.11）易得

$$u(r,\theta,\varphi)=\dfrac{4U_0}{3}P_0^0(\cos\theta)-\dfrac{4U_0}{3}a^{-2}r^2P_2^0(\cos\theta)+\dfrac{2U_0}{3}a^{-2}r^2P_2^2(\cos\theta)\sin2\varphi$$

(2) 由习题 5.3.1 结论和求解公式（5.3.12）易得

$$u(r,\theta,\varphi)=\dfrac{4U_0}{3}ar^{-1}P_0^0(\cos\theta)-\dfrac{4U_0}{3}a^3r^{-3}P_2^0(\cos\theta)+\dfrac{2U_0}{3}a^3r^{-2}P_2^2(\cos\theta)\sin2\varphi$$

习题6.5

6.5.1　(1) $xJ_1(x)+C$　　(2) $-J_0(x)+C$　　(3) $x^3J_3(x)+C$

(4) $J_0(x)-\dfrac{4}{x}J_1(x)+C$

6.5.3　$J_5(x)=-\dfrac{12}{x}\left(\dfrac{16}{x^2}-1\right)J_0(x)+\left(\dfrac{384}{x^4}-\dfrac{72}{x^2}+1\right)J_1(x)$

6.5.4　$x^2=2\displaystyle\sum_{j=1}^{\infty}\dfrac{1}{\alpha_{2,j}J_3(\alpha_{2,j})}J_2(\alpha_{2,j}x)$

6.5.5　$V(\rho,t)=\displaystyle\sum_{j=0}^{\infty}(C_j\cos a\lambda_{0,j}t+D_j\sin a\lambda_{0,j}t)$

其中

$$C_j = \frac{2}{R^2 J_1^2(\alpha_{0,j})} \int_0^R \rho f(\rho) J_0(\lambda_{0,j}\rho) \mathrm{d}\rho$$

$$D_j = \frac{2}{aR\alpha_{0,j} J_1^2(\alpha_{0,j})} \int_0^R \rho g(\rho) J_0(\lambda_{0,j}\rho) \mathrm{d}\rho$$

式中，$\lambda_{0,j} = \dfrac{\alpha_{0,j}}{R}$；$\alpha_{0,j}$ 为 $J_0(x)$ 的第 j 个正零点。

习题7.1

7.1.1　(1) $\mathcal{F}[e^{-\beta|x|}] = \displaystyle\int_{-\infty}^{+\infty} e^{-\beta|x|} e^{-i\omega x} \mathrm{d}x = \int_{-\infty}^{0} e^{(\beta-i\omega)x} \mathrm{d}x + \int_{0}^{+\infty} e^{-(\beta+i\omega)x} \mathrm{d}x$

$$\underset{\beta>0}{=\!=\!=} \frac{1}{\beta-i\omega} + \frac{1}{\beta+i\omega} = \frac{2\beta}{\beta^2+\omega^2}$$

于是 $\mathcal{F}^{-1}\left[\dfrac{2\beta}{\beta^2+\omega^2}\right] = e^{-\beta|x|}$，即 $\dfrac{1}{2\pi}\displaystyle\int_{-\infty}^{+\infty} \dfrac{2\beta}{\beta^2+\omega^2} e^{i\omega x} \mathrm{d}\omega = e^{-\beta|x|}$。由 $e^{i\omega x} = \cos\omega x +$

$i\sin\omega x$ 和 $\sin\omega x$ 是奇函数可得结论。

(2) 由 $\cos x = \dfrac{1}{2}(e^{ix} + e^{-ix})$ 得

$$\mathcal{F}[e^{-|x|}\cos x] = \int_{-\infty}^{+\infty} (e^{-|x|}\cos x)e^{-i\omega x} \mathrm{d}x$$

$$= \frac{1}{2}\left[\int_{-\infty}^{0} \left[e^{(1+i)x} + e^{(1-i)x}\right] e^{-i\omega x} \mathrm{d}x + \int_{0}^{+\infty} \left[e^{(i-1)x} + e^{-(i+1)x}\right] e^{-i\omega x} \mathrm{d}x\right]$$

$$= \frac{2(2+\omega^2)}{4+\omega^4}。$$

于是 $\mathcal{F}^{-1}\left[\dfrac{2(2+\omega^2)}{4+\omega^4}\right] = e^{-|x|}\cos x$，即 $\dfrac{1}{2\pi}\displaystyle\int_{-\infty}^{+\infty} \dfrac{2(2+\omega^2)}{4+\omega^4} e^{i\omega x} \mathrm{d}\omega = e^{-|x|}\cos x$。

由 $e^{i\omega x} = \cos\omega x + i\sin\omega x$ 和 $\sin\omega x$ 是奇函数可得结论。

7.1.2　(2) $\mathcal{F}[f(x)\cos\omega_0 x] = \dfrac{1}{2}\mathcal{F}[f(x)(e^{i\omega_0 x} + e^{-i\omega_0 x})]$

$$= \frac{1}{2}\int_{-\infty}^{+\infty} f(x)e^{-(\omega-\omega_0)ix} \mathrm{d}x + \frac{1}{2}\int_{-\infty}^{+\infty} f(x)e^{-(\omega+\omega_0)ix} \mathrm{d}x$$

$$= \frac{1}{2}[\hat{f}(\omega-\omega_0) + \hat{f}(\omega+\omega_0)]$$

习题7.2

7.2.1　(1) $\mathcal{L}[e^{-\mu t}] = \dfrac{1}{p+\mu}$　　(2) $\mathcal{L}[\sin t\cos t] = \dfrac{1}{p^2+4}$

7.2.2　(1)$F(p)=\dfrac{p+4}{(p+4)^2+16}$　(2)$F(p)=\dfrac{p}{(p^2+a^2)^2}$

$\quad\quad\quad$(3)$F(p)=\dfrac{n!}{(p-\beta)^{n+1}}$

(4)$F(p)=\dfrac{4(p-3)}{[(p-3)^2+4]^2}$

提示：$\mathcal{L}[\sin2t]=\dfrac{2}{p^2+4}\xrightarrow{性质7.2.3}\mathcal{L}[t\sin2t]=-\dfrac{\mathrm{d}}{\mathrm{d}p}\left(\dfrac{2}{p^2+4}\right)=\dfrac{4p}{(p^2+4)^2}$

$\quad\quad\quad\xrightarrow{性质7.2.8}\mathcal{L}[t\mathrm{e}^{3t}\sin2t]=\dfrac{4(p-3)}{[(p-3)^2+4]^2}$

(5)　$F(p)=\dfrac{4(p-3)}{[(p-3)^2+4]^2\,p}$

提示：$\mathcal{L}\left[\displaystyle\int_0^t\tau\mathrm{e}^{3\tau}\sin2\tau\,\mathrm{d}\tau\right]\xrightarrow{性质7.2.1}\dfrac{1}{p}\mathcal{L}[t\mathrm{e}^{3t}\sin2t]=\dfrac{4(p-3)}{[(p-3)^2+4]^2\,p}$

7.2.3　(1)$\mathcal{L}^{-1}[F(p)]=-\dfrac{1}{2}\mathrm{e}^{-t}+\dfrac{3}{2}\mathrm{e}^{3t}$　(2)$\mathcal{L}^{-1}[F(p)]=2\cos3t+\sin3t$；

(3)$\mathcal{L}^{-1}[F(p)]=\dfrac{t^3\mathrm{e}^{-t}}{3!}$　(4)$\mathcal{L}^{-1}[F(p)]=t-t\mathrm{e}^t$

(5)$\mathcal{L}^{-1}[F(p)]=2\mathrm{e}^{-2t}\cos3t+\dfrac{1}{3}\mathrm{e}^{-2t}\sin3t$

提示：$F(p)=\dfrac{2p+5}{p^2+4p+13}=\dfrac{2(p+2)+1}{(p+2)^2+9}$,

$\quad\quad\mathcal{L}^{-1}\left[\dfrac{p}{p^2+9}\right]=\cos3t\Rightarrow\mathcal{L}^{-1}\left[\dfrac{2(p+2)}{(p+2)^2+9}\right]\xrightarrow{性质7.2.8}2\mathrm{e}^{-2t}\cos3t$,

$\quad\quad\mathcal{L}^{-1}\left[\dfrac{3}{p^2+9}\right]=\sin3t\Rightarrow\mathcal{L}^{-1}\left[\dfrac{1}{p^2+9}\right]=\dfrac{1}{3}\sin3t\xrightarrow{性质7.2.8}$

$\quad\quad\mathcal{L}^{-1}\left[\dfrac{1}{(p+2)^2+9}\right]=\dfrac{1}{3}\mathrm{e}^{-2t}\sin3t$,

$\quad\quad$所以 $\mathcal{L}^{-1}[F(p)]=2\mathrm{e}^{-2t}\cos3t+\dfrac{1}{3}\mathrm{e}^{-2t}\sin3t$

7.2.4　(1)$\mathcal{L}^{-1}[F(p)]=-\dfrac{1}{5}(\mathrm{e}^{-2t}-\mathrm{e}^{3t})$　(2)$\mathcal{L}^{-1}[F(p)]=\dfrac{1}{b}\mathrm{e}^{at}\sin bt$

(3)$\mathcal{L}^{-1}[F(p)]=\mathrm{erfc}\left(\dfrac{x}{2a\sqrt{t}}\right)$

习题7.3

7.3.1　(1)$u(x,t)=\dfrac{1}{2a\sqrt{\pi t}}\displaystyle\int_{-\infty}^{+\infty}\mathrm{e}^{-\frac{(x-\tau)^2}{4a^2t}}\cos\tau\,\mathrm{d}\tau=\mathrm{e}^{-a^2t}\cos x$

提示：法 1　对方程实施傅里叶变换，令 $U(\omega,t)=\mathcal{F}[u(x,t)]$，定解问题变为：

$$\begin{cases} \dfrac{dU}{dt}=-a^2\omega^2 U \\ U\big|_{t=0}=\mathcal{F}[\cos x] \end{cases}$$

解之得 $U(\omega,t)=\mathcal{F}[\cos x]e^{-a^2\omega^2 t}$。查表得 $\mathcal{F}\left[\dfrac{1}{2a\sqrt{\pi t}}e^{-\frac{x^2}{4a^2 t}}\right]=e^{-a^2\omega^2 t}$，于是利用傅里叶变换的卷积性质可得：

$$u(x,t)=\mathcal{F}^{-1}[U(\omega,t)]=(\cos x)*\left[\dfrac{1}{2a\sqrt{\pi t}}e^{-\frac{x^2}{4a^2 t}}\right]$$

$$=\dfrac{1}{2a\sqrt{\pi t}}\int_{-\infty}^{+\infty}e^{-\frac{(x-\tau)^2}{4a^2 t}}\cos\tau\, d\tau=e^{-a^2 t}\cos x$$

其中用到 $\displaystyle\int_0^{+\infty}e^{-a^2 x^2}\cos bx\, dx=\dfrac{\sqrt{\pi}}{2a}e^{-\frac{b^2}{4a^2}}$。

法 2　对方程实施拉普拉斯变换，令 $U(x,p)=\mathcal{L}[u(x,t)]$，定解问题变为：

$pU-\cos x=a^2 U_{xx}$，所以 $U_{xx}-\dfrac{p}{a^2}U=-\dfrac{\cos x}{a^2}$（＊）。该方程对应的齐次方程的通解为 $U=Ae^{-\frac{\sqrt{p}}{a}x}+Be^{\frac{\sqrt{p}}{a}x}$。由高等数学中对于二阶常系数线性微分方程的求解不难得出方程（＊）有特解 $U^*=D\cos x$，代入方程（＊）比较系数可得 $D=\dfrac{1}{p+a^2}$，所以 $U^*=\dfrac{\cos x}{p+a^2}$。由拉普拉斯变换像函数的必要条件得 $A=B=0$（因为 $x\in(-\infty,+\infty)$)，从而 $U=\dfrac{\cos x}{p+a^2}$。于是

$$u(x,t)=\mathcal{L}^{-1}[U]=\cos x\cdot\mathcal{L}^{-1}\left[\dfrac{1}{p+a^2}\right]=e^{-a^2 t}\cos x$$

（2）提示：对方程实施傅里叶变换，令 $U(\omega,y)=\mathcal{F}[u(x,y)]$，定解问题变为：

$$\begin{cases} \dfrac{d^2 U}{dy^2}=\omega^2 U \\ U\big|_{y=0}=\mathcal{F}[\varphi(x)] \end{cases}$$

解之得 $U(\omega,y)=Ae^{|\omega|y}+Be^{-|\omega|y}$。由有界性和 $U\big|_{y=0}=\mathcal{F}[\varphi(x)]$ 得 $U(\omega,y)=\mathcal{F}[\varphi(x)]e^{-|\omega|y}$。查表得 $\mathcal{F}\left[\dfrac{1}{\alpha^2+x^2}\right]=-\dfrac{\pi}{\alpha}e^{\alpha|\omega|}$　$(\alpha<0)$，所以 $\mathcal{F}^{-1}[e^{-|\omega|y}]\xlongequal{\alpha=-y}\dfrac{y}{\pi}\cdot\dfrac{1}{x^2+y^2}$。于是，利用傅里叶变换的卷积性质可得：

$$u(x,y) = \mathcal{F}^{-1}[U(\omega,y)] = \varphi(x) * \left(\frac{y}{\pi} \cdot \frac{1}{x^2 + y^2} \right)$$

$$= \frac{1}{\pi} \int_{-\infty}^{+\infty} \varphi(\tau) \frac{y}{(x-\tau)^2 + y^2} \mathrm{d}\tau。$$

(3) 用到：$f_h(x) = \begin{cases} h, & |x| < \alpha \\ 0, & |x| > \alpha \end{cases}$，$\mathcal{F}[f_h(x)] = \frac{2h}{\omega} \sin \alpha \omega$，用平移性质。解的表达式见例 7.3.3。

7.3.2 提示：对方程实施二维傅里叶变换，令 $U(\omega_1, \omega_2, t) = \mathcal{F}[u(x, y, t)]$，定解问题变为：

$$\begin{cases} \dfrac{\mathrm{d}U}{\mathrm{d}t} = -a^2(\omega_1^2 + \omega_2^2)U \\ U|_{t=0} = \mathcal{F}[\varphi(x, y)] \end{cases}$$

解之得 $U(\omega_1, \omega_2, t) = \mathcal{F}[\varphi(x, y)] \mathrm{e}^{-a^2(\omega_1^2 + \omega_2^2)t}$。另外有

$$\mathcal{F}^{-1}[\mathrm{e}^{-a^2(\omega_1^2 + \omega_2^2)t}] = \left(\frac{1}{2\pi} \right)^2 \iint_{-\infty}^{+\infty} \mathrm{e}^{-a^2(\omega_1^2 + \omega_2^2)t} \cdot \mathrm{e}^{\mathrm{i}(\omega_1 x + \omega_2 y)} \mathrm{d}\omega_1 \mathrm{d}\omega_2$$

$$= \frac{1}{4\pi^2} \int_{-\infty}^{+\infty} \mathrm{e}^{-a^2\omega_1^2 t} \cdot \mathrm{e}^{\mathrm{i}\omega_1 x} \mathrm{d}\omega_1 \cdot \int_{-\infty}^{+\infty} \mathrm{e}^{-a^2\omega_2^2 t} \cdot \mathrm{e}^{\mathrm{i}\omega_2 y} \mathrm{d}\omega_2$$

$$= \mathcal{F}^{-1}[\mathrm{e}^{-a^2\omega_1^2 t}] \cdot \mathcal{F}^{-1}[\mathrm{e}^{-a^2\omega_2^2 t}]$$

$$= \frac{1}{4a^2\pi t} \mathrm{e}^{-\frac{x^2 + y^2}{4a^2 t}} \quad \left(由例 7.1.3: \mathcal{F}^{-1}[\mathrm{e}^{-\omega^2 a^2 t}] = \frac{1}{2a\sqrt{\pi t}} \mathrm{e}^{-\frac{x^2}{4a^2 t}} \right)。$$

取逆变换并利用傅里叶变换的卷积性质可得：

$$u(x, y, t) = \mathcal{F}^{-1}[U(\omega_1, \omega_2, t)] = \varphi(x, y) * \mathcal{F}^{-1}[\mathrm{e}^{-a^2(\omega_1^2 + \omega_2^2)t}]$$

$$= \frac{1}{4\pi a^2 t} \iint_{-\infty}^{+\infty} \varphi(\xi, \eta) \mathrm{e}^{-\frac{(x-\xi)^2 + (y-\eta)^2}{4a^2 t}} \mathrm{d}\xi \mathrm{d}\eta$$

7.3.3

(1) $T_n(t) = \varphi_n \cos \dfrac{n\pi a}{l} t + \dfrac{l}{n\pi a} \psi_n \sin \dfrac{n\pi a}{l} t + \dfrac{l}{n\pi a} \int_0^t f_n(\tau) \sin \dfrac{n\pi a}{l}(t - \tau) \mathrm{d}\tau$

(2) $x = \mathrm{e}^t$，$y = \mathrm{e}^t$

(3) 提示：只能对自变量 y 实施拉普拉斯变换，令 $U = U(x, p) = \mathcal{L}[u(x, y)]$，注意到 $\mathcal{L}[\partial_y u] = pU(x, p) - x^2$，则定解问题变为：

$$\begin{cases} \dfrac{\mathrm{d}}{\mathrm{d}x}[pU - x^2] = \dfrac{x^2}{p^2} \\ U|_{x=1} = \mathcal{L}[\cos y] \end{cases}$$

整理得

$$\begin{cases} \dfrac{\mathrm{d}U}{\mathrm{d}x} = \dfrac{2x}{p} + \dfrac{x^2}{p^3} \\ U\big|_{x=1} = \mathcal{L}[\cos y] \end{cases}$$

求解该定解问题得 $U = \dfrac{x^2}{p} + \dfrac{x^3}{3p^3} + \mathcal{L}[\cos y] - \dfrac{1}{p} - \dfrac{1}{3p^3}$。于是

$$u(x,y) = \mathcal{L}^{-1}[U] = x^2 + \frac{x^3 y^2}{6} + \cos y - \frac{y^2}{6} - 1 \ 。$$

这里可直接利用结论：$\mathcal{L}^{-1}[t^n] = \dfrac{n!}{p^{n+1}}$。

（4）答案见例 7.3.5

（5）提示：对方程实施拉普拉斯变换，令 $U = U(x,p) = \mathcal{L}[u(x,t)]$，则定解问题变为：

$$p^2 U - \sin x = U_{xx} + \frac{\sin x}{p^2}$$

整理得

$$U_{xx} - p^2 U = -\left(1 + \frac{1}{p^2}\right)\sin x \quad （**）$$

方程（**）对应的齐次方程的通解为 $U = A\mathrm{e}^{px} + B\mathrm{e}^{-px}$，另外，由高等数学中对于二阶常系数线性微分方程的求解不难得出方程（**）有特解 $U^* = D\sin x$（D 为常数），代入方程（**），通过比较系数得 $D = \dfrac{1}{p^2}$，所以 $U^* = \dfrac{\sin x}{p^2}$。由拉普拉斯变换像函数的必要条件得 $A = B = 0$（因为 $x \in (-\infty, +\infty)$），所以方程（**）的解为 $U = \dfrac{\sin x}{p^2}$，于是

$$u(x,t) = \mathcal{L}^{-1}[U] = \sin x \cdot \mathcal{L}^{-1}\left[\frac{1}{p^2}\right] = t\sin x$$

7.3.4　提示：定解问题为

$$\begin{cases} u_t = a^2 u_{xx}, & x \in (0,1), \quad t > 0 \\ u\big|_{x=0} = u\big|_{x=1} = 0 \\ u\big|_{t=0} = 2\sin 3\pi x, & x \in [0,1] \end{cases}$$

实施拉普拉斯变换，令 $U = U(x,p) = \mathcal{L}[u(x,t)]$，则定解问题变为：

$$\begin{cases} U_{xx} = \dfrac{p}{a^2} U - \dfrac{2}{a^2} \sin 3\pi x \\ U\big|_{x=0} = U\big|_{x=1} = 0 \, . \end{cases} \quad (\ast\ast\ast)$$

该定解问题对应的齐次方程的通解为 $U = A e^{-\frac{\sqrt{p}}{a} x} + B e^{\frac{\sqrt{p}}{a} x}$，非齐次方程有特解 $U^* = D \sin 3\pi x$，代入方程，通过比较系数得 $D = \dfrac{2}{p + 9a^2\pi^2}$，从而方程的通解为

$$U = A e^{-\frac{\sqrt{p}}{a} x} + B e^{\frac{\sqrt{p}}{a} x} + \dfrac{2}{p + 9a^2\pi^2} \sin 3\pi x$$

由定解条件 $U\big|_{x=0} = U\big|_{x=1} = 0$ 可得 $A = B = 0$，所以定解问题（$\ast\ast\ast$）的解为 $U = \dfrac{2}{p + 9a^2\pi^2} \sin 3\pi x$，于是可得原定解问题的解为

$$u(x,t) = \mathcal{L}^{-1}[U] = 2\sin 3\pi x \cdot \mathcal{L}^{-1}\left[\dfrac{1}{p + 9a^2\pi^2}\right] = 2 e^{-9a^2\pi^2 t} \sin 3\pi x$$

7.3.5 $\dfrac{dA}{dt} = k_2 B - k_1 A$，$\dfrac{dB}{dt} = -\dfrac{dA}{dt}$

习题8.1

8.1.1 $\rho(x) = q\delta(x - x_0)$ 　　8.1.2 $i(t) = q\delta(t - t_0)$

8.1.3 $\rho(x, y, z) = q\delta(x - x_0, y - y_0, z - z_0)$

8.1.4 （1）1　　（2）$\cos\dfrac{1}{3}$

8.1.5 （2）提示：取 x_3 轴的方向为 $(\omega_1, \omega_2, \omega_3)$

$$\mathcal{F}\left[\dfrac{\delta(r - at)}{r}\right] = \iiint_{-\infty}^{+\infty} \dfrac{\delta(r - at)}{r} e^{-i(\omega_1 x_1 + \omega_2 x_2 + \omega_3 x_3)} dx_1 dx_2 dx_3$$

$$= \int_0^{+\infty} dr \int_0^{\pi} d\theta \int_0^{2\pi} \dfrac{\delta(r - at)}{r} e^{-ir\rho\cos\theta} r^2 \sin\theta d\varphi$$

$$= 2\pi \int_0^{+\infty} dr \int_0^{\pi} \delta(r - at) e^{-ir\rho\cos\theta} r \sin\theta d\theta$$

$$= 2\pi \int_0^{+\infty} \delta(r - at) \cdot \dfrac{1}{i\rho}(e^{i\rho r} - e^{-i\rho r}) dr$$

$$= 2\pi \dfrac{1}{i\rho}(e^{i\rho at} - e^{-i\rho at}) = \dfrac{4\pi \sin \rho a t}{\rho} \text{（由欧拉公式）}$$

注意：因为 $at > 0$ 所以 $\int_0^{+\infty} \delta(r+at) \cdot \dfrac{1}{i\rho}(e^{i\rho r} - e^{-i\rho r})dr = 0$。

8.1.6 提示：对 x 进行傅里叶变换化为新的定解问题，解为一维波动问题的达朗贝尔公式。

8.1.7 提示：应用狄利克雷引理：

$$\lim_{n \to \infty} \int_{-h}^{h} f(x) \frac{\sin nx}{\pi x} = f(0), h > 0$$

再利用绝对收敛可证 $\lim\limits_{n \to \infty} \int_{-\infty}^{+\infty} f(x) \dfrac{\sin nx}{\pi x} = f(0)$

习题8.2

提示：由格林公式（见附录Ⅰ）

$$\oint_{\partial D} (P \cos <x, \boldsymbol{n}> + Q\cos<y, \boldsymbol{n}>)ds = \iint_D \left(\frac{\partial P}{\partial x} + \frac{\partial Q}{\partial y} \right)dx\,dy$$

$$\oint_{\partial D} u \frac{\partial v}{\partial n}ds = \oint_{\partial D} u\nabla_2 v \cdot \boldsymbol{n}\,ds = \oint_{\partial D} \left[u\frac{\partial v}{\partial x} \cdot \cos(x, \boldsymbol{n}) + u\frac{\partial v}{\partial y} \cdot \cos(y, \boldsymbol{n}) \right]ds$$

$$= \iint_D \left[\frac{\partial}{\partial x}\left(u\frac{\partial v}{\partial x} \right) + \frac{\partial}{\partial y}\left(u\frac{\partial v}{\partial y} \right) \right]dx\,dy$$

$$= \iint_D u\Delta_2 v\,dx\,dy + \iint_D \nabla_2 u \cdot \nabla_2 v\,dx\,dy$$

习题8.3

8.3.1 $G(M, Q) = \dfrac{1}{4\pi}\left(\dfrac{1}{r_{MQ}} - \dfrac{R}{r_{OQ}} \cdot \dfrac{1}{r_{MQ_1}} - \dfrac{1}{r_{MQ^*}} + \dfrac{R}{r_{OQ}} \cdot \dfrac{1}{r_{MQ_1^*}} \right)$，其中 Q_1

为 Q 关于球面的反演点（见图 8.3.2），Q^* 和 Q_1^* 分别为 Q 和 Q_1 关于平面 $z = 0$ 的对称点。

求解过程提示：求解定解问题（8.3.11），在 Q^*，Q_1 和 Q_1^* 处放适当电荷 q^*，q_1 和 q_1^*。

令　　　　　$$K(M, Q) = \frac{q^*}{4\pi r_{MQ^*}} + \frac{q_1}{4\pi r_{MQ_1}} + \frac{q_1^*}{4\pi r_{MQ_1^*}}$$

由于这些电荷在区域 Ω 外，故

$$\Delta K(M, Q) = 0, M \in \Omega$$

现在确定 q^*，q_1 和 q_1^* 使之满足

$$\left. \left(\frac{q^*}{4\pi r_{MQ^*}} + \frac{q_1}{4\pi r_{MQ_1}} + \frac{q_1^*}{4\pi r_{MQ_1^*}} \right) \right|_{\partial\Omega} = -\left. \frac{1}{4\pi r_{MQ}} \right|_{\partial\Omega} \quad (*)$$

由 $\triangle OMQ_1 \sim \triangle OQM$ 得 $\quad \dfrac{r_{MQ}}{r_{MQ_1}} = \dfrac{R}{r_{OQ_1}} = \dfrac{r_{OQ}}{R}$

由 $\left.\dfrac{q_1}{4\pi r_{MQ_1}}\right|_{r=R} = -\left.\dfrac{1}{4\pi r_{MQ}}\right|_{r=R}$ 得 $q_1 = -\dfrac{R}{r_{OQ}}$。由 $\left.\dfrac{q^*}{4\pi r_{MQ^*}}\right|_{z=0} = -\left.\dfrac{1}{4\pi r_{MQ}}\right|_{z=0}$

得 $q^* = -1$。

为了使定解条件（＊）成立，显然应选取 $q_1^* = \dfrac{R}{r_{OQ}}$。于是，代入

$$G(M,Q) = \frac{1}{4\pi r_{MQ}} + K(M,Q)$$

可得所求格林函数。

8.3.2 这里只给出（1）的详细求解过程，读者可仿照三维的情形求解其余小题。

（1）$G(M,Q) = \dfrac{1}{2\pi}\left[\ln\dfrac{1}{r_{MQ}} - \ln\left(\dfrac{R}{r_{OQ}} \cdot \dfrac{1}{r_{MQ_1}}\right)\right]$，其中 Q_1 为 Q 关于圆周的反演点（参见图 8.3.2）。二维位势方程的第一边值问题的格林函数的定义与三维完全类似，满足如下定解问题：

$$\begin{cases} \Delta_2 G(M,Q) = -\delta(M,Q), M(x,y), Q(\xi,\eta) \in \Omega = \{(x,y) \mid x^2 + y^2 < R^2\} \\ G\big|_{\partial\Omega} = 0 \end{cases}$$

物理意义：设空间有一轴过原点，半径为 R 的圆柱形导体壳，柱体壳接地，柱体内过 Q 点有一与柱轴平行的无限长导线，导线的电荷线密度为 ε_0，则柱壳内任一点处的电位满足轴对称性（与 z 无关），只与点与导线的距离 r_{MQ} 有关。这样，圆柱管截面上的位势就是以上二维问题的解，即格林函数。这里用到了电学知识：线电荷密度为 e 的导线产生的电位为 $\dfrac{e}{2\pi\varepsilon_0}\ln\dfrac{1}{r}$，$r$ 为点与导线的距离。

格林函数仍分为两部分

$$G = G(M,Q) = \frac{1}{2\pi}\ln\frac{1}{r_{MQ}} + K(M,Q)$$

其中第一项 $\dfrac{1}{2\pi}\ln\dfrac{1}{r_{MQ}}$ 满足 $\Delta_2 u = u_{xx} + u_{yy} = -\delta(x-\xi, y-\eta)$，表示负电荷线密度为 ε_0 的导线周围的电位，第二项 $K(M,Q)$ 满足

$$\begin{cases} \Delta_2 K(M,Q) = 0, \quad M(x,y), \quad Q(\xi,\eta) \in \Omega \\ K\big|_{\partial\Omega} = -\dfrac{1}{2\pi}\ln\dfrac{1}{r_{MQ}} \end{cases}$$

表示柱壳上的感应电荷所产生的电位。因此，求格林函数的本质是求解 $K(M, Q)$。

若在 Q_1 放置一电量为 ε_0 的负电荷（相当于上述的电荷线密度），则它对

$r < R$ 内电位的贡献为 $-\dfrac{1}{2\pi}\ln\dfrac{1}{r_{MQ_1}}+C$（稍后给出详细求解过程）。令 $K(M,$

$Q)=-\dfrac{1}{2\pi}\ln\dfrac{1}{r_{MQ_1}}+C$，则

$$\Delta\left(-\frac{1}{2\pi}\ln\frac{1}{r_{MQ_1}}+C\right)=0,\quad r_{MO}<R$$

由边界条件

$$K(M,Q)\Big|_{r_{MO}=R}=\left(-\frac{1}{2\pi}\ln\frac{1}{r_{MQ_1}}+C\right)\Big|_{r_{MO}=R}=-\frac{1}{2\pi}\ln\frac{1}{r_{MQ}}\Big|_{r_{MO}=R}$$

得 $C=-\dfrac{1}{2\pi}\left(\ln\dfrac{1}{r_{MQ}}-\ln\dfrac{1}{r_{MQ_1}}\right)\Big|_{r=R}=-\dfrac{1}{2\pi}\ln\dfrac{R}{\rho_0}\ (\rho_0=r_{OQ})$，代入可得

$$K(M,Q)=-\frac{1}{2\pi}\ln\left(\frac{R}{r_{OQ}}\frac{1}{r_{MQ_1}}\right)$$

现在求解 $\Delta_2 u=u_{xx}+u_{yy}=-\delta(x-\xi,y-\eta)$，只需求解 $\Delta_2 u=-\delta(x,y)$ 即可。

非原点的点处满足 $\Delta_2 u=0$，在极坐标下令 $v(r,\theta)=u(r\cos\theta,r\sin\theta)$，考虑到轴对称性，则 $\Delta_2 u=0$ 变为 $\dfrac{\partial^2 v}{\partial r^2}+\dfrac{1}{r}\dfrac{\partial v}{\partial r}=0$（见附录Ⅰ），其通解为 $v=C+$

$D\ln r$。由 δ-函数的性质得 $\displaystyle\iint_{K_\varepsilon:\,x^2+y^2\leqslant\varepsilon^2}\Delta_2 u\,\mathrm{d}x\,\mathrm{d}y=-1$，由格林公式有

$$\iint_{K_\varepsilon}\Delta_2 u\,\mathrm{d}x\,\mathrm{d}y=\oint_{\partial K_\varepsilon}\nabla_2 u\cdot\boldsymbol{n}\,\mathrm{d}s=\oint_{\partial K_\varepsilon}\frac{\partial u}{\partial n}\,\mathrm{d}s=\oint_{\partial K_\varepsilon}\frac{\partial v}{\partial r}\,\mathrm{d}s=\oint_{\partial K_\varepsilon}\frac{D}{r}\,\mathrm{d}s=D\cdot\frac{1}{\varepsilon}\cdot 2\pi\varepsilon=2\pi D$$

所以 $D=-\dfrac{1}{2\pi}$，于是 $v=-\dfrac{1}{2\pi}\ln\dfrac{1}{r}+C$。

(2) $G(M,Q)=\dfrac{1}{2\pi}\left(\ln\dfrac{1}{r_{MQ}}-\ln\dfrac{1}{r_{MQ^*}}\right)$，其中 Q^* 为 Q 关于直线 $y=0$ 的对称点。

(3) $G(M,Q)=\dfrac{1}{2\pi}\left[\ln\dfrac{1}{r_{MQ}}-\ln\left(\dfrac{R}{r_{OQ}}\cdot\dfrac{1}{r_{MQ_1}}\right)-\ln\dfrac{1}{r_{MQ^*}}+\ln\left(\dfrac{R}{r_{OQ}}\cdot\dfrac{1}{r_{MQ_1^*}}\right)\right]$，其中 Q_1 为 Q 关于圆域边界的反演点，Q^* 和 Q_1^* 分别为 Q 和 Q_1 关于直线 $y=0$ 的对称点。

8.3.3 提示：设 $M(x,y)$，$Q(\xi,\eta)$，$r_{MQ}=\sqrt{(x-\xi)^2+(y-\eta)^2}$，$V(M,Q)=V(x,y,\xi,\eta)=\dfrac{1}{2\pi}\ln\dfrac{1}{r_{MQ}}$ 为方程 $\Delta_2 u=u_{xx}+u_{yy}=-\delta(x-\xi,y-\eta)$ 的一个解，则格林函数为

$$G(M,Q)=G(x,y,\xi,\eta)=V(x,y,\xi,\eta)+K(x,y,\xi,\eta)=V(M,Q)+K(M,Q)$$

仿照三维的情形可得所求的解为

$$u(Q) = -\oint_{\partial D} \varphi(M)\frac{\partial G}{\partial n}\mathrm{d}s_M - \iint_D G(M,Q)f(M)\mathrm{d}\sigma_M$$

习题9.3

9.3.1

$$u_{1,0} = u_{1,10} = -u_{1,5} = 0.5878$$
$$u_{2,0} = u_{2,10} = -u_{2,5} = 0.9511$$
$$u_{1,1} = -u_{1,6} = 0.6198, \quad u_{2,1} = -u_{2,6} = 0.9991$$
$$u_{1,2} = -u_{1,7} = 0.4113, \quad u_{2,2} = -u_{2,7} = 0.6678$$
$$u_{1,3} = -u_{1,8} = 0.0480, \quad u_{2,3} = -u_{2,8} = 0.0800$$
$$u_{1,4} = -u_{1,9} = -0.3313, \quad u_{2,4} = -u_{2,9} = -0.5398$$

9.3.2

$$u_{1,1} = 0.5868, \quad u_{2,1} = 0.9067; \quad u_{1,2} = 0.5422,$$
$$u_{2,2} = 0.8533; \quad u_{1,3} = 0.5037, \quad u_{2,3} = 0.8015;$$
$$u_{1,4} = 0.4694, \quad u_{2,4} = 0.7519; \quad u_{1,10} = 0.3141,$$
$$u_{2,10} = 0.5080; \quad u_{1,50} = 0.0226, \quad u_{2,50} = 0.0366。$$

◆ 参考文献 ◆

[1]　吴崇试. 数学物理方法. 2 版. 北京：北京大学出版社， 2003.

[2]　周爱月，李士雨. 化工数学. 3 版. 北京：化学工业出版社， 2011.

[3]　姚端正. 数学物理方法. 3 版. 北京：科学出版社， 2010.

[4]　欧维义. 数学物理方程. 长春：吉林大学出版社， 1997.

[5]　梁昆淼. 数学物理方法. 4 版. 北京：高等教育出版社， 2010.

[6]　谷超豪，李大潜等. 数学物理方程. 3 版. 北京：高等教育出版社， 2012.

[7]　王元明. 数学物理方程与特殊函数. 4 版. 北京：高等教育出版社， 2012.

[8]　邓建中，刘之行. 计算方法. 2 版. 西安：西安交通大学出版社， 2001.

[9]　理查德·哈伯曼. 实用偏微分方程（英文版·第 4 版）. 北京：机械工业出版社， 2005.

[10]　纳克莱 H. 亚斯马. 偏微分方程教程（英文版·第 2 版）. 北京：机械工业出版社， 2005.

[11]　K. Wolsson. Linear Dependence of a Function Set of m Variables with Vanishing Generalized Wronskians. Linear Algebra and its Applications, 1989， 117: 73-80.